U0036241

〔第二版〕

餐旅人力資源管理

Hotel and Restaurant Human Resource Management

蕭漢良◎著

序

藉由管理知識的基本架構：計劃（Planning）、組織（Organizing）、領導（Leading）、控制（Controlling）、用人（Staffing），我們就可以知道「用人」，亦就是「人力資源管理」在管理學上的重要性；透過人力資源的主要原則「選」、「訓」、「用」、「留」，落實人力資源的規劃，進而完成人力資源管理的使命。能從事餐飲旅館業，一向是許多人的憧憬，但在光鮮亮麗的外表下，所承受的並非是一般人所能體會到的辛苦；不過從事餐飲旅館業的工作者，相信都能體認到，多彩多姿的餐旅工作以及精彩豐富的變化，卻是讓這個行業能夠蓬勃發展，而且不斷地有新的成員願意加入這個世界，最主要的動力來源。「找到合適的人，放在適合的位置」，這就是從事人力資源管理工作者，最主要的任務。本書主要分為餐旅業概述、人力資源管理與規劃、人力資源管理與實務以及人力資源管理與策略四大架構。其中規劃面所談到的就是人力資源管理的基本概念、工作設計與分析；人員的選用——招募與甄選、把人放到適合的位置，如何去訓練他、如何評核與改善、如何提供最好的工作環境等都是主要的人力資源管理與實務；使每個人都能成為公司最大的資產、發揮最大的功效則需要透過人力資源管理與策略來達成。本書的撰寫是希望透過基本的理論架構，輔以實務經驗所製作出的各類圖表與彙整資料，能給對餐飲旅館行業人力資源管理有興趣的讀者們有所幫助。編著此書時雖經縝密審視，但疏漏錯失之處在所難免；而人力資源管理所涉及的範圍也相當廣泛，尚祈各位先進賢達、專家學者能不吝多加批評與指教。

蕭漢良 謹識

目 錄

Part 1

導　論

近幾十年來，觀光餐旅產業歷經持續地成長與豐富地多樣化，已經成為世界上最快速成長的經濟體系之一。根據UNWTO（世界觀光組織）的資料顯示，在2015年全世界的遊客數成長4.6%（近十年來平均成長率為3.9%），約計11.86億人次（預計於2033年達到18億人次），花費金額則高達1.5兆美元。其中前往亞太地區的遊客數達2.79億人次，約計6%的成長率，比2014年多了1,500萬的遊客數，自2005到2015年，年平均成長率則達6.1%，是全球最快速成長的區域。台灣觀光旅遊產業的發展，2015年來台旅客為1,043.9萬人次，較2014年大幅成長23.63%，其中以觀光目的的旅客人次達719.2萬人次，成長率達5.3%（近五年來平均高達13.6%的成長率），在國內旅遊方面，104年國內旅遊支出總額達新台幣3,601億元，比103年成長16.5%；國內旅客人次，與103年相比，成長14.2%，達到1億7,852萬旅次。

根據財政部統計資料，我國整體餐飲業店家數呈現逐年成長，營利事業家數從民國100年106,287家成長至104年的124,124家，成長率達16.8%；在總體銷售額上，在民國100年為新台幣3,252億元，至民國104年已達4,425億元。從業人數則是從民國100年的264,022人成長至104年的321,103人，成長率為21.6%。近十年來餐飲業的家數、營業額、從業人數皆呈現逐年增長的態勢，而其成長的原因乃來自於習慣外食的人口不斷地增加，造成國內外食需求旺盛；另一方面，來臺旅遊觀光客的增加也對臺灣餐飲市場產值有相當程度的貢獻。

與世界旅遊業發展相比，2015年台灣旅遊與觀光產業規模為新台幣8,190億元，占GDP的4.9%，遠低於全球平均值9.8%。觀光餐旅產業創造相當多的就業機會，透過觀光旅遊活動，提供了68.6萬個工作機會，表示台灣6.2%的工作機會是由觀光活動所創造，即16個工作機會中就有一個與觀光活動有關，然而卻低於全球平均值10.5個。從上述數據可發現，台灣觀光餐旅產業比其他各國相關產業有活力，但仍有很大的努力與發展空間，而根據行政院主計處「104年度事業人力僱用狀況調查報告」的統計資料顯示，在服務產業中，住宿及餐飲業受餐飲服務人員需求增加的影響，104年8月底總計空缺人數16,247人，占8.2%，僅次於批發及零售業。由此可知，觀光餐旅產業將是台灣未來主要發展的產業之一，然而產業在人力需求上仍有相當大的壓力與空間。

Chapter 1

餐旅業概述

所謂的餐旅業，可以解釋為「對客人殷勤款待的一種服務業」，重點強調在給予客人專業、尊重且賓至如歸，甚至超乎預期的服務；而就字面上的意義來說，舉凡與餐旅有相關的產業皆可涵蓋在餐旅產業內，主要就是住宿產業與餐飲產業，而涵蓋的範圍相當廣泛，如俱樂部、會議中心、旅館管理、設施規劃與發展、廚藝、宴會、餐飲管理、娛樂、郵輪、航空公司、休閒服務、觀光與旅遊服務、主題公園管理、遊憩管理等各種相關但不相同的行業、機構與領域。

以往農業社會「日出而作，日落而息」的傳統型態，已經被現今工商業型態為主的社會所取代，再加上家庭成員也從所謂子孫滿堂的型態，逐漸趨於精簡，以小家庭為主。家庭人口簡單，婦女就業率比例也提高的情況下，在外就食省事方便。而國民所得增加、生活水準提高、大小餐館數量增多，再加上生活型態改變、品質素質提高，使得現代人的生活需求不只求溫飽，而是變成一個講求氣氛、重視個人品味的時代。社會進步及交通發達的結果，也使得人們之間的距離越來越近，再加上工商的發達、旅遊人數的增加，而形成了各種不同的旅遊，如工商考察、度假旅遊、國民旅遊等。在商業行為發展日趨多元化、跨國化的現代，一般消費者重視生活品質而餐旅業可供應消費者住宿、餐飲、社交、會議、休閒、健康、娛樂、購物等多方面功能與特性，亦同時更讓消費者所重視。

以下就針對旅館業與餐飲業，各依其分類、特性與未來發展，作一簡單的介紹。

第一節　旅館業的分類與特性

住宿業（Lodging Industry）的基本定義是提供安全、舒適，使利用者得到短期的休息或睡眠空間及相關服務的營利事業。現在的飯店，主要為遊客提供住宿服務外，也提供生活相關的服務與設施、餐飲、娛樂、購物、宴會及會議等設施。

一、旅館業的分類

一般來說，旅館的分類可依旅館的性質與旅客居住時間之長短來區分，尚有依旅館規模（By Size）、計價方式（By Type Of Plan）或是旅館所在地區（By Location）來區分。

以旅館規模而言，是以旅館房間數量多少來區分，不同的國家、區域、組織與協會之定義皆有所不同，根據美國飯店業協會（American Hotel and Lodging Association, AH & LA）、美國汽車協會（American Automobile Association, AAA）等世界性協會指出，客房約在200～300間以下者統稱為「小型旅館」，200～300間至600間為「中型旅館」，600間以上者稱為「大型旅館」。

另外旅館業的多變與多角化經營，近十幾年來在台灣相當盛行的一種型態，稱之為精品汽車旅館（Boutique Motel），房間數約在50間左右，類似汽車旅館經營方式，自助式服務，讓客人完全地不受到打擾，甚至有些業者以極盡華麗的裝潢來吸引消費者。

依旅館的性質與旅客居住時間之長短大致可分為四種：

(一)商務性旅館（Commercial Hotel）

商務性旅館約占總旅館數的七成，主要功能是接待來往經商貿易的旅客為主，座落在交通方便的都會城市內；商務性的旅館，設備一般而言，相當完善與豪華，旅館提供之服務與附屬功能，如各類餐廳、酒吧、醫療、美容、洗衣、購物、照相、運動等設施相當齊全。

(二)度假性旅館（Resort Hotel）

度假性休閒旅館，一般都位於海濱、山區、溫泉等自然風景區附近，或是以單一主題如附設高爾夫球場為主。雖然遠離吵雜的都市，但其交通仍然十分便利；主要功能是提供旅客一個與平常生活不同的假期，並創造一種舒適的感覺與娛樂。

(三)長住型旅館（Residential Hotel）

在歐美有若干家庭常以旅館為住宅，多半是單身的老年人或是有錢的家庭，近年來因商業發展迅速，越來越多跨國性企業形成，此類旅館就成為跨國性企業，提供高級主管或是暫時派駐他國幹部住宿的方式。一般而言，長住型旅館仍有房內送餐服務及供應女傭服務，亦有類似套房式的型態，於房間內備有簡單廚房設備。

(四)其他旅館（Others/Special Hotel）

此類旅館有若干特殊目的或性質的旅館，可分下列數種：

1.汽車旅館（Motel）：一種供給汽車旅遊或洽商的人可以住宿的地方。這種旅館通常位於公路的沿線，凡是駕車旅行的人都可隨時利用這種設備。剛開始這種旅館只為旅客供應客房住宿而已，然而發展至今，因地點的便利性，設備已趨豪華，服務項目之範圍已不亞於一般現代的旅館。

2.選擇性旅館（Selected Hotel）：一種以接待某種特定旅客為主的旅館。如青年會附設的旅館，YMCA接待男客、YWCA接待女客。

3.機場旅館（Airport Hotel）：一般在國際機場附近，為了過境旅客需要所設立。

4.服務性公寓（Service Apartment）：如同一般公寓或大樓，但由旅館

經營管理。提供飯店式管理與服務，房客通常是以一個家庭為主，飯店同時有提供家具租賃之協助，房客是以按月或按年付租金。

5.賭城飯店（Casino Hotel）：以經營賭場為主要收入來源的型態。最著名的就是美國拉斯維加斯地區的飯店，每家飯店都具相當的規模與豪華，因旅客皆是以玩樂為主要的目的，住房與餐飲的消費皆相當合理與划算。

附錄1-1 趨勢與創意──特色民宿與文創旅店

◎特色民宿

由於全面實施週休二日，提高了國人對國內旅遊意願的大幅增加，北部地區隨著雪山隧道的開通，前往宜蘭地區的短期旅遊熱潮不斷，特色民宿也如雨後春筍般興起，另外如花東地區、中南部地區的旅遊景點附近也都有相當多的特色民宿，甚至在大都會區也都有民宿林立。根據觀光局2015年12月的統計資料顯示，全台民宿家數已經超過6千家。

依台灣觀光法規中的民宿管理辦法所述，所謂的民宿，是指利用自用住宅空閒房間，結合當地人文、自然景觀、生態、環境資源及農林漁牧生產活動，以家庭副業方式經營，提供旅客鄉野生活之住宿處所。民宿之所以受到遊客的青睞，是因為民宿不僅提供如飯店式的服務，還能依旅遊景點或居住當地（如台南──古蹟與小吃）特色供應餐飲與專案旅程作深度感性與知性之旅，提升住宿的附加價值；原本住宿是以農業資源、生態環境和農村生活文化為基礎，提供旅客住宿、餐飲和相關的設備與服務，以展現農村優美景觀和風土人情，使

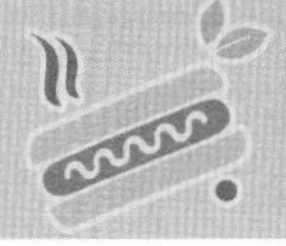

遊客能獲得人文社會及生活內涵的體驗，以達知性、感性、深度的旅遊。而如今各地的特色民宿也隨著市場競爭與經營的挑戰，提供了更多元、更具主題性與特色的服務、建築與設施（如房間提供球池、溜滑梯等）來增加吸引力與提高經營上的競爭力。

◎文創旅店

近年來，隨著政府的推動，文化創意產業（Cultural and Creative Industry）已成為國家發展重點計畫之一，台灣也因此開始興起一股文創風的熱潮，不管是食、衣、住、行、育、樂等各種相關行業，甚至是製造業等傳統產業，只要在產品或是主題掛上「文創」兩字，就會有一定程度的賣點與機會。

文化創意產業，亦即結合文化及創意的產業。「文化」一詞，廣義來說，泛指在一個社會中共同生活的人們，擁有相近的生活習慣、風俗民情以及信仰等；狹義的來說，也可以是單指為「藝術」，是一種經由人們創造出來新型態的產物。不論就狹義或廣義的文化而言，「文化創意」即是在既有存在的文化中，加入每個國家、族群、個人等創意，賦予文化新的風貌與價值。

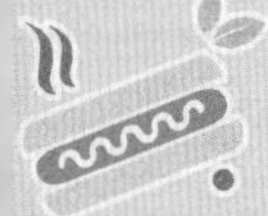

隨著市場的競爭與旅客的要求愈高，標榜結合文化、藝術與創意的文創旅店已成為台灣旅館業的一股新潮流。藉由館內的藝文策展提高住客新鮮感；結合光雕技術，將建築和大廳營造出劇場視覺效果；茶葉文化、在地文化、民族文化的融入設計理念，文創旅社不僅提供旅宿服務，同時規劃多樣化與旅人互動的服務體驗設計，提倡自主、分享與互相學習的獨立旅行體驗。在台灣，不管是小型的獨立品牌、舊屋改造、連鎖新創品牌、大型五星級飯店成立平價的文創旅店副牌，以文化、藝術及創意相互結合的文創概念已經慢慢地在飯店產業的設計與整體經營中生根，讓旅客有更多元且更饒富意喻的選擇。

二、旅館業的特性

旅館業主要的營業收入來源為住房與餐飲，另外在休閒度假飯店則還有休閒相關的收入。對於旅館業的最主要營運項目「住房」來說，就是旅館業每日如何將全部的旅館房間都銷售出去（100% Room Occupancy），並保持較高的房間售出價格（Room Rate），此種商品具有一些特性：

1. 房間數量固定無法臨時增加，房間亦具無法儲存性，當天房間若無法售出，不能留到第二天來販售，相對地建築費用相當高，地點亦無法移動。
2. 確認消費的時間較長，從訂房到確認住房期間，除時間長外，須等客人登記住房（Check In），入住後才算正式成交。營業之好壞由地點、房間數量與設備之多少決定大半，且須再加上無形商品（服務）的優劣，所以必須要有慎重的籌劃與正確的銷售方式，始能趕上時代的潮流，而達到充分利用旅館商品之特性。

第二節　餐飲業的分類

餐飲業的產生源自於人類對飲食的需求，而人類在果腹的同時也希望能一併完成社交、應酬、休閒、娛樂等活動。隨著影響外食因素的多元化，餐飲業因而發展出多樣的面貌來迎合需求。餐飲依用餐地點、服務方式、菜式、花樣和加工食品等，而有不同類型。歐美最常採行的餐飲分類法，是將餐飲業分為商業型及非商業型兩大類。

一、商業型餐飲

商業型餐飲（Commercial）顧名思義是以營利為目的，主要分類為運輸業餐飲（Transport Catering）、一般餐廳（Restaurant）、旅館內的各類餐廳（Restaurants In Hotel）、速食餐廳（Fast Food Restaurant）、咖啡廳（Coffee Shop）、酒吧（Bar）、俱樂部（Club For Membership）等。

不論是自助式服務或專人式的餐桌服務，或是從小本經營的一人店鋪到豪華飯店，一般餐廳是最為普遍，其數量及營業也占了餐廳市場的絕大部分。

(一)美食餐廳（Fine Dining Restaurant）

指較正式的餐廳。供應傳統的菜餚為主，精緻有特色且注重食物的品質。

(二)家庭式餐廳（Family Restaurant）

菜色為一般的家常菜，這類餐廳所營造的感覺與氣氛主要是讓客人有在家用餐的溫馨感覺，菜單內容多樣，常推陳出新，屬於經濟實惠、價格平實的大眾化餐廳。

(三)主題性餐廳（Theme Restaurant）

90年代掀起一波的主題式餐廳熱，提供的餐飲並無不同，中西式餐飲皆有，皆是以一種主題來衍生。如餐點內容、裝潢、氣氛、營造餐廳特殊不同的效果，吸引消費者的目光。

二、非商業型餐飲

非商業型餐飲（Non-Commercial），係指附屬在某一特定單位的餐飲，其營業目的具有福利或慈善的意義，其主要資金通常來自於贊助、捐款、政府或機關的預算。一般說來，可分為機關團體膳食，如學校、軍隊、監獄、醫院等機構；另外還有工廠及公司所附設員工伙食。

三、依營業項目標準分類

根據經濟部商業司所頒定之行業營業項目標準分類，餐飲業可以分類如下：

(一)餐館類

凡從事中西各式餐食供應，領有執照之餐廳、飯館、食堂等之行業均屬之。

1.一般餐廳：中式餐廳、西式餐廳、日式餐廳等。
2.速食餐廳：中式速食、西式速食、日式速食等。

(二)小吃店業

凡從事便餐、麵食、點心等供應，領有執照之行業均屬之。包括火鍋店、包子店、豆漿店、茶樓、野味飲食店、餃子店、點心店等。

(三)飲料店業

凡以飲料、水果飲料供應顧客，而領有執照之行業均屬之。

第三節　餐飲業的特性

一、產業關聯性大

餐飲業的關聯產業眾多，但與食品加工之關聯最大，隨著新型態之外食企業加入，與其他企業之關聯會越大，周邊關聯企業也增多（**圖1-1**）。

二、營業有明顯的尖離峰時間

每日營業有明顯的尖峰、離峰時間，因此在經營上需要有特殊的安排，此種尖離峰的現象可分兩方面說明：在一天之內，由於受到人們一日

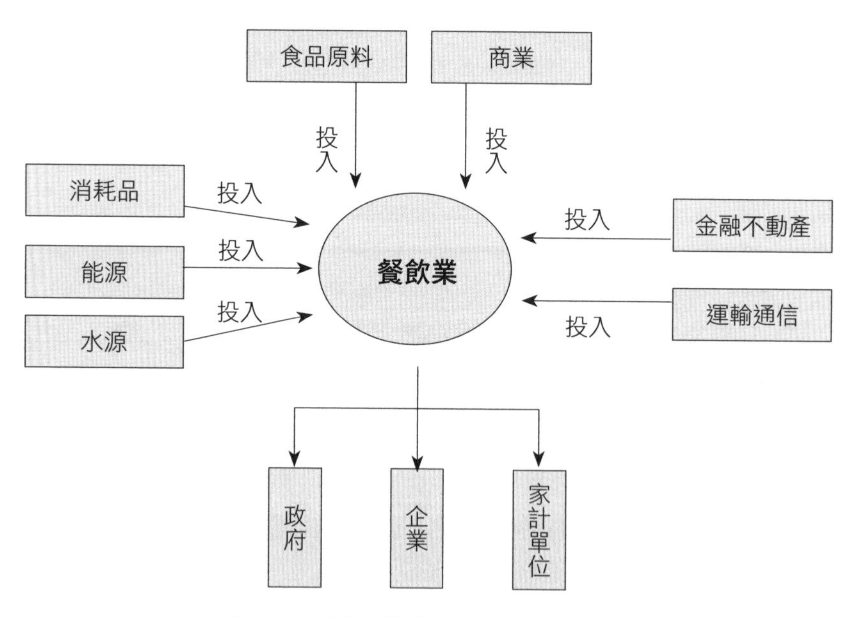

圖1-1　餐飲業之重要關聯產業圖

三餐飲食習慣的因素，一般來講，營業時間通常是三段區分：早餐在上午7～9時之間，午餐在中午11～14時之間，晚餐在下午6～9時之間。而如今消費市場變化多端，一日24小時，除了早午晚的三次正餐時段外，尚有下午茶、宵夜、午夜點心等。因此需要依營業性質，變換商品內容，實施不同時段別的人力調整，以控制人事成本，又必須保持既有的服務品質。在用餐的尖峰時段，顧客們如浪潮般的湧進，又很快地退了出去，在場地的限制上，餐廳的空間與餐桌的數量均有限制，無法同時容納過多的顧客，如何突破購買時間的限制性，是發展的重要關鍵。而在全年的營運中，部分餐飲業亦有明顯的淡旺季的情形，如冷飲店、火鍋店等。旺季時業者以人手調配、延長營業時間、僱用兼職人員；淡季時，則以減少人員僱用來降低費用支出。

三、勞力密集

餐飲業是勞力最密集的服務業之一，不論是廚房或服務現場，都需要大量人力投入各項作業的運作，雖然部分有中央廚房的業者能夠以自動化製造設備或半成品準備取代人力，但對絕對大多數的業者而言，廚房仍是具高度勞力密集。在外場服務部分，即使是服務度相當低的速食業（櫃檯式與自助式服務），其現場的勞力密集度相對於其他種類服務業而言仍然很高，人力在餐飲業是不可或缺的投入要素，所以人力資源的調配安排，也成了餐飲業的重要課題。

四、地區之適中性

餐飲業座落的位置，對營業的關係重大。如果位置選擇恰當，位於集客力良好的地區，在營業上勢必占盡便宜，所謂集客力所指的是交通的便利性、人口的集中度、流動量的多寡等條件。而餐廳不可能隨時移動，因此又會受地理環境、當地風俗及習慣的限制很大，選擇適當的地區是成功與否的重要關鍵因素之一。

五、商品不可儲存性且產銷同時進行

餐飲產品不像工業產品可依規格大量訂製，再予以儲存；餐飲業不容易預估銷售量以控制生產量，而且是顧客消費與提供的服務（產品）同時進行、生產（烹調）與銷售（販賣）兼營之特性。而食品原料由生的原料狀態一直到製成商品的過程中，又都有變壞的機會，若顧客不來，很快就會造成腐壞。

六、餐飲業多屬業者自營方式

一般餐飲業基本的設備，在硬體方面，以營業場所的裝潢、設施及廚房的設備為主。其資本大多來自股東，因此多屬業者自營方式，較不易採行企業化經營。資金若是主要來自業者時，有其優點與缺點，優點在於資金取得並不算困難，但缺點為取得數目有限，在擴充產能、設備與連鎖經營方面，較不易於短期內完成，其成長速度因而受限制。

第四節　餐旅業趨勢與未來發展

餐飲業在台灣的發展，一直以來都處於變化萬千的情況之下，最可能所造成的原因就是消費者缺乏忠誠度，完全端賴消費者的喜好程度與媒體炒作的功力（亦可解釋為業者行銷能力）。往往受歡迎的餐飲型態或

餐廳都是曇花一現。在台灣，餐飲的生命週期（產品生命週期——萌芽期、成長期、成熟期、衰退期）是難得一見的短，如葡式蛋塔……。相對地，旅館業因期初投資興建所投入之資金相當高，若非經過審慎評估，是不可能輕易經營下去；就以旅館業的發展來說，與國家整體經濟發展與對外（國際間）發展方向有相當大的關係。餐旅業未來發展趨勢，有以下之說明。

一、企業化經營

企業化是使餐飲業由小生意得以脫胎換骨的關鍵，企業化可以降低顧客的認知風險，可以提高人才投入的吸引力與經營水準，更重要的是，可以穩定改善品質，舉凡採購、製造、財務、銷售等，企業化都是一連串良性的改革行動，如**圖1-2**為餐飲業的企業化經營圖。

(一)連鎖化經營

連鎖化經營，可因大量進貨，而降低食材成本，並可由多店分攤廣告促銷費用，而再開拓新店時，也可藉原來的知名度而快速擴張，連鎖化經營是餐飲業規模擴大後的必經之路。而在旅館業，透過連鎖化經營，在經營不同型態旅館時，如同時經營商務型旅館與休閒度假飯店，因淡、旺季不同，可將人力作輪調，作充分之運用，可直接降低人事成本。

(二)專業化／標準化

餐飲業不管現場或廚房，皆須有專業人士來掌控（皆須有實務經驗），如此一來才有辦法真正作出好的服務與產品，再者也不會浪擲投資者的資金。

餐旅業的標準化涵蓋食材之標準化、調理流程之標準化、動線與配

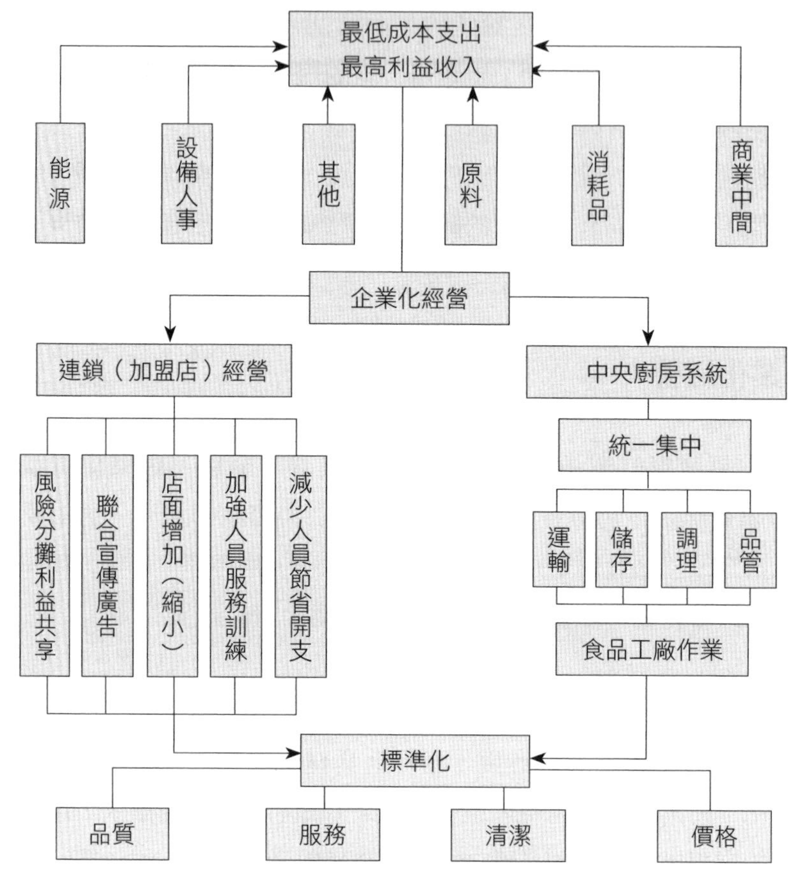

圖1-2　餐飲業的企業化經營

置之標準化、服務流程之標準化以及各種行政作業之標準化等，其優點有：

1.品質穩定，可降低顧客之不確定感，並提高商譽，強化顧客信心。
2.降低成本，並有利於成本之控制與管理稽核。
3.利於人員招募，因標準化結果使各職位之用人資格亦得以明確具體化，同時建立有系統的經營管理技術及訓練標準，非但利於人才之招募遴選，服務品質亦不受人員流動影響。

餐旅業的標準化，首在建立標準作業程序（Standard Operation Procedure, SOP）並加強相關人員的訓練，使制度與執行能確實一致企業化經營管理，不外乎制定明確的經營理念、建立標準作業程序、由專業人才負責經營、信賴專業知識和技術、注重經營效率的提升等，這些作為和規模大小無關，和投資者的視野和眼光則大有關聯。

二、國際化經營

隨著國內商務差旅以及國外商務人士來台的風潮，政府大力向外推展台灣觀光也促成了國內旅遊持續活絡。看好觀光旅館業的發展與榮景，國內外企業與旅館集團仍是紛紛投資興建旅館；在餐飲業方面與外商合資或技術合作上，亦從速食餐飲點燃戰火，進而美式、日式、歐式餐飲紛紛深入市場，甚至成為最受矚目的焦點。

三、網路化、自動化與科技化

科技的進步與網路的運用，已經快速地影響到餐旅產業的未來發展與規劃。利用iPhone的生物辨識（Biometric）功能，開發出無紙化入住服務，房客可以使用Touch ID指紋辨識技術，存取儲存在行動裝置上的訂房資料，安全地完成入住手續；美國大型連鎖旅館業者提供應用程式（App），讓房客使用自己的智慧型手機當作房門鑰匙使用，房客的智慧型裝置就是數位化的房間鑰匙，能讓住客省卻辦理入住手續的程序，直接進房。「機器人旅館」，萬能服務生挑戰零客訴，機器人包辦90%的工作，包括招呼來賓、提行李、清理客房等，房客則可透過旅館提所供的平板電腦，索取額外的設備與服務；從訂房、Check In、結帳，都是透過電腦螢幕輸入完成，還有機器手臂，幫客人寄放行李，從辦理入住手續到隔天退房，都不會遇到飯店人員，完全自動化服務，徹底實現高科技的「無人旅店」，透過科技的運用來改變旅館業傳統營運模式，旅館業已經開始進入新的商業經營模式。

旅館業者運用網路中的社群媒體，來強化住客的參與感：透過照片分享應用程式Instagram舉辦活動。智慧型行動裝置的普及，也正衝擊著餐飲業，智慧型行動裝置讓消費者在外尋找餐廳時變得更方便，也更容易獲得餐廳的相關評價，消費者的決策不再完全以品牌知名度為考量，而更重視網路上的口碑；故餐飲業必須更加強網路口碑與社群的經營。3D列印技術開始運用在餐點上，店家賣的餐點全是經3D列印而來，挑戰消費者對創新創意的接受度，英國一家餐廳從家具、餐具到食物都是3D列印，業者與廚師一起研究如何發揮列印機的優點，與廚師的長處結合，做出傑出的料理。

四、節能減碳——環保旅館與綠色餐廳

全球暖化與溫室效應是目前全世界人類共同面臨嚴重的環境問題，更影響著觀光事業的永續發展。節能減碳的重要目的在於減少能源的使用，降低多餘的溫室氣體排放，以延緩地球暖化。國內推動的「旅館業環保標章規格標準」主要內容分成七大項：企業環境管理、節能措施、節水措施、綠色採購、一次用產品與廢棄物之減量、危害性物質管理、垃圾分類資源回收。另外還有政府為提升全民於住宿旅館時落實環保，力行綠色生活，並鼓勵旅館業者認同顧客之綠行動，推出「環保旅店計畫」，藉由業者呼籲消費者落實綠行動，採用不提供備品及續住不更換床單、毛巾，以給予優惠方式回饋消費者為原則，或將節省下來之費用捐助環保或弱勢團體，以提高業者配合彈性。在綠色餐廳方面，使用在地食材以減少

食物里程，進而降低碳足跡的排放，也是相當多餐飲業者已經在推動與落實進行的做法。世界各國的餐旅產業相當體認到節能減碳的重要性，不管對於業者或是消費者而言，都已有相當的認同度，也成為產業發展面臨到的議題與發展趨勢。

Part 2

人力資源管理與規劃

近十年來，我國整體經濟及社會發展快速變遷，產業結構亦隨之改變。勞力密集產業已逐步外移，服務業產值與從業人員比重已超過製造業，職場人力結構與職業產生大幅度的變動。

餐旅產業需要投入大量人力來進行各項服務，雖然可將其服務作業流程標準化處理，但仍無法降低人力需求，尤其是站在第一線直接面對與接觸顧客的基層服務人員，以及需要具有技術能力者（如廚師等）需求量最高。根據行政院主計處「104年事業人力僱用狀況調查結果綜合分析」，住宿及餐飲業之缺工人數高達一萬六千餘人，在服務產業僅次於批發及零售業，造成餐飲業缺工之原因，主要為「因應員工流動性需求」占81.8%。一旦餐飲業內部員工流失，平均需要3.8個月的時間才能尋找到適合之員工，當中，又以專業人員（8.9月）、主管及監督人員（6.4月）之空缺時間最久。從以上數據可知，台灣餐旅業正高速成長，惟目前人力仍無法配合產業發展。

缺工表示勞動供給不足，失業表示勞動供過於求，景氣熱絡時，失業率下降，空缺率上升，反之則失業率上升，空缺率下降。從十年來事業人力僱用狀況的長期分析可以發現住宿及餐飲業受僱員工人數是十年前的2.3倍，但是空缺人數卻大幅度增加，約為4.39倍，除了在民國98年、99年受全球金融海嘯之衝擊，空缺率不到2%為歷年最低，隨著景氣狀況穩健，餐旅產業廠商人力需求大幅增加，平均空缺率皆高於4%，再次顯示餐旅產業為國家重點發展產業，不僅是人才需求孔急，更需重視人才養成的設計與規劃。

「員工」是公司組成最基本的條件之一，當然也是公司最重要的資源之一。如何妥善規劃、管理、運用人力資源，不管對於直線主管或是人力資源部門主管都是相當重要的課題。作為一位專業的主管必須藉由對管理的認識與建立基本架構，進而徹底落實與實行人力資源管理。隨著產業環境與企業經營型態的改變，人力資源管理工作也需要由傳統人事行政作業的消極角色，轉變為人力資源開發的策略性角色，其工作重點也將轉為如何獲取高階經營者（如CEO、董事會）之關心與承諾，積極參與企業經營策略的擬定，重新或改變工作設計以增加工作的自主性、創造性、挑戰性與成就感，規劃創新與更具彈性人力資源管理制度；為防止組織與員工的老化，需要不斷地投資訓練與發展的工作。餐旅產業是屬於人力密集的服務業，一家公司成長發展的原動力，優秀人才的多寡，以及是否具備能讓從業人員發揮潛能的體制等都有所關聯，因此餐旅業者必須將人才的培育及確保，當作經營管理的重要課題。

人力資源管理

一、人力資源管理的基本介紹

二、人力資源管理的規劃

三、人力資源管理的職責

四、人力資源管理的現況與未來發展

「員工」可以說是一家公司組成最基本的條件之一，當然也是公司最重要的資源之一。企業要能生存主要在於營運績效，若是要達到永續經營與發展，人力資源則是首要重視之課題。如何妥善規劃、管理、運用人力資源，不管對於直線、幕僚主管或是人力資源部門主管都是相當重要的課題。藉由對管理的認識與建立基本架構，進而徹底落實與實行人力資源管理。

第一節　人力資源管理的基本介紹

一、人力資源管理的定義

所謂人力資源，就是組織內所有與員工有關的任何資源而言。它包括：員工人數、類別、素質、年齡、工作能力、知識、技術、態度和動機等均屬之。至於人力資源管理則為對組織內人力資源的管理。就形式上的意義而言，這是指人與事密切配合的問題，亦即為組織中人力資源的發掘與運用問題，而不單指人力數量的問題；廣而言之，人力資源管理是指組織內所有人力資源的開發、發掘、培育、甄選、取得、運用、維護、調配、考核和管制的一切過程和活動。

二、人力資源管理的重要性

中、基層幹部是銜接員工與企業決策者之間的靈魂人物，如果沒有幹部，工作無法順利完成，企業目標也將無法明確運作。管理者具有三個基本技術：技術性的、人際關係的、觀念化的技術。技術性的技術，是指使用工具、過程及專業技術的能力；人際關係的技術，是指與他人工作，瞭解他人的能力；觀念化的技術，是瞭解組織所有活動與利益所在的能力。身為管理者，必須擁有足夠的專門技術才能完成其所負責的工作（技術性的）；而為了有效地領導部屬，管理必須有效地與別人共事（人際關係的）；同時也需瞭解組織如何運作，和部門間如何彼此相互依賴或相互關聯的能力（觀念化的技術）。

三、人力資源管理的功能

管理人員有四種主要功能，這些功能的基本責任由高級主管開始，層層傳遞，環環相扣。基層管理者既是所屬機構中的管理者之一，就必須和上司共同實踐這些功能。四種功能包括：

(一)計畫的功能

設定目標，並決定達成目標的方法。有助進行計畫的因素包括：

1.節省時間用以計畫。
2.讓員工協助計畫。
3.蒐集所有必需的資訊。
4.巧妙地運用軟硬體設施（員工、設備、時間）。
5.訂立具有彈性空間的計畫。
6.自行評估計畫。
7.準時完成計畫。

(二)組織的功能

把上級的決定落實分配到部門所有成員中，以達到成效。組織的功能除了包括指派員工職責，應給予員工應有的訓練，好讓他們把工作做得更完善。有時候，也必須讓員工瞭解，他們的工作表現對其他部門成功與否具有絕對的關係。有助從事組織活動的因素，包括：

1.在分配工作時，將員工個人的能力與素質列入考慮。
2.向員工示範如何藉著與其他部門的合作將工作順利推展。
3.對技術仍待改進的員工施以訓練。
4.讓員工瞭解本身的工作表現與其他部門息息相關。
5.有效地協調各方資源。
6.利用各種可行的途徑來甄選應徵者。
7.利用面談、考試以及向推薦人甄選的方式，來過濾應徵人員。

(三)領導的功能

激勵並引導你的員工，讓他們達成部門與企業目標。領導是藉由不斷的激勵與指引員工，讓他們可以達成個人、部門及組織目標。所謂的領導包括督導、激勵、評估以及懲戒員工。這是眾多管理功能中與「人」產生最多關聯。有助完成領導活動的要項，包括有助進行計畫的因素，如下所列：

1.讓員工知道我對他們的期許。
2.徵詢員工的建議。
3.表現積極而正面的態度。
4.以身作則，樹立良好典範。
5.適時讚美員工的良好表現。
6.對表現良好的員工，給予獎勵並致謝。
7.對員工的問題與顧慮，誠摯表示關懷。
8.當員工有需要時，隨時助他們一臂之力。

(四)控制的功能

確定所有的計畫恰如其分地逐一實施。有效的管理控制應先以設定的標準為依據，衡量實際表現與標準的差距，以便採取矯正行動。為做好控制工作，宜遵守下列原則：

1.當員工表現不佳時，協助他們改善。
2.即早避免問題，總比事後補救錯誤來得容易。
3.有時候必須改變做事方法，才能達到目標。
4.及早補救最糟的問題才能達到目標。

身為一位管理者，除了須具備三種技術與四種管理功能之外，還必須再加上第五種管理功能。

(五)第五種管理功能：用人

決定公司用什麼樣的人、招募具有潛力的員工、甄選員工、設定績效標準、設計並給付員工適當薪資與報酬、進行績效評估、給予員工必要與足夠的諮詢、訓練和發展。

此項管理功能——用人，亦即所謂的「人事管理」（Personal Management）。而近代已將其功能與範圍擴大，成為人力資源管理（Human Resource Management），所指為執行管理工作中與員工或人事方面相關的技術與政策，包括：

1.執行工作分析。
2.規劃人力需求及招募應徵工作者。
3.提供新進員工引導與訓練。
4.工資與薪酬管理。
5.提供誘因與福利。

6.評估工作績效。

7.溝通（面談、諮詢、懲誡）。

8.訓練與培育。

9.員工之健康與安全。

10.處理申訴與勞資關係。

第二節　人力資源管理的規劃

人力資源管理的規劃乃為確定規劃未來業務的發展與環境的要求，而對人力資源狀況展開規劃的工作，包括：人力資源的發掘、人力需求的預測、人力結構的分析、人力需求的分析等；簡而言之，針對企業的人力資源做好選、訓、用、留的各項規劃。制定人力資源管理的規劃，必須依據整體企業的經營管理計畫、組織結構、工作設計以及企業內部現有人力資源使用狀況分析，處理好人力資源的供需平衡問題程序。人力資源管理的規劃，需透過企業依據其所處之內外部環境與員工在工作上的生涯發展，對未來短、中、長期的人力資源需求，做有系統且持續的分析與規劃。

一、企業內部、外部環境的變化

進行人力資源管理的規劃時需要充分地考慮到企業內、外部環境的變化，才能適應需要，以達到企業發展目標。內部變化主要指銷售與營運上的變化，包含企業發展策略的改變，還有公司員工的流動變化等；外部變化指社會消費市場的變化、政府有關人力資源政策的變化、人力市場的變化等。人力資源規劃應該對可能發生的情況做出風險預測與應對的策略。

二、企業人力資源的規劃與運用

企業的人力資源運用是人力資源規劃中應面對的核心問題。它包括人員的供應與需求預測、人員的內部轉換調動預測、社會人力資源供給分析等。有效地規劃企業的人力資源供給與需求，才有辦法進行進一步的人力資源管理與開發。

三、企業和員工獲得長期利益——雙贏

企業的發展和員工的發展應是共同考慮的，是相互依存、互相促進的關係。人力資源的規劃不僅只是顧及到企業面，同時也要考慮對員工的規劃。完整的人力資源規劃，必須能夠使企業與員工達到長期利益，一定也是能夠使企業和員工共同發展的規劃。

第三節　人力資源管理的職責

廣義而言，所有管理者皆是人力資源管理者，因為或多或少都會參與到招募、面談、甄選、訓練員工的活動，但是企業仍會有一專門的人力資源管理部門，統籌所有人力資源相關事務與工作。

一、直線與幕僚職權

職權（Authority）就是制定決策、指揮他人，以及下達命令的權力，從管理角度看，職權通常分為兩種：直線職權與幕僚職權。

(一)直線經理（Line Manager）

被授權可以指揮下屬工作，負責完成組織的基本目標。例如客房部經理、餐飲部經理都是所謂的直線經理，對完成公司的基本目標有直接責任，亦即直接面對客戶，為公司賺取最大之利益；同時指揮下屬共同完成任務。

(二)幕僚經理（Staff Manager）

有權對直線經理提出協助和建議，以完成組織的基本目標。例如財務部經理，負責對直線經理提出有關預算、各項成本與費用等之控管與建議。

(三)直線與幕僚經理的人力資源管理職責

1.將適當人選分派到適當的位置。
2.訓練新進員工執行新工作（On The Job Training）。
3.改善每位員工的工作績效表現。
4.使彼此合作具有創造性，並發展良好的工作關係。
5.控制人事成本與費用。
6.激發每位員工的潛能。
7.建立並維持部門的工作士氣，並使之保持高昂。
8.為公司創造最大之利潤。

二、人力資源部門主管的管理職責

人力資源部門的主管通常同時兼具直線功能、協調功能、幕僚（服務）功能等三種功能。人力資源經理如同一般直線經理，指揮其部門的員工執行命令；有時也常執行人事相關活動協調方面的功能，以確保直線經理能夠執行已經核准並施行的人力資源目標、政策及程序；再者人力資源部門最主要的工作就是對直線管理者及部門提供有關人力資源管理方面的服務，如招募、僱用、訓練、建議、晉升及解僱員工。

第四節　人力資源管理的現況與未來發展

一、企業經營型態之變化趨勢

表2-1列出當前企業經營型態之變化趨勢，將傳統組織與未來組織在各種經營管理特性方面的改變，作了綜合的歸納比較。這種趨勢也反映出企業管理的新管理典範。工業時代的傳統企業組織，多為功能／部門式官僚的組織，其所處的經營環境是較為單純、穩定的環境，企業經營以國家和企業內部的管控為主要取向，強調透過大量生產來提升生產力與利潤，重視附加價值的提升，注重員工的專業。有關當前產業與人力資源管理的各個趨勢之間，並非是相互獨立的，而是存在著一些相互的關聯。如資訊科技的引進不僅改變了工作性質，也影響組織經營型態的變化趨勢，或許我們可以從企業因應產業變遷所作經營型態的改變中，可以發現一些管理的新典範。企業經營型態的變化趨勢指出了一些管理新典範，這也提供了企業經營者與人力資源部門主管一些重要的啟示，如下所述：傳統企業功能部門化已無法適應現代的要求，所以強調企業流程的再造。企業的經營管理存在著慣性、惰性，產業環境改變，企業必須跟著改變；企業需要作自主調適，追求成功與發展，企業與個人均需要自我破壞、解體、再重新構建。

表2-1　企業經營型態之變化趨勢——新管理典範

經營管理特性	傳統組織（工業時代）	未來組織（資訊時代）
經營環境	單純穩定的環境	複雜動態不確定的環境
經營定位	國家的	全球的（國際化、全球化）
取向	專注內部因素	專注外部因素
組織型態	功能／部門式官位組織	事業部權變模式、扁平式虛擬式、網路型組織
經營指標	附加價值： 生產力、利潤、大量生產	價值創造、顧客滿意形象品質、企業責任與倫理
專業分工	功能專家（專才）	全面品質
管理單位	狹隘的	跨功能團隊（通才）
資訊	個人	多元化的
決策	個人必要之工作資訊	團隊工作
組織溝通	集權式管理	開放的組織資訊
升遷	層層節制	政策與控制集權、管理作業分工
管理機制	正式（上對下）溝通 強調責任、努力、忠誠與年資	授權、即時決策
領導風格	規章制度程序 主管、固定、一致性的做法 穩定的、威權管理	強調專業和管理能力 資訊管理系統、專業技能管理 快速的、魅力領導、人性化與權變式領導

二、二十一世紀人力資源管理的角色功能

隨著產業環境與企業經營型態的改變，人力資源管理工作也需要由傳統人事行政作業的消極角色，轉變為人力資源開發的策略性角色；其工作重點也將轉為如何獲取高階經營者（如CEO、董事會）之關心與承諾，積極參與企業經營策略的擬定，而非注重對人員問題規劃。考慮新世代的工作價值與資訊科技的發展，重新或改變工作設計以增加工作的自主性、創造性、挑戰性與成就感。規劃創新與更具彈性人力資源管理制度，如工作分享、彈性上班時間、鼓勵儘早退休或延遲退休、僱用年老退

休勞力或家庭主婦等。為防止組織與員工的老化，需要不斷地投資訓練與發展的工作：如工作知識技能、團隊合作之技巧、團隊管理之技巧、提升員工的工作技能之訓練，以及提供員工工作適應之協助，協助員工建立適當的工作態度，共同的企業文化與價值觀、經營理念，並協助員工解決工作／家庭之衝突。

(一)人力資源工作者應有的認知

人力資源管理的工作也要更新（Renewal），傳統人事管理的工作，不能將人事功能與人事部門混為一談；而新時代的人力資源管理需要以前瞻性的策略眼光，來協助企業提升經營效能，並獲致成長與發展，人力資源工作者需要有下列的認知：

1. 人力資源管理功能須重新定位，重功能而非部門；人力資源管理需制度化，非僅是將人事工作集中或更專業化，而是在協助直線管理人員發揮人員領導與激勵的能力，如此亦可減少人力資源管理部門與其他部門間之對立、衝突。
2. 人力資源管理需成為主流，非僅訓練發展人員而已。人力資源管理的專業工作者為企業人（Business People）瞭解企業多方面功能、產品、生產、行銷、企業使命、文化等。
3. 不斷尋找新的管理領導方法及知識、技能。
4. 人力資源管理專業人員需視自己為企業問題的解決者。
5. 在擬定各項管理制度或人力發展計畫時，需以服務的顧客部門及企業為導向。
6. 成功的人力資源管理人員，需獲得同事、其他部門及員工的信任與尊重，並能讓直線主管瞭解人力資源管理部門的工作是協助其解決問題，並達成部門工作目標。所以，人力資源工作者須具諮詢輔導技巧。

(二)人力資源管理者的角色

表2-2列出了人力資源管理功能與角色的轉變，人力資源部門需要從傳統功能部門的定位轉變為企業經營的策略夥伴；其工作重點與組織性質也需要調整。具體而言，二十一世紀人力資源管理需扮演更積極的角色，其角色如下：

1.扮演主動領導者角色，以確保企業在競爭的過程中能更成功。

2.改變或重塑企業文化，並加強對員工的社會化（企業文化）教育。

3.協助高階主管在訂定公司的策略與計畫時，能納入有關人力資源管理問題。為配合企業使命（Mission）、願景（Vision）、目標（Objectives, Goals）等的達成，人力資源管理人員亦須參與規劃公司的成長、智成計畫，並協助將事業計畫轉為人力資源（發展）規劃，明確地訂定培育或招募人力素質（質與量）的目標、時程表等，及人力資源部門需承擔協助公司策略成功執行的責任。

表2-2　人力資源管理功能與角色的轉變

	功能部門專家	企業經營夥伴
人力資源管理	反應式	前瞻式
工作性質	功能部門導向 作業性 以技術為前導 專注企業內部	企業導向 策略性 以企業策略為前導 整合內外部、考慮整個社會
建立人力資源策略與政策	人事部門負全責	人力資源部門與直線部門共同承擔
人力資源部門的組織	功能結構 為員工服務 為本部門服務	彈性化的組織 企業經營夥伴 為直線部門服務
人力資源專業人員的生涯	人力資源領域內發展生涯 人力資源專才 專注當前 以本國為焦點	重視企業內的輪調 企業經營管理通才 專注未來 以全球為焦點

4.規劃組織的發展及提升企業人力素質的計畫，以發揮員工之潛能，增進企業經營效能。

5.掌握管理典範的變革，提供管理階層有效的人員領導管理技巧。

6.確保公司員工的能力水準（Competency Levels）能超越競爭者，以提供良好的產品及顧客服務。

7.提供諮詢與輔導；協助員工處理工作適應問題；協助處理組織及文化衝突。

8.協助規劃管理資訊與決策系統，以作為管理控制與評估之用。如何面對當前產業與人力資源管理的發展趨勢，協助企業研擬邁向二十一世紀經工程，將是企業經營者與人力資源管理專業工作者的重要挑戰。

(三)餐旅業人事管理的重點

餐旅業是屬於人力密集的服務業，一家公司成長發展的原動力，優秀人才的多寡，以及是否具備能讓從業人員發揮潛能的體制等等，都有所關聯。因此許多餐旅業者將人才的培育及確保，當作經營管理的重要課題。近年來由於社會的富裕、勞動人口日益遞減，而經營成本隨著物價水漲船高，人事成本的負擔也日益沉重，結果大大壓低餐旅業的利潤，如果再不提升餐旅從業人員的生產力，單靠削減人事費用，是無法因應的。為了順應經營環境的變遷，餐旅業的人事管理應朝向以下的重點加強：

1.尊重餐旅從業人員的獨立人格。

2.確保從業人員的薪資待遇及福利，不應低於一般水準。

3.加強從業人員的教育訓練，使其具備執行職務時，必要的知識與技能，以提高生產力。

4.公平對待每位從業人員，使其適才適所，得以發揮長才。

5.讓從業人員的幹勁和創意，得以充分反映在工作上。

附錄2-1　轉變與特質——人力資源角色轉變與人力資源工作者的人格特質

一、人力資源部門的演變

一般大眾與員工對於人力資源部門人員所從事工作內容的看法，可分為三個層次與角色演變：

(一)人事行政（Administration）

即從事勞、健保、加班計算等最基本例行的行政工作，屬於直接反應（Reflective）的人力資源工作。在這個階段人力資源部門只是進行最簡易的人事作業，未進一步執行人力資源規劃與管理相關的策略性思考與創新。過去的企業以營運為主要考量，未能重視人力資源管理，將人力資源部門視作單純的行政單位。

(二)人事管理（Personnel Management）

即從事所謂人才的選訓用留，其須具備專業的人力資源（Human Resource, HR）知識，並能運用知識做好各項HR的功能。例如瞭解何種人才適合公司、薪酬如何計算，是屬於較被動式（Reactive）的人力資源工作。一般來說，人事管理的階段，已經開始進行人力資源管理應具備的功能，通常在成長與重視發展的企業較屬於這個階段的人力資源運用，人力資源管理部門也開始在企業扮演較重要的角色，協助企業成長與發展。

(三)人力資源策略性管理（Human Resource Strategy Management）

如何營造組織「贏」的環境，例如提高員工士氣、認同感、讓他們感到在此公司工作是一種驕傲，且能主動帶頭思考組織的走勢以進行變革管理，不同於前兩者的反應或被動式，其從事的是較為主動性（Proactive）的人力資源工作。通常大型企業的HR單位是比較定位在

所謂的人力資源策略性管理角色；一般的中小型企業大致介於人事管理及人力資源策略性管理間，主要的工作偏向前者，大部分公司的HR人員仍主要是從事人事管理的工作，但已帶有一些人力資源策略性管理的色彩。HR人員應利用特有的競爭力（Competence）來挑選最適合某項工作的人才；HR人員是要找到合適的人做合適的事，並非是要找最優秀、最頂尖的人；讓各部門主管覺得HR人員的工作，是幫助他們解決問題，進而促使整個企業的成功。HR的工作是在幫助組織成功，而且要給予各部門適當的幫助，所以HR人員不光只是要會做招募甄選、訓練，而是當部門需要幫助時，HR人員可以給予主管適當諮詢，例如告知適合的激勵手段，及如何選擇、留住主管所要的人才。

二、人資工作者應具備的人格特質

從事人力資源的確應具備有某些人格特質，基於人力資源管理部門角色演變的過程來看，未來擔任HR工作應須具備下列五大特質：

(一)人際關係（Interpersonal Relationship）

對人要有高度敏銳度，喜歡與人接觸，並善於察言觀色，例如：在甄選面談人員時，可以透過一些人際互動技巧去觀察應徵者，以挑選出最適合公司的員工。而在平日工作中，能夠正確地觀察組織的氣氛，員工是否有任何的不滿與抱怨。由於許多人不會直接表達出自己的情緒，因而身為HR人員要懂得察言觀色；另外HR人員也要懂得聆聽、傾聽，且得到組織成員的信任，將使其樂意溝通，而HR人員才能更瞭解組織成員心中所思所想及其真正的需求。

(二)彈性（Flexibility）

21世紀組織所面臨的環境不斷地改變，所以組織為求生存勢必也要做調整、變通性的思考。此外，過去每個工作都要做，使得HR人員不該在局限於固定的做法，而非死守著既定的制度辦法、法令規章，

而是要知所變通。

(三)獨立（Independence）

HR人員參與組織基礎建構之決定，如薪酬策略及結構、人員安排及變動、組織結構建立、訓練的籌劃與執行等，很多隸屬於公司的機密，不方便與其他部門單位分享。所以HR人員要能獨立行事，甚至有時會因瞭解公司的一些實際作業情形（如因應組織瘦身的裁員行動），卻無悲傷難過的權利，否則只會徒增公司人員的驚恐。

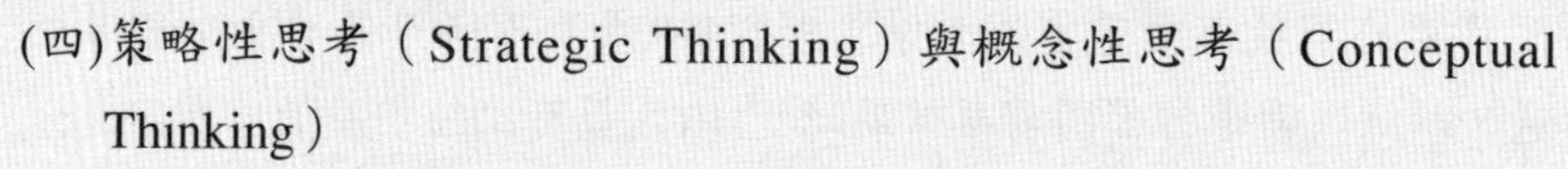

(四)策略性思考（Strategic Thinking）與概念性思考（Conceptual Thinking）

HR主管要能策略性思考，不僅要會做「選育用留」的工作，組織會進一步的希望HR人員也可以做到策略性的規劃。例如能察覺到一段時間之後環境可能的變動，進而想辦法解決公司在未來可能面臨的任何難題，若是一般HR專員則要能做到概念性的思考。

(五)創新（Creating）

現在的員工希望HR部門端出的菜單（如福利制度、獎勵方式），要多樣化且最好能推陳出新，因此HR部門所辦的活動是要有趣、新鮮的；所推行的方案是要讓員工感到特別且有參與感，這樣的HR部門被組織內的成員所期許著。上述的五大性格，絕大部分是與生俱來的，難以後天培養。若要挑出一個HR最必備的性格的話，當屬「人際關係」最為重要，因為HR管理為一份與「人」有深度關係的工作，乃是透過協助「人」（組織內的成員），能認同公司（為組織建構的活動之一）。而「人際關係」的特質，為決定HR人員是否能得到單位主管及員工信任的最重要特質，否則HR人員會被視為是公司的錦衣衛、糾察隊，有時不但無法得到組織成員的支持與信任，反而會被視為是妨礙公司成功的絆腳石。

建議

雖然說人格特質是很難加以改變，因此給予有興趣從事HR工作的人幾個建議作為參考：

1.學習傾聽他人的聲音：學習扮演傾聽的角色，讓人願意分享真正的心情。
2.讓自己較易與人相處（Easy-Going）：讓別人感受到自己為人處事上的誠懇。
3.勿本位主義，輕易下斷論：要能多聽、多想，試著從不同角度去思考，勿隨便對他人的言論妄下結論。

個案研究——神秘客探訪

Rear Beef是一間知名的連鎖餐廳，相當重視服務顧客的滿意度，有明確的標準與要求。Mary在Rear Beef餐廳當服務生已經有兩年的時間，表現相當優異，受到餐廳經理與許多顧客的讚許。雖然大部分員工都相當遵照著公司的規定執行工作，但是Mary一直採用自己較獨特的服務風格來進行顧客服務，而且她總是拿到最多的小費。

總部為提升公司的服務水準，將進行「秘密客」（Mystery Shopper）探訪分店計畫，分店經理將此訊息帶回來餐廳，提醒所有員工在接下來為期一至兩個月的期間，要隨時注意確保服務流程的標準與品質。某天來了一組顧客，經理判斷應該就是總部派來的神秘客，特別指派了Mary前去服務，也提醒她按照公司的標準與規範才不會出問題。

當Mary開始進行服務流程時，只要想到須遵照公司的標準服務流程，就讓她慌了手腳，無法流利地說出標準口語，點餐、餐期間的服務都無法像往常一樣的流暢與順利。結果分店評比得到了全公司的最後一名，也讓經理相當生氣，指責Mary未能按照公司標準進行服務，而導致分店受到影響。然而Mary卻認為自己的服務方式從未被阻止過，優異的表現也獲得經理、同事與顧客的認同，讓她相當困擾。

問題探討

1.請討論「神秘客」制度的優缺點。

2.SOP是工作設計中最基本的準則，如何正確或彈性運用，試討論之。

3.根據上述案例，分店經理與Mary孰對孰非，試討論之。

Chapter 3

人力資源規劃

一、人力資源的規劃

二、人力資源需求預測

三、人力資源供應預測

所謂人力資源的規劃就是為確定規劃未來業務的發展與環境的要求，而對人力資源狀況來作規劃的工作。依據企業或組織成長與發展的需要，事先規劃及適時提供適當的人選，確保組織內人力供應的充足與配合，並完成企業預計目標。包括：人力資源的尋找、人力需求的預測、人力結構的分析、人力需求的分析以及人力妥善的配置等。人力資源規劃就是在對組織中目前或未來人力需求預先估計（包含了組織的人力需求、公司內部合適人選的供給、外部合適人選的供給三個部分），來擬訂人力計畫。另外還有人力資源供應預測方面，亦可藉由人力規劃手冊，並透過靈活的人力運用來將人力配置作適當之安排。

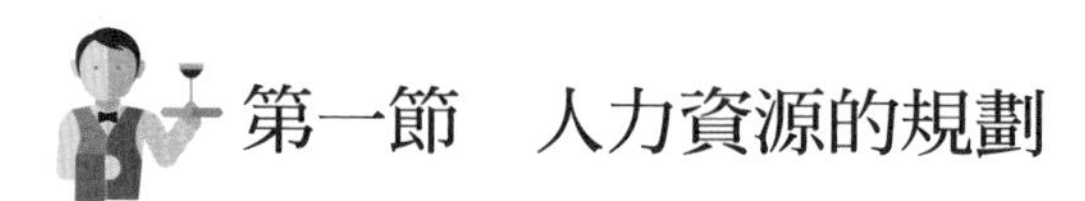

第一節　人力資源的規劃

一般而言，人力規劃的目的大致如下所述：

一、規劃人力發展

人力資源規劃為對現有人力狀況作分析，用以瞭解目前人事狀況；且對未來人力需求作預估，以求對人力的多寡有所增補，來作為擬定員工甄選和訓練計畫之用。人力資源規劃可作為人力發展的基礎。

二、降低用人成本

藉由人力資源規劃，可預先瞭解人力資源運用之狀況，即可避免人力浪擲之狀況，進而降低人事成本。再者，除了合理分配人力外，亦可透過彈性運用人力（彈性工時、僱用計時工讀生等）之方式，來節省人力成本。

三、合理分配人力

透過人力資源規劃，可看出現有人力配置情形以及目前職位的空缺情況；同時也可獲知是否有人力分配不均之狀況，以進行合理化的調配，使人力資源得以有效的運用。

四、滿足員工需求

完善的人力資源規劃，不僅能為組織找出適任適用的人員，也能滿足人員發展的需求。

一個企業必須根據整體的策略規劃與發展目標和任務來制定企業的人力資源規劃，根據其內外部環境的變化，預測企業未來發展對人力資源的需求，以及為滿足這種需要所提供人力資源的活動過程。**圖3-1**為制定人力資源管理規劃流程圖。

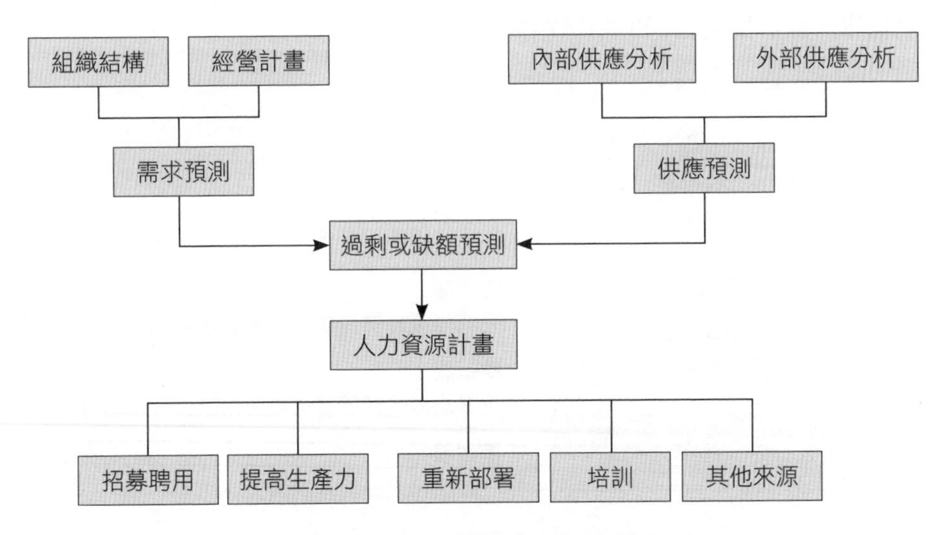

圖3-1　制定人力資源管理規劃流程圖

第二節　人力資源需求預測

人力資源需求預測是依據公司的組織結構、各工作崗位的工作要求，以及未來的整體經營計畫、各營業部門的業務計畫，對所需人力資源進行評估。

一、組織結構設計

組織結構對餐旅業的人力需求有極大的影響；組織結構的設計是制定人力資源計畫的基礎工作。從旅館的經營管理角度來說，組織結構是所謂的組織系統，不僅影響人力配置，還涉及了管理人員與現場操作人員的比例關係，組織結構可依其工作劃分與人數多寡，用一金字塔來表示，如**圖3-2**。依其基本金字塔架構之原理，不管是以產品別、功能別，或混合之方式來設計組織架構，最主要的就是在於人力資源管理主管，協助公司之需求，設計出最合適的組織結構形式。

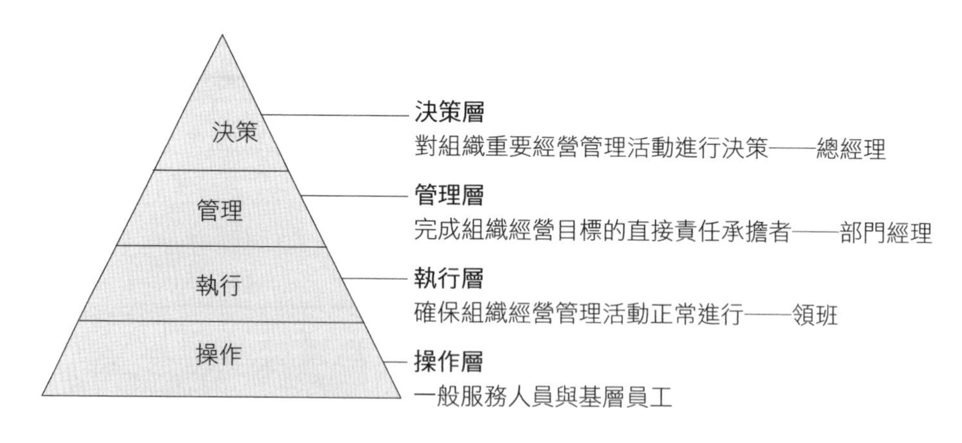

圖3-2　組織結構金字塔

Tips——組織架構與部門命名

企業的組織結構常見的方式是依功能別、產品別、地理區域別、程序別或客戶別來做組織架構設計與部門劃分。

◎功能別（Functional Structure）

以銷售、開發、生產等功能形成的組織與部門型態。每個組織或部門都具有特定的功能，組織的專業性較高。以餐旅產業的公司為例，後勤支援單位大都屬於以功能別設計的部門，例如：人力資源部、工程部、財務部、資訊部門等。部門的命名與設計，皆是以該部門所具備的功能為依據。

◎產品別（Divisional Structure）

根據產品事業別形成的組織與部門型態。每個產品別組織或部門的獨立自主性較高。以企業主要的營運與銷售的產品作為組織設計與部門命名之依據，其部門即是企業的生存命脈，通常產品別部門的管理者具有較多權限，但也須承擔較大的責任與風險。以餐旅產業而言，現場營運單位屬之，例如：客房部、餐飲部。

◎矩陣式組織（Matrix Organization）

結合功能別和產品別的優點，為兩個主軸形成的組織型態。也就是同時具有功能別組織的專業性，產品別的市場適應性。

矩陣式組織常會出現兩個以上的指揮系統。例如在成立專案時，專案成員在公司內隸屬不同的上司，偶會出現利益發生衝突的情形發生，部門間的協調相當重要。不同上司的權責劃分和歸屬、報告體系的明確也非常重要。應避免有權責重複以及模稜兩可的情形發生，才能發揮矩陣組織的優點。

二、工作設計

工作設計是組織架構設計的延續，人力資源規劃，不僅要解決人力需求的數量，還需要考慮到品質問題，亦即使用適合之人選。

組織結構確定後，就必須設計每個部門內的工作職位（務），是必須有實際需要，絕不可因人設位。工作職位設計完成後，還必須針對每個工作職位（務）進行工作分析，寫出所謂的工作職務說明書。

三、需求預測方法

藉由組織與工作設計，可以瞭解公司需要什麼人，但需求預測所要解決的是需求的人力為多少，其預測方法有如下說明：

(一)管理判斷法

管理判斷法，是利用管理人員的經驗進行，利用與工作最直接者的直覺和經驗，再加上部門的各級管理人員根據部門內工作的負擔估計出所需的人力。

通常主管基於多年的工作經驗，對企業內部情況及影響企業的外部因素，往往有相當程度的瞭解，以實務經驗作判斷，不失為一種簡單而快速的方法。

(二)數學經驗法

是根據過去的經驗，以各類統計或模型方式為基礎，來預測人力資源需求。組織根據過去的歷史資料、配合業務發展趨勢、找出未來人力需求數量。在估計人員需求數量時，使用的統計分析技術，如時間系列分析、人力資源比率、生產力比率等，運用電腦輔助，以求得客觀而準確的人力需求數量。例如：飯店的客房部門在預估住房率時，就會根據過去的歷史紀錄、淡旺季、特殊事件或節日，來判斷及預測未來的住房率。

(三)比例趨勢分析

是研究直接參與工作人數與其職工人數之間比例關係的方法，亦即以現場服務之營業單位（如客房部、餐飲部等）為主體，根據經營與業務規模，先確定所需員工數，再按直接作業職工人數與其他職工人數的比例，計算出所需其他職工人數（後勤支援單位——財務部、人力資源部之管理人員），如**表3-1**所示。

表3-1　人力需求比例趨勢分析表

項目	年度	職工人數		比例
		現場營運單位	後勤單位	現場：後勤
實際	2015	200	100	2:1
	2016	260	124	2.1:1
預測	2017	288*	144**	2:1
	2018	300*	146**	2.06:1

* 根據經營業務規模計算出人力數
** 根據現場與後勤比例計算出後勤單位人數

人力規劃使用人力資源預測方法時，往往會同時採用上述的各種方法，以為互補作用，以期使員額編製表能有最完整的表現。餐旅產業在籌備期間或是試營運期間，會先根據各營運單位的規模、營運型式、預估營業額，透過各種人力需求預測的方式來推估預計需要的人力。如**表3-2**為某飯店的員額編制表，表中包括了現有人力、初期編制與最高編制，現有人力所指的就是目前營運期間的既有員工人數，而初期編制與最高編制則是指經由人力需求預測的方式評估出，在飯店免天住房率100%，所有餐廳皆滿座的情況之下，所需要員工數的最大值就是最高編制；而初期編制

表3-2　飯店部門／單位員額說明分析（員額編制表）

部門	單位	現有人力	初期編制	最高編制	說明
總經理室		4	4+	4+	•依需要設置顧問數名
商務聯誼會	秘書室	2	2	2	•編輯部初期採外包制
會務部	辦公室*	0	0	1	
	會務組	2	4	4	
	活動組	1	2	2	
投資服務部		2	2	4	
編輯部		0	0	2	
設計部		3	3	4	
商務聯誼會	合計	10	13	19	
行銷業務部	辦公室*	0	0	1	•先由業務推廣組主管代理行銷業務部主管
	行銷企劃組	0	2	2	
	業務推廣組	3	3	5	
行銷業務部	合計	3	5	8	
客戶服務本部	辦公室*	1	1	1	•初期由本部經理兼任客務部經理，辦公室設助理一名 •客務部與房務部初期編制是以住客率六成為依據
客務部	辦公室*	1	1	1	
	接待組	3	3	3	
	門衛組	6	6	7	
	櫃檯組	6	6	11	
	總機組	5	5	5	
	預約中心	2	2	4	
	商務中心	3	3	4	
客務部	小計	26	26	35	
房務部	辦公室*	2	2	2	
	房務組	13	13	31	
	公清組	8	14	14	
	管衣組	4	6	5	
房務部	小計	27	35	52	
客戶服務本部	合計	54	62	88	

*各部門／單位辦公室——指部門／單位主管1～2名，加上助理等行政人員。

（續）表3-2　飯店部門／單位員額說明分析（員額編制表）

部門	單位	現有人力	初期編制	最高編制	說明
會員聯誼本部	辦公室	3	3	3	
養生中心	辦公室	1	1	1	• 美療師是以每日23位客人作為員額編制依據
	SPA	13	27	49	
	Health Center	5	8	10	
養生中心	小計	19	36	60	
西餐部	辦公室	1	1	1	• 各中西式餐廳外場員額編制是依據Skeleton Structure的七成來制定 • 餐廳現場的Skeleton Structure是以服務12位客人為準則 • 西餐廳經理負責咖啡廳與雪茄屋兩個單位 • 中餐廳經理負責台菜廳與粵菜廳兩個單位 • 宴會廳主要以PT • 中餐廳廂房由2名服務生負責來擬定，服務人員不足時以PT補充之
	西餐廳主管	1	1	1	
	咖啡廳	9	19	19	
	雪茄屋	6	8	8	
	池畔吧	0	5	5	
	會議中心	0	4	4	
西餐部	小計	17	38	38	
西廚部	行政主廚	1	1	1	
	大廚房	6	6	6	
	西廚	16	17	17	
	池畔廚	0	5	5	
	點心房	8	8	10	
西廚部	小計	31	37	39	
中餐部	辦公室	1	1	1	
	中餐廳主管	1	1	1	
	台菜廳	11	16	16	
	粵菜廳	11	16	16	
	宴會廳	4	9	9	
中餐部	小計	28	43	43	
中廚部	行政主廚	1	1	1	
	台菜廚	9	9	9	
	粵菜廚	17	18	18	
中廚部	小計	27	28	28	
餐務部		12	18	23	
飲務部		10	8	8	
會員聯誼本部	合計	147	211	242	

*各部門／單位辦公室——指部門／單位主管1～2名，或加上助理等行政人員。

（續）表3-2　飯店部門／單位員額說明分析（員額編制表）

部門	單位	現有人力	初期編制	最高編制	說明
行政部	辦公室*	1	1	1	
	人力資源室	3	3	4	
	總務科	3	3	3	
	員廚	6	6	6	
	安全室	1	12	12	
行政部	合計	14	25	26	
採購部	合計	2	3	3	
工程部	辦公室*	2	2	2	•工程部初期以外包作業來輔助人員之不足
	電器組	3	3	3	
	空調組	3	3	3	
	鍋爐組	3	4	4	
	視訊中心	2	3	3	
	修繕組	2	3	3	
工程部	合計	15	18	18	
財務部	辦公室*	1	2	2	•財務科人員編制包括了餐廳與櫃檯出納
	會計科	5	5	5	
	成控科	5	5	7	
	財務科	12	18	18	
財務部	合計	23	30	32	
資訊部	合計	3	3	5	
員工人數	總計	275	374+	445+	

*各部門／單位辦公室——指部門／單位主管1～2名，或加上助理等行政人員。

則是指試營運期間或是開幕初期，評估住房率、餐廳來客數在一定比例上所需求的員工人數，設定出員額編制，作為未來實際營運所需人力數。

第三節　人力資源供應預測

一、人力資源供應

人力資源供應預測是估計組織內部和外部可以獲得的人力數量，進行供應預測。首先需做好對現有職工的分析，然後確定對空缺職務的填補方式，亦即人力資源供應來源有兩個方面：外部招聘和內部推舉。事實上，填補空缺職務最好的辦法，就是內部推舉的方式。通過內部提升調職或對現有員工的再訓練，不僅是省時省力，更重要的是能夠激勵員工，提高員工的工作積極性；招聘內部員工比外部招聘更顯示出優越性；提升的機會，還可為員工提供進取的方向和努力的目標。一般而言，只有當內部無合適人選時，才向外部招募，例如：

1.所需人員屬於一般基層服務或操作人員。

2.內部無合適人選。

3.為促進公司內的新陳代謝。

4.為發展業務或開拓新的市場，有較多的人力需求。

個案研究——左右為難的人事安排

Oasis飯店是一家相當受歡迎的五星級飯店，不管是住房或是餐廳的生意都是絡繹不絕，尤其是飯店內有數間人氣餐廳讓消費者讚譽有佳，其中的自助式餐廳因為提供多樣化且新鮮現做的餐點，每天都是門庭若市，卻也因此讓員工倍感壓力，工作量增加不少。人力資源部在進行人力規劃時，評估員工工作量，決定增聘服務人員來解決人力不足的問題，同時也著手從事員工培育的計畫，篩選有潛力的員工給予階段性的培訓。過了不到半年，飯店生意仍是穩定成長，此時自助餐廳副理卻因優異表現遭到挖角，離開此間飯店，半年前經培訓的員工共有二位不久前才剛晉升領班，再加上一位原有領班也才到職不到三個月……

若您是餐廳經理與人力資源主管該如何解決副理離職後所造成的缺額？

三選一？空缺？挖角空降？還是……？

二、人力配置

人事費用為公司內最大支出之一，約占總支出25～30%。對於一位管理幹部而言，必須每天確實安排適當人數、適當的工作時間與人力配置。若安排過多的人力不僅生產力降低、成本提高，工作量過少也會造成員工工作意願低落；另一方面若安排人手不足時，工作標準不但達不到，員工也會覺得負擔過量，亦會造成顧客埋怨服務品質。人力配置需事先妥善計畫，安排員工工作時間表，為員工提供更有組織與效率的工作場所。下列提供人力規劃手冊及人力配置安排的建議。

(一)人力規劃手冊

從人力資源規劃總攬、人力資源規劃前的準備、人力資源規劃成功的關鍵、人力資源規劃具體編制、人力資源規劃的評價與控制、人力資源規劃與企業管理等方面。規劃手冊內載有生產力標準，所指的是一個受過訓練的員工在正確的做事方法下，可以達到的工作成果。透過人力規劃手冊，亦可對於人力資源的需求與供應做最適當的資訊提供。

(二)人力配置適當安排

僱用更多的臨時人員、試行彈性上班，讓員工上下班時間有彈性；利用交替職務訓練，使員工有能力處理一項以上的工作；客人較少的時候進行一些主要的維護工作或輪班休息；利用預休假、淡旺季人員調度。上述方法除了是讓人力配置適當安排外，同時也是員額精簡最好的方式。

表3-3為房務部年度人力規劃表範例，房務部門包括了房務組（客房清掃與整理）、公清組（公共區域清潔與打掃）、管衣室（制服送洗與管控），還有辦公室負責協助房客客房服務需求與聯繫房務員的人員。根據**表3-3**可以知道，客房整體是房務部最主要的工作項目，不一樣型態與規模的飯店有不同的工作模式，有些飯店是由一個房務員打掃整間客房，自行安排工作流程，較有自主性；有些飯店則是兩人一組的方式來打掃房間，一人負責床鋪更換與整理、房間清潔；另一人則負責廁所與浴室的清理，適合房型相同與大量退房的飯店，如休閒飯店。房務員的人力規劃，主要依據員工產值的訂定（例如一小時內可完成房間整理的間數）以及住房率（可整理房間的時間多寡）等條件，來判斷與計算人力的需要量。

餐廳的服務人力預估會因餐廳的型態而有所不同，通常會依餐廳的精緻度、服務的需求度而增減，例如自助餐式的餐飲型態，因為服務人員主要的工作內容是收拾客人用過的餐盤，補充餐檯上的餐具與餐盤，則需

表3-3　房務部年度人力規劃表範例

總客房數：241間

住房率	房間數	可用時間	可完成房間數（一組：2人）		所需組數	所需人數	總編制32名						PT	平均間數	最可能月份
							房務員	樓長	領班	訓練員	公清員	布巾員			
100%	241	3HR	4間／1HR	12間／3HR	20組	40人	11	6	2	2	4	1	12	6	7、8月假日
	241	4HR	4間／1HR	16間／4HR	15組	30人	11	6	2	2	4	1	2	8	7、8月假日
	241	5HR	4間／1HR	20間／5HR	12組	24人	9	5	1	2	2	0	4	10	7、8月平日
	241	6HR	4間／1HR	24間／6HR	10組	20人	7	4	0	1	0	0	8	12	7、8月平日
90%	217	4HR	4間／1HR	16間／4HR	14組	28人	11	6	2	2	3	1	1	8	6、9月假日
	217	5HR	4間／1HR	20間／5HR	11組	22人	9	5	1	1	1	0	4	10	6、9月假日
	217	6HR	4間／1HR	24間／6HR	9組	18人	7	4	0	1	0	0	6	12	6、9月平日
80%	193	4HR	4間／1HR	16間／4HR	12組	24人	11	6	2	2	1	0	1	8	5～10月
	193	5HR	4間／1HR	20間／5HR	10組	20人	9	5	1	1	0	0	3	10	5～10月
	193	6HR	4間／1HR	24間／6HR	8組	16人	7	4	0	1	0	0	4	12	5～10月
70%	169	4HR	4間／1HR	16間／4HR	11組	22人	11	6	2	2	0	0	0	8	4、5、11月
	169	5HR	4間／1HR	20間／5HR	8組	16人	9	5	1	1	0	0	0	10	4、5、11月
	169	6HR	4間／1HR	24間／6HR	7組	14人	7	4	1	1	0	0	0	12	4、5、11月
60%	145	4HR	4間／1HR	16間／4HR	9組	18人	10	6	0	2	0	0	0	8	1~3、12月
	145	5HR	4間／1HR	20間／5HR	7組	14人	8	5	0	1	0	0	0	10	1~3、12月
	145	6HR	4間／1HR	24間／6HR	6組	12人	6	4	0	1	0	0	0	12	1~3、12月
50%	121	4HR	4間／1HR	16間／4HR	8組	16人	10	4	0	2	0	0	0	8	1~3、12月
	121	5HR	4間／1HR	20間／5HR	6組	12人	8	3	0	1	0	0	0	10	1~3、12月
	121	6HR	4間／1HR	24間／6HR	5組	10人	6	3	0	0	0	0	0	12	1~3、12月
	121	7HR	4間／1HR	28間／7HR	4組	8人	6	2	0	0	0	0	0	14	1~3、12月

求的人力就會比以套餐為主的精緻美食餐廳來得少，亦就是一名服務人員能服務得客人數較多。**圖3-3**為餐廳人力配置分析說明範例。

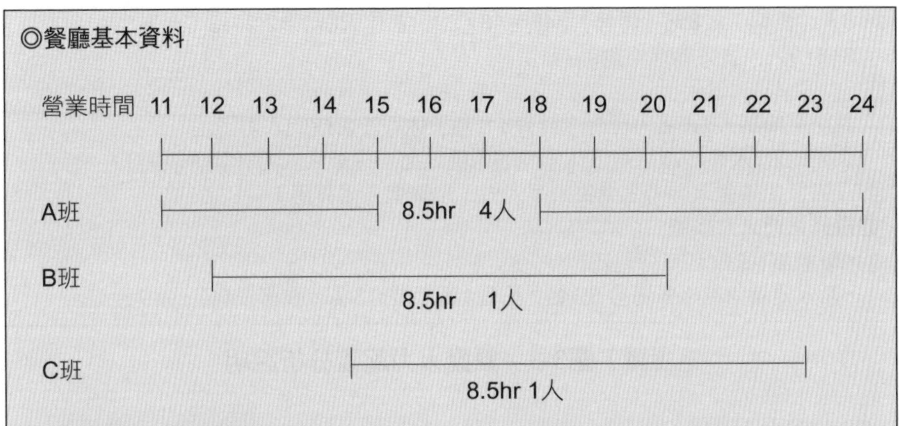

- 餐廳營業時間為中午12:00～14:30，下午不營業，晚上18:00～23:00。座位數：50位。
- 中午供餐方式為半自助式（Semi-buffet），提供自助式沙拉吧，主餐則採點餐方式。
- 晚上供餐方式為套餐型態的完整餐桌服務。
- 上述圖示為該餐廳預估的人力需求與班表設計，分為A班（服務員，採兩頭班式，主要為用餐時間的服務）、B班與C班（領班／主管，利用未營運時間進行盤點、補貨、備料與管理工作）。亦即每天需求人力A班4名服務員，B班與C班各1名主管（領班或主任）。
- 員額編制規劃與設定：主任1名、領檯1名、吧檯1名、傳菜生1名、服務員2名。

◎服務人員計算方式

- 午餐——半自助式
  1名服務員預估可服務15位客人（人力產值為自行評估值）
  座位週轉率約計60%
  （50位×60%）/15=2名（服務員）
- 晚餐——套餐式
  1名服務原預估可服務6位客人（人力產值為自行評估值）
  座位週轉率約計50%
  （50位×50%）/6=4名（服務員）

圖3-3　餐廳人力配置分析說明

◎餐廳人力需求

目前餐廳編制：餐廳經理1名、領班3名、服務生4名，共計8名。是否足夠？
原餐廳員額編制，每天上班為6人，考量員工休假問題（每月30天，月休8天計）

6人（員額）×8天（休假）=48，48 / 22（工作天數）=2.2≒3（人）
6+3=9人，該餐廳應規劃9名員工

說明：編制人力6名，但尚未計算6名員工休假時會造成人力不足。
上述的2.2人亦即補足員工休假時的所需人力，採最大人力計算，故需3人。
（通常企業會以計時工讀生來補人力，以降低人事費用）

◎擬修正新人力編制

- 擬增加1名員工。
- 新人力編制為：餐廳經理1名、副理1名、領班3名、服務生4名，共9名。

（續）圖3-3　餐廳人力配置分析說明

附錄3-1　兼職員工（計時工讀）之人力運用

一、目前餐旅業的人力資源特點

(一)人愈來愈難找

餐飲業從業人員的社會地位，未獲重視及提升！

餐飲業從業人員的薪資所得，未有明顯的改善！

餐飲業從業人員的工作量，比一般行業來得大！

餐飲業從業人員的工作時，比一般行業來得長！

因此在目前「社會競爭大」、「謀生工作多樣化」、「民生消費高」及「就業勞工意識抬頭」的多變環境下，餐飲業的從業人員實在是愈來愈難找了！

(二)人愈來愈難管

在台灣經濟奇蹟偉大光環的背後，造成了目前社會上所出現的各種怪現象，所謂的「新新人類」已開始進入各種就業市場了。在學經歷要求不高及建教合作盛行的前提下，餐飲業首當其衝的面臨了這項考驗，就如同前陣子「軍中管教」不斷的出狀況一般，餐飲從業人員管理與帶領的界定與方式，勢必要與往常情況作不同的調整，才能因應目前的狀況，而這將有賴於領導者的智慧了！

(三)從一而終的職業觀時代宣告結束

1.政府鼓勵中小企業發展：當時政府為提升國家競爭力，大力鼓吹發展中小企業，為社會上注入了一股「人人當老闆」的觀念。

2.勞資雙方關係日趨改變：勞工意識抬頭，影響了就業勞工爭取自身權益與福利的種種行為，進而也影響了資方老闆的企業經營態度，勞資雙方的互動關係也就有了變化。

3.就業市場選擇的多樣化：在多樣選擇的就業環境下，「騎驢找馬」逐漸取代了「從一而終」就業觀念。

4.企業永續經營的持久性：中小企業的膨脹發展，良莠不齊的企業將面臨物競天擇的殘酷競爭，一旦無法永續經營，那員工就面臨了倒閉失業的困境。

5.企業惡性競爭跳槽挖角：企業惡性競爭之下，具有能力的人才在「好還要更好」及「追求卓越」的驅駛下，尋求更適合的工作環境是無法避免的事實。

6.個人生涯發展的多元化：每個人的生涯規劃不盡相同，在多重選擇的職場環境，如何為自己尋求更適合的一片天，將是個人生涯歸劃的重點方向。

二、兼職或副業人員是經營主力

在控制人力成本的壓力下，如何以最少的人力創造出最大的業績，一直是各大企業追逐的目標之一，因此利用兼職人員的方法便應運而生了。尤其在餐飲業就業市場中，兼職人員確實占了相當的比例，且發揮了相當的成效；另一方面，目前的社會發展快速，且民生消費相當高，如何以一份薪資來養家活口，進而滿足生活需求，更是一般受薪家庭日思夜想急欲突破的問題。「打工族」的出現暫時解決了勞資問題的第一題。當然站在餐飲業來看這現象，我們可瞭解運用PT（計時工讀）確實可幫我們解決一些問題，但相對的也產生了一些問題。

三、運用Part Time人員優缺點的分析

(一)優點

1. 節省人力費用，提高員工產值：企業每月花在一個正職員工身上的費用大約是其薪資的兩倍。而一個注重員工產值（營業額與人事費用之比值）的企業絕不容許「養兵千日，只用一時」，也不會願意以一百份的人力只製造出五十的業績。所以節省人事開銷，創造更多利潤乃是最高目標。

2. 因應不同狀況，靈活運用人力：由於現在各式Function的需求日趨複雜且多變，為因應不同客戶的需求，營業單位必須用盡各種方法去滿足顧客軟硬體的需求。在軟體方面便是著重在人力的安排調度，且在現有精簡人力的情況下，唯有活用PT才能有所因應。

3. 培訓適合人才，增加訓練效益：企業內常僱用之PT，由於已經過企業訓練且合作默契已成，又能配合企業的運作，所以若是未來企業增聘人才或PT想轉任正職員工，皆是上上之選。不僅已適應企業運作，且經過長期相處，個性皆已瞭解，更能收到知人善用之便。

4. 增加就業機會，打發空閒時間：以目前一般受薪階級民眾，很難以一份薪水來滿足所需，因此利用多餘的時間來尋求個人財

富的累積，乃是解決問題的方法，這正是所謂的「開源」。當企業在其人力資源的利用上部分偏重在PT時，對這些試圖嘗試領取雙薪的人，其就業機會不就大大的提升了；另外一些家庭主婦和學生，更是將這視為打發時間、賺取零用錢及貼補家用的機會。

(二)缺點

1.服務品質無法控制：一個注重服務品質的企業，在面臨PT素質與服務品質的取捨，必須取決於一個平衡點。一般而言，基層新手與PT較會對企業的服務品質造成威脅，這有幾點重要因素：如人員的訓練及經驗的累積都是需要時間的、目前就業市場人員的質與量的配合。

2.因契約關係人力調配較不保險：基於某些建教合作的計畫或契約關係的人力，在現場的調度運用的確會有些問題，例如建教合作的學生的工作態度、工作時段、工作時期，或是PT的時薪、技術、態度，都是較難掌控的因素。

3.忠誠度難以控制：一般PT來打工的最大誘因是什麼？是成就感？是金錢？是人情關係？或是礙於契約沒辦法。若是基於成就滿足，那在經驗技術無法突破、或不被重視、缺乏信心與無法滿足，久而久之就不來了；若是基於金錢因素，哪裡價錢高、工作輕鬆就到那去打工；若是基於人情壓力、友誼關係，一旦熟悉喜歡的人不在了，那就麻煩了；若是基於契約關係，那就更多變化因素了。

4.配合度不易掌握：家庭主婦可打工的時段各有不同，有的是白天、有的是晚上、有的是在幾點以前必須下班等原因；而學生則有考試時期，或旅遊期，或者是整群學生被其「工頭」影響。另外營業單位在有PT人力需求的情形也各有不同，因此如

何將雙方的配合作最好的搭配，是個很大的關鍵。

5.PT來源不易掌握：如何掌握企業本身的既有固定PT來源非常不容易，而開發新的PT源，更需要廣伸觸角、深入各層面去發掘更多的潛力來源，在面臨激烈競爭變化、人力難求的情況下，PT來源的主題實是值得深入研究。

四、如何管理與運用

(一)人員訓練的重要

所謂訓練就是透過指定的教導方法，以增進員工知識、技能、態度三方面的表現，使其能達到公司之要求標準。正所謂「不教而殺，謂之虐」，如何使PT在最短時間進入狀況，配合企業營運需求，最有效的方法便是訓練。不斷的利用機會給予訓練，使每個人都是可用之兵，如此一來增加作業的順利性、減少顧客的抱怨，並可在降低人事費用的情況下，進而確保利潤的獲得，同時優秀的PT若有機會在將來成為企業正職員工，到了那時候，當初所下的訓練成本都將加倍的回收，如此的訓練投資，相信是非常值得的。

(二)管理階層的角色

在企業裡，大部分都是中階以上的幹部來管理及領導PT及其他員工，而如何來達到人性化管理的目標，身為一個適任的管理者，必須要擁有以下一些相關的基本技能與素養：

1.要有正確的閱人能力，充分展現出知人善用的本領。

2.對事情要以客觀的角度來處理，勿以私人感情作出先入為主的判斷。

3.要能體貼人意，寬大包容，並以敏銳觀察來洞悉可能產生問題的地方。

4.增強耐心傾聽與溝通能力，進而為員工化解各種阻礙工作的因素。

5.敬業樂業，展現高度工作熱忱與企業忠誠度。

6.以身作則，作好良好的模範，唯有「上行」才能「下效」。

(三)明定管理的規則

為使PT能進入狀況，為企業達成目的，一個明確的遊戲規則必須詳細的界訂出來，例如上下班報到時間、休息時間及場所、工作要求項目、獎懲規定、聯繫資訊、服務技能要求等等，都必須讓其瞭解。

(四)團隊精神的建立

如何將正職人員與PT相融合，互相搭配合作，團隊精神的建立非常重要，且主管幹部必須負起全部責任，並將所有PT作有系統的組織與整合，隨時掌握動向，以收靈活調度之效。PT的來源除了上述說明外，其實每個層面的就業及未就業人口，都有機會納入PT來源，而這些完全有賴於企業將這廣大的市場的目標對準何處，例如各級學校的學生、家庭主婦、已就業而想領雙薪者、無業者、自由業者，或者原公司內部員工皆有可能。綜合上述各點所述，乃就企業內現有之PT管理與運用所面臨之種種現象作一說明，而在實際營運上，PT也的確發揮其功效。惟水能載舟亦能覆舟，如何在人力、成本與服務品質間，尋求一有力平衡點，端賴各級作妥善管理及運用，以收事半功倍之效。

Chapter 4

工作設計與工作分析

一、組織與工作設計

二、工作分析

三、工作規範與工作說明書

在建立一個組織上，組合之基本成分就是員工所執行的工作。工作設計可以說是對一個工作理想要求的主觀意見，對企業而言，是企業運作的基石。工作設計的目的是透過合理、有效的方式來處理員工與工作崗位間的關係，期使員工接受與滿足其需求，並實現組織之目標。

工作分析是人力資源管理中一項相當重要且不可或缺的工作，屬於人力資源管理工作的前期作業，從工作設計、工作分析，一直到工作說明書的確認。所謂的工作分析，就是指針對企業內所有的工作內容進行分析，透過有關訊息的蒐集、分析、綜合來完整確認工作整體性，其結果在說明工作內容、要求、責任、適任要素及工作環境條件，以提供人力資源管理工作活動過程中的資料。工作分析是指完成各項工作所需技能、責任和知識的系統過程，針對工作任務、知識、技能和能力等特徵要求分析，是一種重要而普遍的人力資源管理技術。透過工作分析能對各項工作作出明確規定，並確定完成這一工作所需要的知識技能等資格條件的過程。工作分析是具體透過系統全面的情報蒐集手段。

企業可以透過工作設計與分析，來將組織內的人力資源作最適切的安排與分配，以提升企業的競爭優勢。

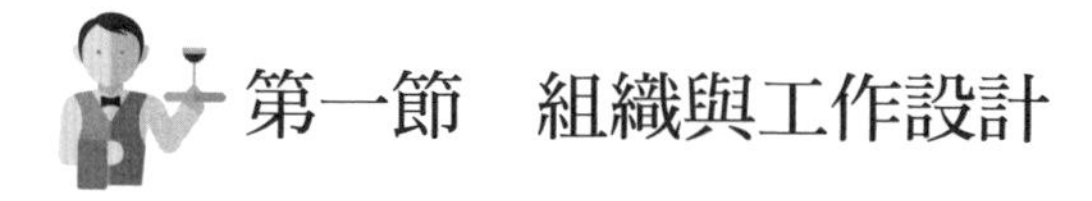

第一節　組織與工作設計

企業要能順利地運作，首先須將組織結構確立，亦即是繪出組織架構圖。組織架構的部門形成前則需將各項工作或職務加以研究分析，例如：各項職務的內容、不同職務間要能避免重複工作或職務的重疊性等，以確認所有工作、職務以及職級是否符合組織之需求，才能進一步確保部門與組織功能的發揮，企業才能正常地運作。因此工作設計與分析就有其重要性與必要性。

一、組織架構圖

組織架構圖是描述組織功能、系統與運作最常見的方式。組織圖能指出組織從頂端到底部的指揮線，部門與單位間的相互關係，以及不同部門的層級關係；若從部門與單位組織圖，可獲知完整的部門所有工作職稱與從屬關係。

組織圖的功能：人力資源管理與企業高階主管，可從組織架構圖獲取資訊來從事企業的運作。

1.顯示企業所設立的部門與單位：如**圖4-1**觀光飯店組織架構圖所示，現場營運單位採產品別設立如餐飲部、客房部，另外若在度假飯店還有休閒部。且可以再明確劃分單位，隸屬於客務部的各個單位，如櫃檯、總機、訂房、門衛組等。而房務部的各組則是屬於客房部門的後勤支援單位。

2.顯示指揮線：企業的組織架構圖能呈現出高階主管的指揮線，如總經理—副總經理—總監—協理等，而在部門與單位組織圖中（如**圖4-2**），則能更明確呈現出部門／單位經理—副理—領班—服務生—傳菜生（實習生）。由組織圖的董事會、最高行政與執行管理階層一直到最基層的指揮線，清楚說明所有階層的職位。

二、工作設計

工作設計是構成工作的過程，指定個人或團體執行工作活動以達成機構的目標。在工作設計階段需思考與決定工作的內容，需盡可能地確認工作應如何進行。良好的工作設計在於如何將組織與工作者的需求取得平衡。

工作設計的基本原則為——工作專業化、系統化、簡單化和標準化，

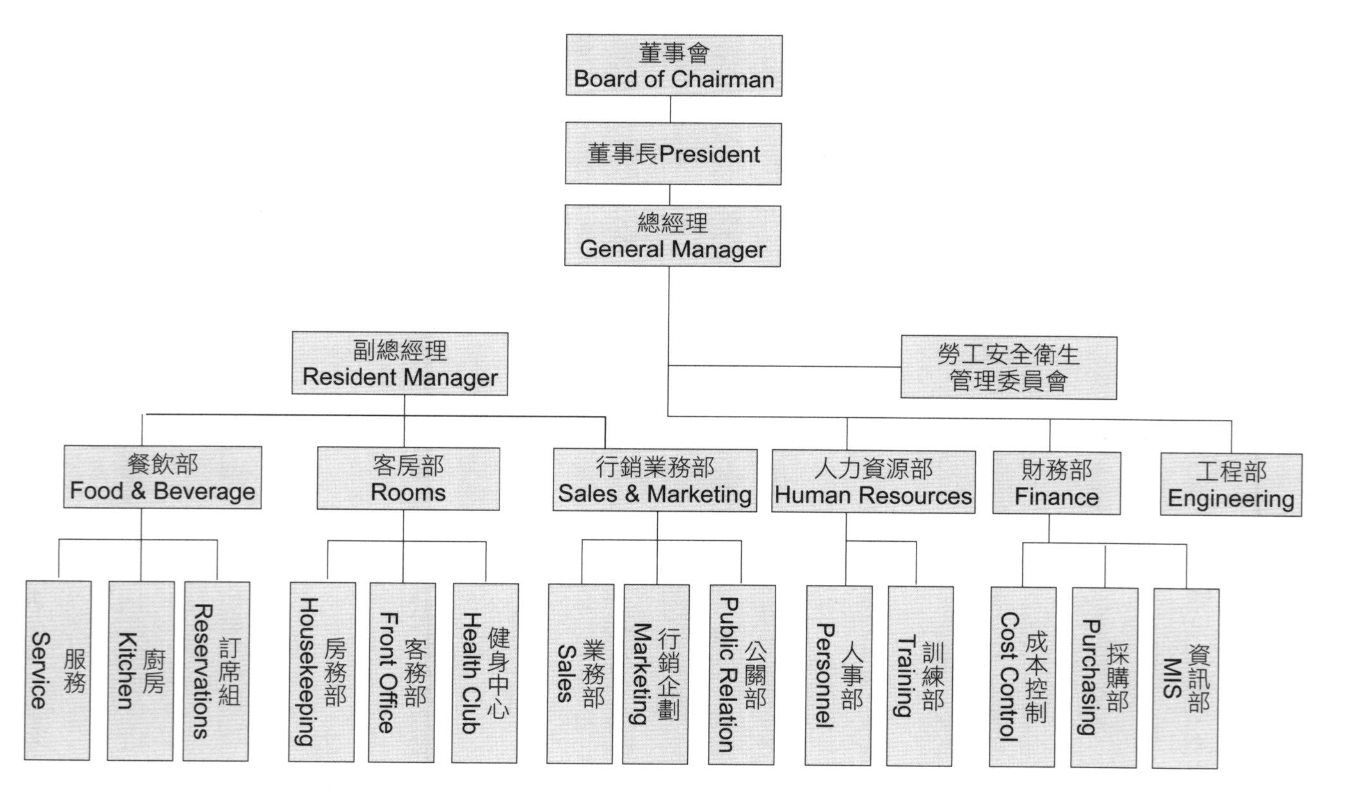

圖4-1　觀光飯店組織架構圖

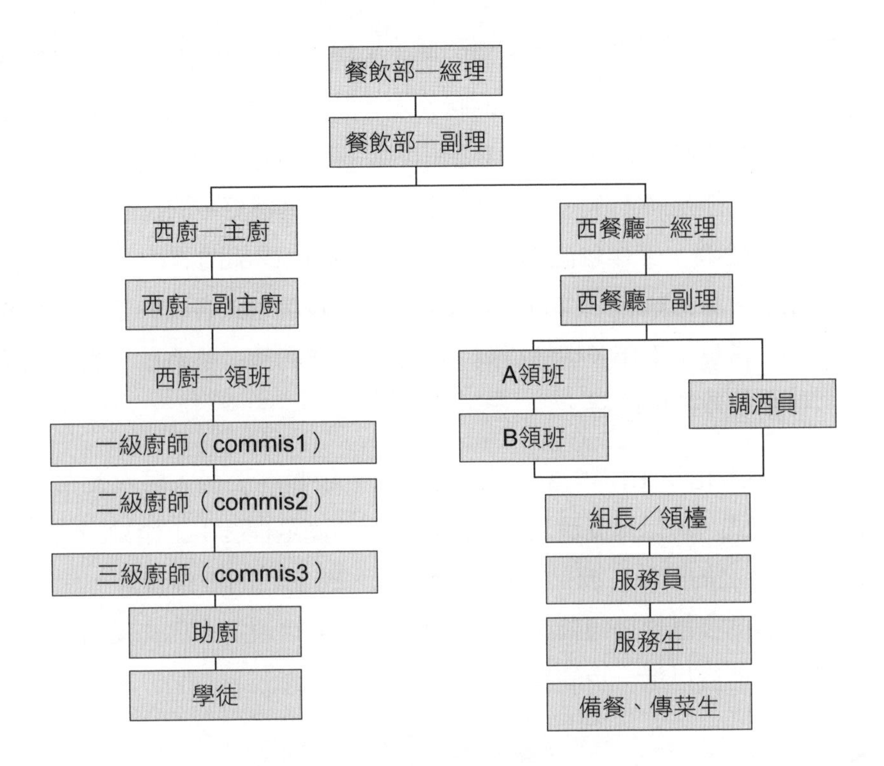

圖4-2　餐飲部西餐廳組織圖

較適合運用在基礎工作或是大量勞務工作，屬於傳統的工作設計概念；重複及單調化的工作方式，可能會使有能力的員工覺得無趣、工作滿意度降低及工作動機低落的管理問題，無法完全滿足員工與企業的需求。因此在追求效率的時代，工作的再設計（Job Redesign）則可透過工作豐富化（Job Enrichment）、工作擴大化（Job Enlargement）、工作輪調（Job Rotation）等概念與原則來進行規劃，以達到工作設計的效果。

1.工作豐富化：在工作內容和責任層次上增加了技能的多樣化、工作內容的完整性、工作的意義和自主性，能使員工獲得工作上的激勵與成就感。

2.工作擴大化：係指工作範圍的擴大，提供更多的工作，增加員工的工作量。若員工對於負責的職務內容開始漸漸熟練後，提高工作量會讓員工有充實感，當然必須相對地提高待遇才有效果。但是工作擴大化僅是將工作內容的水平擴展，不須具備更多的技能。

3.工作輪調：工作輪調的設計方式是跨單位或部門式的「工作豐富化」。藉由輪調工作的方式可以使員工瞭解各式各樣的工作及其關係。當員工工作多樣性提高，員工的工作興趣、挑戰感、動機以及工作績效都會改善。

工作擴大化及工作豐富化的設計概念，較傾向於個人層次及單一的工作設計方式，可以提高員工自身工作內容的滿足程度；工作輪調由個人單一工作層次的設計，轉而擴展至跨工作、跨部門的工作設計，使得員工工作內容的多樣性是隨輪調的單位而增加，亦可視為一種交叉訓練的方式，使員工能得以進一步的發展。

第二節　工作分析

工作分析（Job Analysis）又稱職位分析、崗位分析或職務分析，工作分析是透過系統全面的情報蒐集手段，提供相關工作的全面訊息，以便組織進行改善管理效率。工作分析是人力資源管理工作的基礎，其分析質量對其他人力資源管理模塊具有舉足輕重的影響。

組織是由職位所組成，工作分析是一種決定職位性質以及應僱用來執行此項工作的人員特性之過程（該項工作所必備之技術及個人經驗）。工作分析是根據工作的實際情形，分析其執行時所需要的知識、技能與經驗，及所需負責任的程度，進而訂定工作者所應具備的資格條件，以作為工作指派的依據。人力資源管理在僱用員工前，就必須對員工素質先訂立標準，而建立員工素質標準，就必須對工作的職務與責任加以研究。此種研究工作內容，用以決定用人的標準，就是工作分析。工作分析在人力資源管理中的位置，透過對工作輸入、工作轉換過程、工作輸出、工作的關聯特徵、工作資源、工作環境背景等的分析，形成工作分析的結果——職務規範（也稱作工作說明書）。職務規範包括工作識別訊息、工作概要、工作職責和責任，以及任職資格的標準訊息，為其他人力資源管理職能的使用提供方便。工作分析為工作需求提供相關的資料，而根據這些資料，可以進一步撰寫工作說明書（Job Description，描述工作內容）以及工作規範（Job Specification，說明適任此工作者所需具備的條件）。

一、工作分析資訊的用途

進行工作分析，最直接的方式即是去試想工作人員需要做什麼事；工作人員如何去做這些事；工作人員為什麼要做這些事；有效工作必備的技能。前三項就是指出各項工作的性質與範圍，就是工作說明書的內容；第四項是說明工作的困難度，以及工作所需技術的條件，也是訂定工作規範的主要標準。蒐集資料最主要的目的，就是為了做更完整的工作分析。

(一)工作說明與工作範圍

◆工作執行的項目

工作分析所需之資訊通常來自實際工作所執行的活動，例如打掃房間、房客住房登記、餐廳現場服務等。此種活動的列出，可以說明員工如何、為何以及何時該完成每項活動。

◆成效標準

用以評估一位員工工作表現準則所蒐集之資訊（如工作完成量、工作完成品質或完成工作的時間）。

◆人員需求條件

包括人的行為，如感覺等資訊，可作為瞭解個人的工作需求；另外還有蒐集適合該工作的人員條件，例如工作必需的知識或技術（如教育程度、特殊訓練、以前的工作經驗）以及個人特質（如性向、體格、個性、興趣等）。

◆機器、工具設備及使用的工作輔助

包括工作上所需的機具以及操作方式，如大型飯店設有洗衣房，所有相關的洗衣機具；餐廳廚房所設有的各項廚房設備等，牽涉到員工操作的技能與否，以及工作的難易與適任度。工作分析所獲得的資訊，就可用來作為各種相關人力資源活動的基礎。**圖4-3**為工作分析流程圖。

(二)招募與甄選

工作分析提供有關工作活動內容之資訊，以及完成該項工作所需的人員條件資料，即可用來作為決定公司需要招募及僱用人員條件與標準。

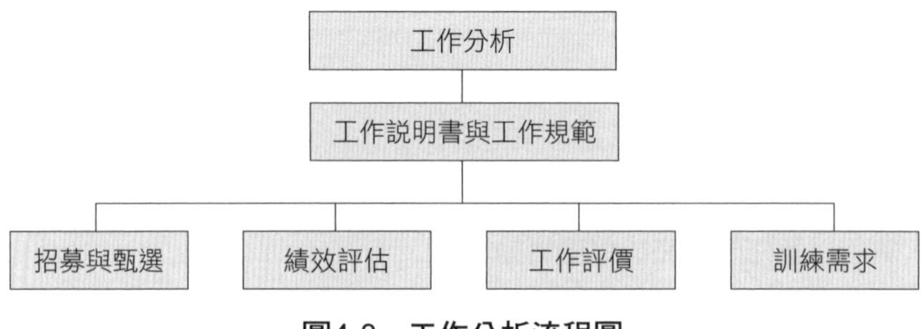

圖4-3　工作分析流程圖

(三)薪資制度

工作分析之資訊可用來評估每項工作的價值及適當之報酬，工作分析提供資訊以決定每項工作之相對價值，使每項工作易於分類。

(四)訓練

藉由工作分析與工作說明書，瞭解何種技術與操作是必要的，可進一步提供所需之教育與訓練。

(五)績效評估

可作為日後員工表現之標準與考核評比之準則。

(六)工作指派的完全性

透過工作分析可以確保公司的所有工作，都由適當職位之員工來擔任，同時工作分析也可找出無人負責或遺漏的部分，適時指派員工以執行工作。

二、蒐集工作資料的方法

為求工作分析的完整，尚須蒐集工作有關的各項背景資料，例如公司及各部門組織圖、工作流程圖、工作程序圖，透過組織圖可以說明其與其他工作之間的相互關係，以及該工作在整個組織中的位置。藉由程序與流程圖，提供了更詳細的工作流程，若還有現存的工作說明書，就可作為修改工作說明書的第一步。

蒐集工作分析之資料可由下列幾種方式來予以進行：

(一)觀察法

最簡單與直接的方式，亦即於工作現場實地觀察工作人員的工作過程，將工作內容與行為有系統地記錄下來。分析過程中，應配合著工作手冊，作為參考運用，在觀察的過程中須分析員工在「做什麼」、「如何做」、「為何做」以及工作中所包含的「技術」為何。

採用觀察法的優點為：(1)適用於大量標準化，且工作週期較短的活動為主；(2)操作型的工作也適合採用觀察法。缺點則是：(1)當員工被觀察時，行為模式可能與平常不同；(2)範圍較廣或時間較長的工作，會造成觀察的困難度；(3)不適用於管理型的工作。

(二)晤談法

與工作者、基層現場幹部、專家等以面對面的方式，談論有關工作任務、職責等，以獲得一切相關資料的方法。此種方式著重於對談時的情境，晤談技術的重要性，使訪談者能願意真實地提供詳細的資料。若要能發揮效果，當然需要周詳的規劃與考慮，事前準備工作須做好，問題預先擬定完成。

採用晤談法的優點在於：(1)若受訪者相當熟悉這項工作，可以獲得詳細的工作分析資料；(2)工作分析前可預先查閱整理有關工作職務的現有資料；(3)可以有效地蒐集相關訊息。缺點則是：(1)被訪談對象配合度會影響訪談的質量；(2)訪談者本身的面談技巧要求較高。

(三)工作日誌

指的是員工工作的實際紀錄，要求工作人員記錄每天所從事工作的活動，包括每項工作所花費的時間、各項工作的作業流程，有助於在工作分析時能充分瞭解某項工作的細節。其優點是可能會發現一些其他方法無法獲得或無法觀察的細節。缺點則是費時且費力，必須要求員工配合且落實紀錄內容。

(四)問卷調查法

以書面形式，請工作相關人員回答職務問題。透過問卷調查，敘述實際行為與心理特質，就工作人員之瞭解，詳細填寫工作名稱、職務、使用的材料與設備、工作上所需之知識等事項。

問卷調查法的優點：(1)可將資料規範化與數量化，適用於計算；(2)屬於較經濟且方便的方法，亦可以有效地蒐集訊息。缺點則是：(1)需耗費較多時間來設計問卷的內容；(2)選擇式的問卷題項不易瞭解被調查者的態度、動機等深層次問題。

第三節　工作規範與工作說明書

工作說明書與工作規範是工作分析的兩種具體成果與明確的書面資料，可以讓人力資源部門與各部門主管清楚瞭解每項工作的規範與內容，也讓所有的員工有依循的準則。人力資源管理的各項工作若要能落實執行且有助於公司的永續發展，就必須將工作設計、工作分析與工作說明書等的基礎規劃事項進行完整與詳細的分析研究。

一、工作規範

工作規範是指工作要求任職者的資格條件，與工作說明書著重在工作內容、任務與職責的說明，強調的面向不盡相同。所謂的資格條件，就是從擔任該項工作的任職者所應具備的專業知識、技術、能力以及其他的相關特質與條件（如智力條件、身體條件或人格特質）等項目來規範與標準的設定。工作規範記載的是有關任職者的資訊，而非描述工作的內容。

工作規範可說是任職者為執行工作，所需具備最低資格的條件設定。

二、工作說明書

撰寫工作說明書，指的是以書面描述工作中的活動與職責，以及和工作有關的重要特性。是工作職務與責任的說明，亦須包含工作條件、關係與上下監督從屬關係責任。工作說明書記載有關工作的資訊，包括工作的內容、目的以及權責，主要是說明有關職位的資訊，而不是針對擔任該項工作應具備的條件。

工作說明書的內容，通常包括有以下之項目：

(一)工作識別（Job Identification）

該職位於公司組織上所隸屬之部門及實際工作職稱、職階，亦即所謂的工作身分。

(二)工作敘述（Job Summary）

敘述工作的一般性質，列出主要之工作內容——主要工作職掌。

(三)關係、職責與責任（Relationships, Responsibility & Duty）

與其他部門之關係——工作關係；對上及對下之關係——直接主管之職稱為何。

(四)職權（Authority）

該職務之員額有多少，下屬人員之人數以及晉升機會之方式。

(五)工作規範（Job Specifications）

指的是工作人員為適當執行工作，所應具備的最低條件之書面說明，亦指與工作表現有關的個人特性。工作規範包括：工作性質、工作人員應具備的資格條件、工作環境等內容。

(六)其他

針對該職位需求之條件，如專業知識與技能、工作經驗、個性、儀表、教育程度，還有工作之條件，如工作時數、休假，以及該職位於性別與年齡上是否有限制。

工作說明書注意事項包括下列：

1.工作說明書須能依使用目的，反映出所需的工作內容。
2.工作說明書所需的項目，應包羅無遺。
3.有關文字的敘述，應簡切清晰。
4.說明書內各項工作項目的敘述，不應與其他項目內的敘述相抵觸。
5.工作應予以適當區分，始能迅速判明所在位置。

工作說明書與工作規範，會因為不同產業所強調的重要性，有些公司會將工作說明書與工作規範明確地分開，但大部分企業會合併運用，通常會將工作規範的條件視為工作說明書的一部分資料。反倒是將工作內容獨立出來，亦即所謂的工作職掌說明，其內容主要就是詳述該職位的工作內容，採用條列方式陳述，再加上該職位的從屬關係（部門歸屬與上下層關聯）。

表4-1為飯店各部門工作說明範例，**表4-2**為商務聯誼會員額編制及工作職務說明，**表4-3**至**表4-11**為工作職務說明書（工作說明書）及工作職掌說明範例。

表4-1　飯店各部門工作說明範例

單位	組別	工作內容分析
管理部	總務	1.負責對外公文往來之建檔、各單位表單之存檔、書信之發放；郵資、影印機、傳真機使用之管控及內部會議室之安排及會議記錄。 2.負責公共費用之繳費（水費、電費、瓦斯費、垃圾拖運費……）督導辦公區環境之維護、拜拜事宜、賀禮奠儀之請款、員工餐廳餐券之發放。 3.負責各項使用執照之保存，如建築執照、營業執照、甲級電匠、鍋爐操作員、消防管理員、汙／廢水管理員、特約醫生、勞工安全衛生管理員、勞工安全衛生業務主管、員工體檢表。 4.負責工程圖、線路圖、儀器設備使用／保養／維修手冊的保存。 5.負責員工餐廳的業務。
	人事訓練	1.負責全館年度訓練計畫的擬定。 2.負責執行員工訓練計畫、講師之安排、訓練績效之考核與追蹤。 3.負責工作職掌、訓練手冊每年之Update。 4.統籌訓練員俱樂部之運作。 5.負責薪資結算。 6.負責觀光局、社會局及勞委會相關業務之往來，如人員異動表、殘障員工僱用人數及勞保給付。 7.負責員工報到／離職；勞／健保之加、退保。 8.負責員工考勤制度。
	採購	1.負責相關廠商資料的建立。 2.定期主導相關商品的市場調查。 3.負責會館一切設備、備品、文具、南北雜貨及生鮮食品的採購。 4.負責主導採購後的驗收。
	安全室	1.防竊盜防色情、維護員工／會員／貴賓及住客安全、預防館內設備器皿之失竊及破損。 2.建立員工安全資料卡、監視監控系統、負責調查館內所有違法和犯罪事宜並建立檔案。 3.負責各出入口之門禁，包括員工出入口，以防員工攜帶公物外出私用或轉售換取金錢。 4.維護營業現場安全。 5.維護會館周圍環境的交通安全。 6.負責停車場的業務。

（續）表4-1　飯店各部門工作說明範例

單位	組別	工作內容分析
工程部	空調組	負責空調主機、冷／暖器、廚房冷凍、冷藏設備之維護。
	鍋管組	負責鍋爐、給／排水、衛浴設備之維護。
	機電組	負責變電室、消防警示器、電器、電子設備、機械設備之維護。
	維護組	1.負責內部裝潢、家具的土木、油漆及泥作等維修養護工作。 2.負責景觀區花、草、樹木的養護，包括施肥、拔草、修剪等園藝工作。 3.負責各營業單位聲光設備的借用、架設、操作、維護及保管。
資訊中心	系統開發	1.舊有電腦系統配合作業單位適時之修改。 2.新系統之研討、溝通、規劃與設計。 3.適時研究改善系統作業，使系統保持最高效能。 4.對外採購軟硬體時，評估與現行系統之相容性及擴充性。
	系統維護	1.新相關電腦之安裝及測試。 2.維持公司電腦設備系統正常之運轉。 3.定期對系統做保養與檢查。 4.定期對系統資料做備份及安全管理。 5.電腦病毒之預防及去除。 6.電腦設備故障時之維修排除故障。 7.協助系統開發程式之測試及安裝。 8.執行公司電腦使用單位人員之操作訓練。
財務部	財務組	1.現金流量規劃與資金調度。 2.銀行往來與債券之發行與買賣。 3.股東服務與股務管理。 4.財務計畫與預算編製。
	會計組	1.普通會計： (1)一般會計事項。 (2)會計報表之編製。 (3)稅務之處理。 2.管理會計： (1)會計制度之建立與推行。 (2)公司內部控制與稽核制度之建立與推行。 (3)固定資產管理之帳務處理。 (4)主導報廢物委員小組審核報廢物之報廢。 (5)協助股務作業之辦理。

（續）表4-1　飯店各部門工作說明範例

單位	組別	工作內容分析
財務部	會計組	3.成本會計： (1)各部門成本資料之蒐集。 (2)編製成本報表。 (3)分析差異提出改進建議。 (4)各項採購物品之驗收。 (5)庫存管理。
	出納組	1.應收／付之帳務處理與相關收／付作業。 2.各營業場所之收款與報繳。 3.零用金之支付與票據管理。
餐飲部	餐廳組	1.提供住客、會員、貴賓對中／西餐飲需求的服務。 2.提供會議室顧客對中／西式茶點的需求。 3.負責維護各餐廳內裝的清潔維護保養工作，包括天花板、冷氣出風口、吊燈、壁飾、玻璃、銅條、盆景、家具等。 4.協同主廚共同負責各餐廳菜單的設計。 5.協同業務部及主廚共同負責各餐廳的促銷活動。 6.負責各餐廳的訂席作業。 7.負責營業器皿的保管。
	廚務組	1.調理住客、會員、貴賓所需的中／西餐點。 2.調理會議室顧客所需的中／西茶點。 3.負責廚房設備的清潔維護保養。 4.負責廚房用具的洗滌。 5.協同外場經理共同負責各餐廳菜單的設計。 6.協同業務部及餐廳部共同負責各餐廳的促銷活動。
	飲務組	1.負責大廳酒吧的營運作業及工作人員調度。 2.負責B2健身中心飲料吧的營運作業及工作人員的調度。 3.負責各餐廳宴席酒水飲料的供應。 4.負責Open Bar的Set-Up、運作及工作人員的調度。 5.負責各餐廳酒水飲料的促銷活動。 6.負責各餐廳酒單的設計。
	器皿組	1.負責各廚房營業器皿的洗滌及垃圾、餿水的處理工作。 2.負責定期主導營業器皿的盤點，以控制破損遺失率。 3.負責各餐廳大型宴席器皿的供應。 4.負責保管及保養各類銀器、金器。 5.負責供應各餐廳對銀器、金器的需求。

（續）表4-1　飯店各部門工作說明範例

單位	組別	工作內容分析
餐飲部	器皿組	6.負責洗碗機、截油槽的清理與保養工作。 7.負責餐飲部營業器皿的資料存檔，包括營業器皿的編號、拍照存檔、申購、領用及退倉。 8.負責廚房的防蟲消毒工作。
俱樂部	維護清潔組	1.負責俱樂部整體環境的清理。 2.配合健身教練做定期的健身器材維護保養工作。 3.配合游泳教練做定期游泳池的清理工作。
	接待服務組	1.管制人員進入，會員、住客身分驗證（務必於登記簿登名）。 2.負責提供顧客寄物櫃、浴巾、浴袍及相關備品之服務。 3.負責提供顧客有關按摩師、美容師的預約工作。 4.提供顧客專業的服務，包括：健身房教練、迴力球教練、游泳池教練等。 5.負責健身器材日常維護保養。 6.負責游泳池水質控制、機房運轉及過濾系統反洗。 7.負責烤箱、蒸氣室溫度控制及各項電源開關之操作。
業務部	業務組	1.負責SA、I/O、會議及宴席的業務推廣。 2.負責與合約公司客戶及潛在客戶保持密切聯絡。 3.負責Show Room。 4.負責與客戶簽訂合約。 5.負責簽約後訂金的催收。 6.接洽業務簽約後，負責擬定Function Order。 7.負責與營業單位做事前的協調工作，並適時反應顧客的投訴事件，以便做適當的處理。 8.負責營業單位促銷推廣活動的策劃及執行，包括促銷活動內容、訂定產品價格、折扣售價政策。
	美工組	1.負責設計、打樣、製作成品、完成後續工作。 2.如外包者，需負責協調、監製、組裝。 3.會館內其他部門或因上級指示支援關係企業，依業務輕重緩急分工安排。 4.主動提出新構思、需求，配合營運作業。
櫃檯部	商務組	1.負責SA、I/O、會議及宴席之預約。 2.負責催收各大小宴席、會議訂金的支付。 3.負責與簽約客戶做最後的確認。

（續）表4-1　飯店各部門工作說明範例

單位	組別	工作內容分析
櫃檯部	商務組	4.負責會議、宴席Function Order及變更單的擬定與確認，並分發到相關單位（由業務部擬定之Function Order須經預約中心的確認，再由預約中心集體分發到相關單位）。 5.負責接待租用會議室的活動主辦人，並居中協調相關部門。 6.業務人員外出時，安排相關單位協助Show Room的工作。 7.必需時，辦理各項合約的簽訂。 8.提供SA住客、I/O租賃戶及會議顧客各項專業的商業秘書服務、包括郵電、影印、傳真、E-Mail、Internet、快遞、打字、翻譯。 9.負責聯絡清潔員人員以維持I/O、會議室的清潔。
	接待組	1.負責SA住客、I/O租賃戶的C/I及C/O。 2.負責辦理SA住客、I/O租賃戶及會議室顧客的帳目。 3.財會部下班後代理總出納的業務。 4.提供會員及貴賓有關當日館內各項活動的資訊。 5.協助會員及貴賓達成所需之服務。 6.負責交換機之使用、處理住客之留言、提供住客醒喚及住客電話帳目之核對。 7.負責大門之門衛、行李搬運、SA住客及各單位郵件發放、車輛調度等服務。
房務部	房務組	1.負責客房每日整床的工作及環境的重點整理。 2.負責客房每三日固定更換床單的工作，但須視實際狀況的需求，隨時更換床單。 3.負責客房每日浴室的清理及每三日毛巾類的更換工作，但須視實際狀況的需求，隨時更換毛巾。 4.負責客房每日廚房廚具、冰箱及餐具的清理。 5.負責每日垃圾的清理及地毯的清理。 6.負責客房設備故障損壞的簡易維修及報修。 7.負責客房定期的保養計畫。
	清潔組	1.負責建築物四周景觀、人行道之清掃。 2.負責頂樓環境之清潔。 3.負責地下停車場之清潔。 4.負責公共區域洗手間、玻璃、銅條、壁飾、盆景、家具、菸灰筒、地面、天花板、出風口、吊燈之清潔。 5.負責客用、員工電梯內之清潔。 6.負責各太平梯之清潔。

（續）表4-1　飯店各部門工作說明範例

單位	組別	工作內容分析
房務部	清潔組	7.負責於各餐廳打烊後地面之清潔。 8.負責餐廳貴賓室洗手間之清潔。 9.負責俱樂部洗手間、地面之清潔（除三溫暖外）。 10.負責員工更衣室及洗手間之清潔。 11.負責2F會議室的桌椅擺設及清潔工作。 12.負責辦公室地板及垃圾之清潔。 13.負責公共區域設備故障破損時的簡易維修及報修。 14.負責公共區域定期的保養計畫。
	管衣室	1.負責客房用布巾類之申請、領用、保管。 2.負責員工制服的保管及領用、借用狀況。 3.負責客房布巾、餐廳檯布、口布及員工制服送洗的點收及發放。 4.縫補及修改客房布巾、餐廳檯布、口布及員工制服。 5.負責客衣送洗的點收及發放。 6.負責接聽並聯繫各相關單位傳達客人要求之服務項目。 7.負責客人遺留物之清點及保管。 8.負責核對房間報表及房間狀況之轉換。 9.負責與樓層或相關部門之聯絡。 10.管制房務部各級員工客房鑰匙之領發及回收。 11.負責備品之領取及報廢。 12.負責每月備品破損、遺失之統計。

表4-2　商務聯誼會員額編制及工作職務說明

部門	專案部	會務活動部	業務行銷部	企劃研究部
編制	經理1名、科長1名、專員3名	經理1名、副理2名、專員3名	經理1名、主任3名、專員12名	經理1名、副理1名、襄理1名、科長1名、專員2名
部門職責	1.規劃、統籌菁英卡專案銷售。 2.規劃、執行聯誼會網際網路。 3.規劃、執行上級交辦之專案活動。 4.負責媒體聯絡、宣傳及新聞稿之撰寫。	1.籌劃、執行各類活動，以活躍各委員會之運作，進而提供會員最完善的服務。 2.藉由活動創造媒體效應，節省廣告經費。 3.協助業務單位召募會員。 4.規劃、統籌會員旅遊活動。 5.代辦會員及關係企業員工旅遊及諮詢服務。 6.規劃、統籌、執行兩岸三地參訪團並負責接待大陸參訪團。	1.規劃、統籌會員卡銷售業務。 2.規劃、統籌銷售作業流程及業務人員之管理。 3.規劃、統籌會員售後服務事宜。	1.聯誼會組織、功能、定位之研發。 2.籌劃與規劃科技、財經等委員會之運作。 3.策辦專業人才聯誼組織活動。 4.蒐集、彙整、評估各種投資相關資料及產業情報以提供會員有利之商機。 5.籌辦兩岸事務相關之工商考察活動，整合兩岸產業工商資訊，推動「大陸經貿服務中心」。
職務條件說明	主管 • 碩士以上 • 具大陸事務實務經驗 • 具五年以上相關專題研究經驗 • 熟網際網路及資料庫之建立 幹部 • 相關工作經驗三年以上 • 具整合外部資源能力及行銷經驗 • 善溝通、人脈廣 助理 • 熟電腦、Office軟體 • 細心、負責、效率高	主管 • 相關工作經驗二年 • 具媒體經驗 幹部 • 大學以上，大傳、新聞系尤佳 • 公關公司或大型活動舉辦相關工作經驗一年以上 • 英文說寫流利 助理 • 大專以上、熟電腦、Office軟體、細心、負責、效率高	主管 • 相關工作經驗二年 幹部 • 具二年以上會務經驗	主管 • 碩士以上 • 具科技、企管、新聞專業背景 • 企劃行銷實務五年以上 幹部 • 大學以上 • 具產業經營、大陸市場相關領域背景 • 企劃行銷實務三年以上 助理 • 大專以上 • 熟電腦操作及網際網路相關知識 • 細心、負責、效率高

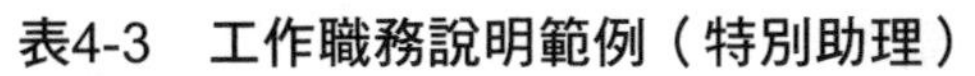

表4-3　工作職務說明範例（特別助理）

職稱	特別助理	部門	總經理室
職階	七	員額	1名
直接主管	總經理	下屬人員	1名
工作時數	8hrs／天	休假	國定例假日&年假
性別	女	年齡	30～45歲
教育程度	大學畢業以上		
專業知識&技能	1.旅館管理方面的知識。 2.顧客關係建立之人際關係技巧。 3.抱怨之處理。 4.緊急事故應變處理。 5.精通外語能力。		
工作經驗	五年以上前檯經驗 二年以上值勤主管經驗 飯店管理階層二年以上之經驗		
個性儀表	態度溫良且具有積極個性		
工作關係	公司各相關單位		
晉升機會	依公司培訓制度晉升或主管提報		
主要職掌	1.協助各單位與層峰溝通之窗口。 2.遵照上級主管指示，完成各項交辦之事宜。 3.彙整各單位上分析及營業報告，向總經理呈報之。 4.協助VIP及關係企業之重要客人之訂房、訂席等聯絡事宜。 5.協助處理前檯未圓滿處理之投訴事件。 6.執行公司政策及落實於各單位。		

表4-4　工作職務說明範例（財務部副理）

職稱	副理	部門	財務部
職階	六	員額	1名
直接主管	總經理	下屬人員	29名
工作時數	8hrs／天	休假	國定例假日&年假
性別	男女不拘	年齡	30～40歲
教育程度	大學或研究所以上會計相關科系畢業		
專業知識&技能	1.公開發行公司會計及財務經驗。 2.財務分析與規劃，成本分析與控制。 3.預算編制與規劃。 4.有執行能力。 5.領導與經營能力。		
工作經驗	五年以上相關經驗及二年以上財務主管經驗		
個性儀表	成熟穩健，外貌端莊		
工作關係	處事圓融，積極負責		
晉升機會	依公司培訓制度晉升或主管提報（財務長—經理）		
主要職掌	1.確保公司財務資料之正確性與完整性，並符合公司政策與原則。 2.確保公司財務報表之正確性與完整性，提供營業部門作為未來營運方針。 3.有效運用資金，確保公司資金調度之穩定性及合理性。 4.確保公司財產、現金及有價證券之安全性。 5.籌備招開董事會與股東會，並準備有關會議事項及議程。 6.配合會計師查帳，負責公司年度稅務申報等事項。 7.執行及配合公司政策，並達成公司目標。 8.培訓財務部人員，工作適度輪調，使得財務部人員高機動性，不至於產生人力不足，影響工作績效。 9.主動協助其他部門解決問題，提升公司營運績效。 10.與各部門保持良好的溝通管道，俾使財務部與各部門配合更為順暢。		

表4-5　工作職務說明範例（訓練專員）

職稱	訓練專員	部門	人力資源室
職階	三	員額	1名
直接主管	人力資源室副理	下屬人員	0名
工作時數	8hrs／天	休假	國定例假日&年假
性別	男女不拘	年齡	25～30歲
教育程度	專科以上		
專業知識&技能	1.電腦Office操作。 2.相關餐飲訓練經驗。 3.相關人事作業經驗。		
工作經驗	二年以上相關訓練工作		
個性儀表	個性活潑開朗、易於溝通		
工作關係	公司各相關單位		
晉升機會	依公司培訓制度晉升或主管提報（人力資源室主管）		
主要職掌	1.負責全館年度訓練計畫的擬定。 2.負責執行員工訓練計畫、講師之安排、訓練績交之考核與追蹤。 3.負責工作職掌、訓練手冊每年之Update。 4.統籌訓練員俱樂部之運作。 5.專業技能檢定報名事宜與館外各項訓練相關活動、課程安排、執行與評估。 6.建教合作或實習生計畫執行及實習生管理與輔導。 7.負責新進人員始業式訓練課程各項相關事宜。 8.負責新進人員三個月學習執行表追蹤與期滿評估。 9.儲備領班、儲備幹部訓練及實習計畫相關事宜。 10.協助員工招募事宜。		

表4-6　工作職務說明範例（行銷業務部／業務推廣組副理）

職稱	副理	部門	行銷業務部／業務推廣組
職階	六	員額	1名
直接主管	行銷業務部經理	下屬人員	5名
工作時數	8hrs／天	休假	國定例假日&年假
性別	男女不拘	年齡	25～40歲
教育程度	大專以上		
專業知識&技能	1.具分析、判斷能力。 2.具落實政策及執行力。 3.具設計新產品及推動業務之能力。 4.具掌握部屬行動之能力並完成業務整體目標。		
工作經驗	具飯店或相關行業實際銷售經驗三年以上		
個性儀表	外表穩重，認真負責，健談開朗		
工作關係	公司各相關單位		
晉升機會	依公司培訓制度晉升或主管提報		
主要職掌	1.協助經理以驅使能正常運作，於經理因公休假時代理其職務。 2.檢視業務報告，並追蹤業務代表之週，月計畫之完成。 3.協助業務代表訪問客戶及開發新客源，爭取新合約，新客源業務。 4.遵照經理指示，編制全盤業務推廣計畫。 5.督導業務推廣組業務之工作推展及進行管理所屬員工。 6.會同有關部門訂定產品價格、折扣售價政策。 7.負責館內各項推廣活動之籌備與實行。 8.負責對所屬員工不斷予以在職訓練，以提高工作效率。 9.負責經常對潛力市場，同業之間動向瞭解，並擬定新對策。 10.提交業務推廣計畫及業務推廣預算。		

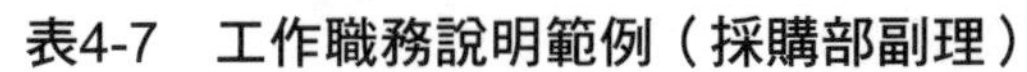

表4-7　工作職務說明範例（採購部副理）

職稱	副理	部門	採購部
職階	六	員額	1名
直接主管	總經理	下屬人員	3名
工作時數	8hrs／天	休假	國定例假日&年假
性別	不拘	年齡	40歲以下
教育程度	高專上畢		
專業知識&技能	1.熟悉採購作業程序及物品的質量檢定。 2.熟悉報銷之作業程序。 3.具談判能力及技巧。 4.能時時注意物品價格的變動。 5.瞭解市場供應商銷售計算並分類。		
工作經驗	八年以上觀光飯店採購工作經驗		
個性儀表	服從性高、責任心強、誠實、具同理心、溫和有禮		
工作關係	各往來廠商		
晉升機會	依公司培訓制度晉升或主管提報		
主要職掌	1.確保飯店正常的採購制度與步驟以利獲得最低成本。 2.督促準時交貨和取得同價最高品質之產品。 3.蒐集有關最新進口報關法規資料。 4.編制貨品報價、價格記錄及供應。 5.廠商資料報告書。		

表4-8　工作職務說明範例（資訊部經理）

職稱	經理	部門	資訊部
職階	七	員額	1名
直接主管	總經理	下屬人員	4名
工作時數	8hrs／天	休假	國定例假日&年假
性別	男性為佳	年齡	35～45歲
教育程度	大專畢		
專業知識&技能	1.熟旅館電腦系統及旅館實際運作之情形。 2.具系統整合規劃之能力。 3.具行政管理及部門間溝通協調之能力。		
工作經驗	旅館系統實務五年以上經驗 三年以上資訊主管經驗		
個性儀表	在工作領域裡負責任、積極、主動 與人相處親切、誠懇、融洽 善於溝通協調		
工作關係	公司各相關單位		
晉升機會	依公司培訓制度晉升或主管提報		
主要職掌	1.處理資訊部內部行政管理及對外溝通協調。 2.建立資訊部作業方針及目標。 3.擬定及推動公司短、中、長期電腦化之計畫。 4.新系統建立之規劃導入。 5.舊有系統更改之審核及控管。 6.公司電腦設備及軟體採購之評估。 7.管理及調配公司之電腦設備及裝置。 8.統籌編列公司年度電腦預算經費。		

表4-9　工作職務說明範例（宴會廳經理）

部門	餐飲部	單位	宴會廳
職稱	經理		
直接主管	餐飲部副理		
工作綱要	負責本廳之管理及營業事項		
工作職掌： 1.遵循公司政策對餐飲部負責。 2.轉達上級交代事項並督導部屬確實遵守。 3.代表本廳參加餐飲部會議。 4.參加每月一次財務部會議。 5.參加每月一次業務部協調會議。 6.擬定年度營運計畫。 7.深入瞭解本廳業績，成本費用等狀況，會同財務部擬定全年預算。 8.對本廳財產、貴重器皿、銀器等充分瞭解並妥善管理。 9.提出設備改良、備品更新等各項建議案。 10.擬定員工訓練計畫。 11.與主廚配合擬定本廳菜單。 12.彈性調派人力並維持本廳最佳運作。 13.主持本廳例行會議。 14.督促每日宴會現場服務情況。 15.年終員工考核。 16.解決各項顧客抱怨事件和緊急事件處理。 17.與有關部門單位充分溝通協調以利工作完成。 18.其他交辦事項。			

本人已詳閱並充分瞭解上述之工作職掌，並得於日後工作中確實執行之。
任職者：＿＿＿＿＿＿　直接主管：＿＿＿＿＿＿　日期：＿＿＿＿＿＿
（以上各項工作職掌，直屬主管得視情況修訂，總經理核准轉呈董事會。）

表4-10　工作職掌說明範例（客房部經理）

部門	客房部	單位	
職稱	經理		
直接主管	總經理		
工作綱要	負責飯店櫃檯、房務部等之各項營運管理工作		

工作職掌：

1.遵照董事會、總經理指示，負責編製客房部年度營運／預算計畫。

2.負責督導櫃檯、接待組、預約中心、商務中心、會議室／出租辦公室、服務中心、總機室、大廳客務專員以及房務部：管衣室、房務組、清潔組等各單位營運管理工作。

3.出席總經理室及各相關作業部門主管會議，以協調客房部作業之進行。

4.會同有關部門訂定年度房價及折扣政策，決定業務營運目標（訂定拓展計畫及預測評估）。

5.會見住客及會議團體領隊，必要時商討房價、簽帳、配房等問題。

6.負責與客戶聯繫、洽談，依客戶性質及狀況，定期或不定期親自或派員專訪、聯絡等活動。

7.定期與業務部研討客戶往來狀況，分析客源，市場展望及檢討過去未來之訂房情形。

8.積極參與國內外專業協會與會社，以及各種有關餐旅業、會議展覽之推廣活動，保持對外維繫良好關係。

9.對原有市場、同業之間情形及公司營業狀況作市場調查研究、分析及開拓。告知業務部門與客房部門本飯店營運的優缺點與調整方向。

10.負責監督制訂住客預測表、I/O訂／租房預測表，以隨時保持高住房率、I/O高租用率及會議室高使用率。

11.定期與財務部就客戶信用、呆帳等問題研討處理。

12.監督審核訂房組之住客預測表，訂房狀況，預定住進遷出名單等報表。

13.負責審核及督導房務單位房間維修工作計畫之安排與進行。

14.負責審核及督導出租會議室／出租辦公室設備器材維護工作計畫之安排與進行。

15.負責客戶及住宿房客投訴事件之聯繫與處理。

16.負責所屬部門單位年終員工績效考核。

17.執行公司政策及總經理交代事項。

本人已詳閱並充分瞭解上述之工作職掌，並得於日後工作中確實執行之。

任職者：＿＿＿＿＿＿　直接主管：＿＿＿＿＿＿　日期：＿＿＿＿＿＿

（以上各項工作職掌，直屬主管得視情況修訂，總經理核准轉呈董事會。）

表4-11　工作職掌說明範例（粵廚主廚）

部門	餐飲部	單位	粵廚
職稱	主廚		
直接主管	行政主廚		
工作綱要	負責廚房人員，菜餚成本管理		

工作職掌：
1.綜理廚房全盤工作，負責廚房人員之管理與運作。
2.研發新菜色的調製，與各相關協會保持聯繫，以吸收新知識。
3.開立酒席專用菜單，因應貴賓要求，開立特別菜單。
4.製作標準食譜，並督導屬下嚴格遵守，以控制食物之品質及食物成本。
5.根據預估營業額及訂席情況，核定每日訂貨菜單。
6.制定食品採購規格，並依其標準收進貨之食品。
7.用餐時間應至外場，瞭解顧客對菜餚之滿意度，並應廣納建言，瞭解顧客需求，以為改進之依據。
8.擬定廚房設備維修保養計畫。
9.參與餐飲部年度預算的編制，其中包括年度營業額、食物成本及廚房員工人士費用之預估。
10.嚴格控管並執行年度預算，應隨時與成本控制保持聯繫以監控食物成本。
11.與外場經理，業務行銷本部及商務聯誼會密切配合，策劃季節性之促銷活動。
12.配合財務部，徹底執行資產管理制度。
13.控制生財器具之遺失／破損率，檢討分析破損報廢及遺失原因，並擬定改進方案，以減少成本的增加。
14.負責員工每月排班表，並掌握員工出勤狀況及假單之核定。
15.配合人事部參與人員的僱用、甄選與面試，並適時做試用期滿報告。
16.配合人事部參與該單位員工年度考核之實施，並參與人員升遷、調薪、解僱之建議。
17.配合人事訓練組，推行員工培訓計畫，並協助所屬員工自我訓練，以增進其烹飪技巧。
18.督導廚房遵守公司規定之安全衛生標準。
19.督導廚房員工遵守公司規定之服裝儀容標準及行為舉止。
20.參加餐飲部主管會議。
21.上級臨時交辦事項。

本人已詳閱並充分瞭解上述之工作職掌，並得於日後工作中確實執行之。
任職者：＿＿＿＿＿＿＿　直接主管：＿＿＿＿＿＿＿　日期：＿＿＿＿＿＿＿
（以上各項工作職掌，直屬主管得視情況修訂，總經理核准轉呈董事會。）

個案研究——晉用經理人

揚智商務旅館目前有一高階經理人職務的空缺，人資部經理Patrick希望能夠在公司內部找到適當的人選，經過審慎評估現有員工後，Patrick鎖定了兩位合適的主管：Cathie與Carol。經過個別長時間的約談、書面資料的彙整之後，以下是Patrick所列出來兩位的條件與資料：

1.Cathie在大學期間就是在這家飯店實習，畢業後直接就待在這家公司，已經快七年的時間，期間有接受公司的輪調培訓。長官對他的評語是聰明、穩重有效率，但是卻不願意主動去展現自己具有的能力。之前有機會升遷，也因為不願意接受調任到另一家分店所以放棄了機會。

2.Carol在這家飯店的資歷沒有Cathie久，任職超過五年，在職進修已取得餐旅管理的學士學位。工作表現良好且幾乎全勤。長官很肯定他在工作上的表現，具有擔任管理者的能力；但是個人特質方面就有些負面的評語：個性比較急躁，企圖心強有時會有超乎能力與權限的狀況發生。在與人資經理面談時，Carol認為沒有受到公司的重用，若此次還是沒有晉升的機會，可能會跳槽到另一家大型的連鎖飯店去，Carol也向Patrick暗示已經有幾家飯店主動在找他談工作的機會。

問題探討

1.請分析晉升Cathie與Carol各自的優缺點。

2.若您是人資部經理，會推薦哪一位？主要考量的因素為何？

3.除了個案中的資訊，在評估時還應該再考量哪些資訊與條件？

人力資源管理與實務

「選、訓、留、用」是人力資源管理運用的四大原則與工作項目，簡單來說就是「如何找到對的人，放在對的位置」，而這也是從事人力資源管理工作者最重要的任務。

餐旅業蓬勃發展，不僅是大型的「集團式」或「連鎖式」的餐旅經營業者持續擴充，單店式經營，從精緻具特色的高價餐廳到平民小吃，皆不在少數。餐旅產業持續地成長，讓更多投資者願意投入這個行業。市場擴大的同時，也代表著餐旅產業的人力需求孔急，人才需求量大幅成長，人員招募主力八成以上皆在基層人員（如餐廳服務人員、餐旅業的各類清潔人員等）。人才供不應求情況嚴重，然而餐旅產業屬於勞力密集產業的特性，也造成流動率居高不下，產業間人力的流動或是所謂的跳槽，層出不窮，企業留才的困難更是一大難題。產業徵才力、留才力皆弱，徵才力不足影響留才空間，造成餐旅產業人才培育與留用的惡性循環。

人力資源管理的主要工作，從「選」才開始，招募與遴選的方式與策略，隨著社會進步，科技時代的來臨，已經改變了主要的招募與遴選形式，但不變的是企業仍需要做好人力資管理規劃——工作設計與分析，才有助於面試過程，為企業找到合適的人才。「育」才的功能主要是讓員工能符合企業的需求，並提升自我的專業技能，進而為企業獲取最大的利益，藉由完整的訓練規畫，協助企業內員工的成長，所有員工都是企業最重要的資源。

選對了人，有好的培訓計畫之後，如何讓員工適得其所、發揮長才；同時企業須能提供有競爭力薪資報償、有願景的職涯規劃與良好的工作環境。「用才」、「留才」更是人力資源管理工作進一步需要面對的課題。

Chapter 5

人員的選用——計畫招募與甄選

一、招募的方法

二、工作申請表的設計與使用

三、遴選的方式

餐旅業要聘用稱職的員工，以達成其經營的目標，必須要有一套良好的招募及遴選計畫，才能奏效。招募的工作好比撒網捕魚，網張得愈大，入網的魚兒自然愈多，遴選的工作則好比網洞的大小，只有那些夠大的魚兒才夠格雀屏中選。當人力需求確定時，招募與運用的程序即可開始，招募是找尋可能的員工和吸引他們來應徵的過程。

第一節　招募的方法

餐旅業的招募方式一般來說有以下幾種常用的方法：

一、廣告徵求

泛指於在各類媒體上刊登求才廣告，包括：

(一)網路

由於速度快、成本低、接觸範圍大、自主性高，網際網路已是新興且迅速成為企業招募人才最重要的管道之一。與傳統廣告媒體比較，價格低廉，且具便利性與彈性，人力仲介業網站（如104人力銀行）普及，網站功能完整，對企業與求職者皆已成為尋找人才與工作不可或缺的方式。舉凡過去採用實體形式招募的途徑，大都也會再透過網路方式增加招募求才的機會，如企業網站內增設招募需求，各地就業服務站亦會同步刊登於網頁。

(二)報紙

網路未普及前，最主要的求才媒體。尤其是新公司在開始營運之前，因需要招募大批員工，仍是最常用的方式之一（如**圖5-1**、**圖5-2**）。

Agora Garden

Luxury Serviced Apartments

Wants:

Director of Sales & Marketing

- University Graduate, with major in Business Administration, Marketing or Econoice.
- 5-6 years experience in hospitality industry sales and marketing, with at least 2 years in a leading position.
- Further operational experience from hospitality industry preferable.
- Ability to lead and motivate

Marketing Manager

- University Graduate, with major in Marketing, PR/Mass communication, Economy or other relevant subjects.
- 5-6 years marketing experience, with at least 2 years in a leading position and at least 2 years in hospitality industry.
- Creative
- Good contacts in the press and media community

Accounts Executives

- University Graduate, with major hospitality industry or other relevant subjects.
- 5 years experience in hospitality industry with minimum 2 years in sales.

All candidates must have:

- Excellent Mandarin Chinese written and spoken (Native tongue).
- Fluency in English, written and spoken

Agora Garden, located in prestigious Hsin-Yi Commercial District, is a unique new luxury serviced apartment concept with a full range of F&B, Conference and Recreational facilities only found in very large, 5-star hotels.
We offer competitive salaries in a stimulating environment.

Are you interested in being a part of the team launching this new, exclusive product in Taipei, please apply in writing to:

Agora Garden,
Human Resources Department,
Taipei, Taiwan, R.O.C.
Tel +886 2 12345678 Fax +886 12345679

圖5-1 Agora Garden徵才廣告

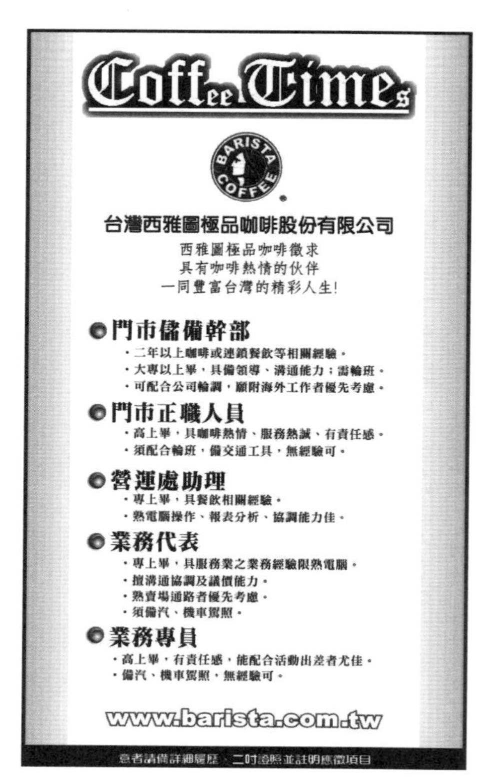

圖5-2　咖啡連鎖店徵才廣告

小型餐飲店刊登求職廣告於分類廣告版面，還是相當普遍。

(三)電視／廣播

此類媒體通常是由企業透過參與相關主題之節目，進而獲得求才之機會。

二、張貼海報

製作單張人力需求之應徵海報，透過各種媒介來傳遞。

刊登海報具機動性，且成本低，可張貼在公司內部的布告欄、鄰近鄉鎮公所布告欄，甚至附近學校都可張貼。

一般的餐飲業，則直接張貼於門市，可說是最直接、最普遍採用的徵才方式。

三、夾報

報紙夾頁，於分發報紙時一同派報，通常適用於徵求基層服務人員。一般來說，小型餐廳或屬地域性的休閒飯店較常使用。

四、建教合作

與設有餐旅科系之學校，建立長期建教合作關係。國內為培養餐飲旅館專才，如國立高雄餐旅管理學院（現改制為國立高雄餐旅大學）的成立，以及從高中職、技術學院，一直到大專院校，皆設有餐飲旅館相關的科系，而與此類學校合作方式，最為一般餐旅業所採用即是長期建教合作方式。學生（實習生）至業界工作（實習），六個月甚至一年結束後，再換一批學生。

五、校園徵才

於每年4～6月份，透過學校就業輔導室之安排，到各高中、高職或大專院校，辦理求才就業說明會。

六、各地就業輔導單位——透過公私立就業服務機構媒介

各地就業輔導單位，如下所述：

(一)教育部青年發展署

前身為行政院青年輔導委員會，輔導大專以上畢業生就業與職業訓練，可提供餐旅業尋找管理專才的重要管道。主要的角色已由早期的輔導海外歸國學人就業與創業，徵選青年進入公務單位與國營事業，到今日的包含創業、社會參與、志工服務以及青年旅遊與文化等，發展出多元化之青年輔導工作。相關網站——RICH職場體驗網，http://rich.yda.gov.tw/richCandidate/。

(二)勞動部勞動力發展署就業服務與各縣市政府就業服務站

1.勞動力發展署將所有的就業服務資源彙集，整合政府、民間、院校就業資訊，成為公部門的人力銀行。並整合就業服務、職業訓練、技能檢定、創業協助等項目，提供民眾多元服務。

2.各縣市就業服務中心（站）服務的項目包括接待檯——協助求職者諮詢服務與需求分類及分流、就業資訊提供、求才求職服務與個案就業諮詢服務。

七、員工介紹

直接透過現職員工介紹，部分公司會發放獎金鼓勵，但會要求介紹進來的員工須服務滿三個月以上。

八、其他

某些國際化餐旅連鎖企業，會透過連鎖總部，於期初派駐管理階層幹部前來協助，或是高階主管的輪調來作為人力之規劃與運用。

第二節　工作申請表的設計與使用

對求職者而言，準備一份內容貼切、編排合宜、清楚易讀的履歷表讓雇主（人資主管）對求職者產生好印象相當重要，並進而增加獲得面試的機會。履歷表（Resume）或稱為CV（Curriculum Vitae），不僅要在有限的篇幅（最好是只有一頁）介紹自己，還要以清晰、簡潔的內容告訴企業你的優勢或特點；若經歷豐富，有時可以另外撰寫自傳（Autobiography），加深企業對求職者的印象。若再加上精心設計為寫給某「特定公司」，申請某「特定工作」的求職信，自然就能提升應徵的競爭力。

對企業而言，在招募到相當數量的應徵者後，便開始進行篩選的程序，填寫工作申請表（Application Form）是整個程序的第一步。一份工作申請表通常包括了應徵者個人基本資料、姓名、地址、性別、年齡、婚姻、家庭狀況、學／經歷背景、興趣、嗜好、專長等，可以迅速地蒐集應徵者的背景資料。履歷表與自傳是求職者主動提供給應徵公司的書面資料，為能增加取得面試的機會；而工作申請表則是企業在應聘過程中，評判求職者是否符合職務需求的主要資料，也是聘任作業流程與作業的一份佐證文件。

(一)工作申請表

可提供的訊息設計良好的工作申請表，可提供四種訊息：

1.可以對事實性的資料加以判斷，例如：此應徵者是否具備足以勝任此項工作的學歷程度與經歷。
2.可以對此應徵者過去的升遷與成長過程做推斷，此點對於管理職位尤為重要。
3.基於過去的工作經歷，可判斷此人的穩定性（但須注意的是，判斷轉換工作的次數未必能確實反應此人的工作能力，例如：其中工作轉換可能是因為公司大量裁員或是結束營業等）。
4.根據履歷表上的資料，預測誰能夠勝任愉快。

(二)審核資料

根據應聘者提供的履歷表、學歷文件，以及應聘申請表等資料，按招聘計畫和標準對應聘者進行審核，淘汰一部分不合適的應聘者，並確定下一步參加測試和面談的名單。在審核資料時應特別注意正確處理學歷的資料，對工作經驗中有離職經歷者，應瞭解其離職原因。

審核資料的另一作用就是為測試和正式面談做好準備。審核資料時對應聘者的學歷或經歷與其實際能力有疑問時，可能是應聘原工作單位用人不當，也可能應聘者確實缺乏能力，對這些預先掌握的疑問和疑點再測試或正式面談時設法予以澄清。

第三節　遴選的方式

在甄選的過程中，一旦公司有了應徵者完整的履歷相關資料後，就將進行下一步驟，最常見的方式就是直接的面談，或是再加上一些心理相關的測驗。負責面試的考官，不管是人力資源管理部門的主管或是需求單位的主管，都應做好遴選人才的相關準備與作業。

一、面試

(一)面談前的準備

1.面試主管須瞭解公司的歷史沿革、產品、組織、重大策略、前景、薪資福利制度、任用流程（如**圖5-3**）。

2.面試主管須瞭解面談之職位的名稱、在公司組織上的地位、基本功能、主要職務及責任、權力授予範圍與程度、薪資範圍、工作要求、甄選標準及其定義。

3.面試主管應擬妥要問的問題，藉由事先擬妥的問題，面試者方可獲得所需的資訊，避免無話可問的窘境。確保面談的順暢與自然，節

甄選標準之定義

在某項職位上能夠成功執行職責所必須具備的特質或條件，反映在甄選作業上即為甄選標準。

一個職位之各項甄選標準並非表示應徵者均需完美無缺地吻合，方可予以錄用，這是面談人在面談時所應蒐集資訊的重點範圍。

部門	行政部	編號	AD-HR-001	××年×月×日初定
項目	任用作業流程			

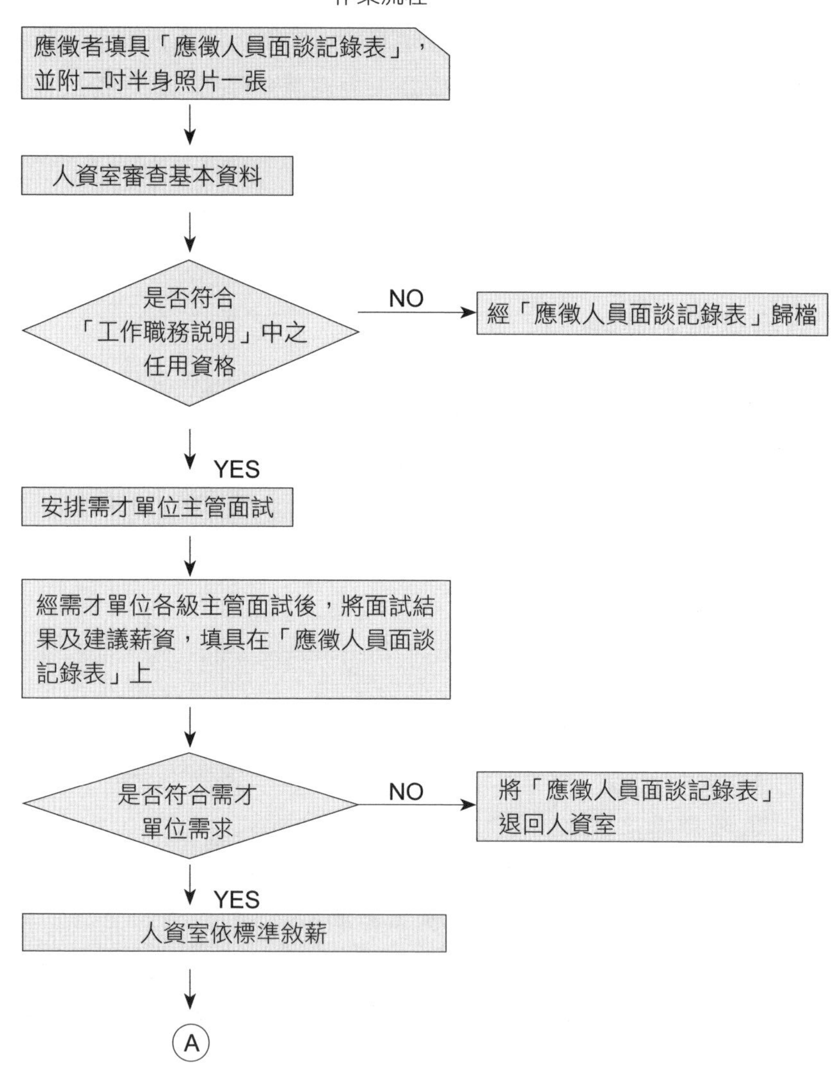

圖5-3　任用作業流程圖

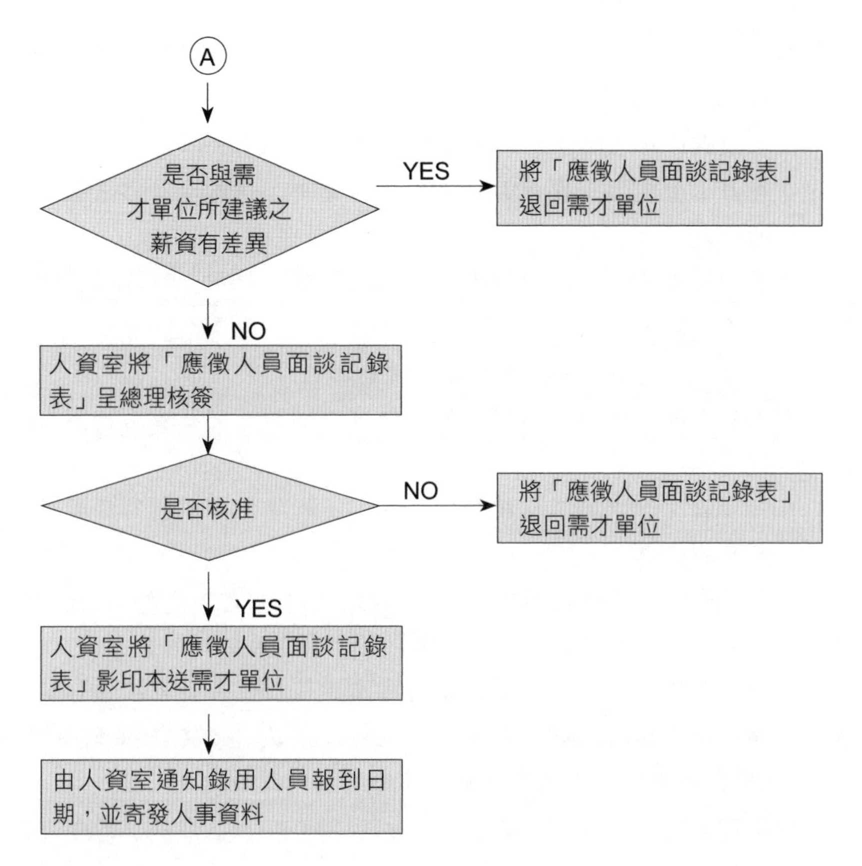

注意事項：
1.所有應徵人員在此階段，皆須經過總經理簽核始可任用。
2.「應徵人員面談記錄表」上之學、經歷及基本資料一定要填齊全。
3.前勤人員須註明身高及體重。

（續）圖5-3　任用作業流程圖

省時間，使面談更有效率。盡量多問與行為相關的問題，少問與感覺意見有關或理論性的問題。

4.面談場地的準備：以整齊、清潔的標準為基本要求，盡量能確定面談的隱密性，避免被干擾或中斷，座位之安排能使雙方舒適地平心交談。

甄選標準範例

1.有效表達自己的意念：傾聽並理解別人的能力。
2.壓力承受能力：在強大壓力或反對聲中，仍有水準以上表現的能力。
3.情緒控制能力：面對他人情緒化反擊時，仍然保持冷靜客觀而不受影響的能力。
4.活力：隨時隨地保持高度充沛活動的能力。
5.正直：在任何與工作有關的活動中，切實遵守社會道德與公司規範。
6.細心程度：對於工作相關的事務，不論鉅細都不輕易放棄或忽略的能力。
7.應變能力：能適時調整行為模式以達到目標的能力。
8.警覺能力：工作上隨時隨地保持高度警覺及注意的能力。
9.銷售及說服能力：運用適當的方法與技巧使得對方接受你的構想、計畫或產品的能力。
10.機器操作能力：操作電腦及其他事務機器的能力。

(二)面談的方式

◆逐步面試法

1.初步面試：由職位較低的公司主管面試，面試不合格者即淘汰，合格者才可進入錄用面試。
2.錄用面試：由職位較高的公司主管面試，面試合格即予錄用。

◆小組面試法

由多位主試人共同面試應徵者，面試完成立即討論決定是否錄用，並進行報到作業（如**圖5-4**）。

部門	行政部	編號	AD-HR-002	××年×月×日初定
項目	報到作業流程			

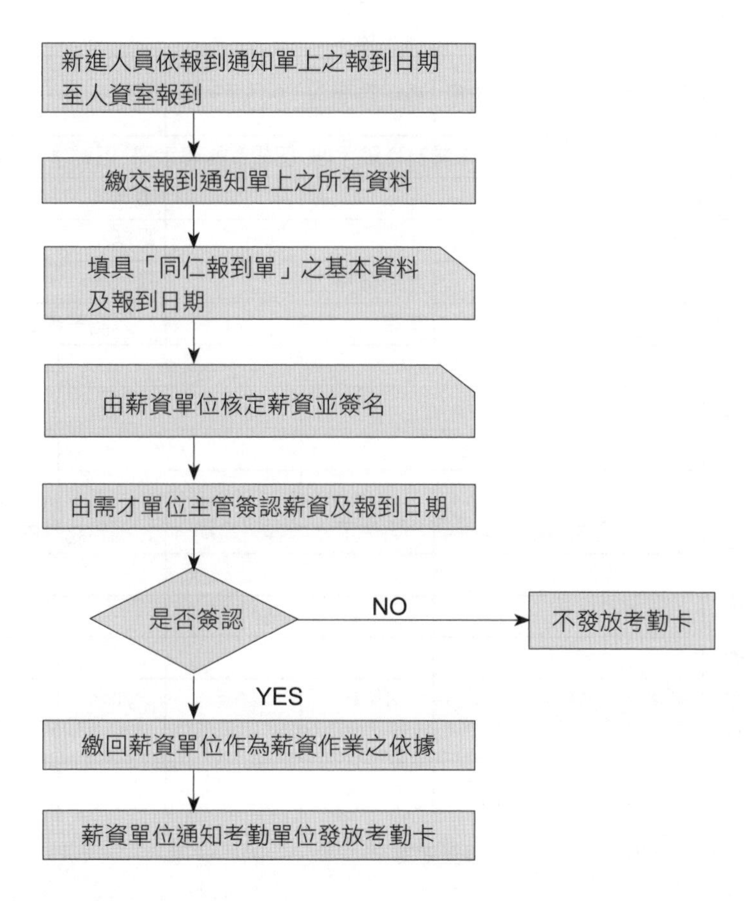

注意事項：

1.「同仁報到單」、身分證字號、扶養親屬表、健保轉入申報表須於報到當日繳回薪資單位，否則不發放考勤卡。

2.新進人員之正式報到日期，以考勤卡之發放日為準。

圖5-4　報到作業流程圖

表5-1　應徵人員面談紀錄表

應徵項目＿＿＿＿＿＿＿＿＿＿＿＿＿　　　　　　應徵日期＿＿＿年＿＿＿月＿＿＿日

<table>
<tr><td colspan="4">姓名：</td><td>性別：</td><td>身高：</td><td colspan="2">體重：</td><td colspan="2" rowspan="4">照片</td></tr>
<tr><td colspan="4">身分證字號：</td><td colspan="4">出生日期：</td></tr>
<tr><td colspan="4">婚姻狀況：</td><td colspan="4">駕照種類：</td></tr>
<tr><td>兵役狀況</td><td colspan="3">□役畢　□免役　□未役</td><td colspan="2">退伍時間：</td><td colspan="2">兵種：</td></tr>
<tr><td colspan="10">身體狀況　□良好　□殘疾，未領有殘障手冊　□領有殘障手冊　□輕度　□中度　□重度</td></tr>
<tr><td colspan="6">現在住址：</td><td colspan="4">電話：</td></tr>
<tr><td colspan="6">永久住址：</td><td colspan="4">電話：</td></tr>
<tr><td colspan="4">E-mail：</td><td colspan="2">緊急聯絡人：</td><td colspan="4">電話：</td></tr>
<tr><td>興趣</td><td colspan="3"></td><td>專長</td><td></td><td colspan="3">語言能力</td><td></td></tr>
<tr><td rowspan="4">學歷</td><td colspan="4">學校名稱</td><td colspan="2">科系</td><td colspan="3">畢業年度</td></tr>
<tr><td colspan="4"></td><td colspan="2"></td><td colspan="3"></td></tr>
<tr><td colspan="4"></td><td colspan="2"></td><td colspan="3"></td></tr>
<tr><td colspan="4"></td><td colspan="2"></td><td colspan="3"></td></tr>
<tr><td rowspan="4">工作經驗</td><td colspan="3">公司名稱</td><td colspan="2">擔任工作內容／職稱</td><td colspan="3">起訖時間</td><td>月薪</td></tr>
<tr><td colspan="3"></td><td colspan="2"></td><td colspan="3"></td><td></td></tr>
<tr><td colspan="3"></td><td colspan="2"></td><td colspan="3"></td><td></td></tr>
<tr><td colspan="3"></td><td colspan="2"></td><td colspan="3"></td><td></td></tr>
<tr><td rowspan="3">家庭狀況</td><td>關係</td><td>姓名</td><td>年齡</td><td>職業</td><td>關係</td><td>姓名</td><td colspan="2">年齡</td><td>職業</td></tr>
<tr><td></td><td></td><td></td><td></td><td></td><td></td><td colspan="2"></td><td></td></tr>
<tr><td></td><td></td><td></td><td></td><td></td><td></td><td colspan="2"></td><td></td></tr>
<tr><td>人事意見</td><td colspan="9">談吐舉止：　　　　專業知識：　　　　打字速度：
其他：　　　　　　　　　　　　可上班日期：</td></tr>
<tr><td>初試</td><td colspan="4"></td><td>部門主管</td><td colspan="4"></td></tr>
<tr><td colspan="3">董事長／總經理</td><td colspan="2">執行副總</td><td colspan="2">總管理處</td><td colspan="3">人事單位</td></tr>
<tr><td colspan="3"></td><td colspan="2"></td><td colspan="2"></td><td colspan="3"></td></tr>
</table>

(三)面談的進行

◆掌握面談的進度

對於喋喋不休的應徵者應打斷應徵者的談話，引導至另外一個話題；總結應徵者的談話，轉換至另外一個範疇；肯定應徵者的談話，進一步問下一個問題。

對於惜口如金的應徵者，應請應徵者進一步澄清就某一點提供更多資訊，表示鼓勵應徵者多談之意思，適當的沉默，暗示應徵者應該多講一些。

◆追蹤問題

當應徵者回答不清或提供資訊不足時，可進一步問Why、When、Who、What、How等問題；側重與行為有關的問題及多問應徵者過去的言與行；問題盡量直接明瞭，避免複雜或意思重複的句子；多問應徵者最近的經驗，少問遙遠的過去；應徵者若有與應徵工作相似或相同經驗時，則多加瞭解。

◆讓應徵者瞭解工作與組織

包含了工作內容、組織政策與制度、工作要求條件、公司的待遇與福利。

◆維持應徵者的自尊

可使應徵者願意侃侃而談，使應徵者有個愉快的經驗，並使應徵者對面試者及公司留下良好印象。

(四)甄選與面談通病

必須在甄選過程中力求中立，利用甄選過程中之資料作為決定僱用的基礎；不抵觸任何政府法令，同時給予應徵者相同的待遇；別太快對應徵者下結論，若第一印象沒有及時糾正，可能會導致不好的決定。注意應徵者的一言一行，能提供寶貴的選擇訊息，否則就可能會犯了下述的問題：

1.面談人並未自應徵者獲得與工作條件相關的資訊。
2.各面談人都問同樣的問題。
3.面談人以個人好惡與價值觀解釋應徵者所提供的資訊。
4.面談人斷章取義以偏蓋全。
5.面談人與應徵者相見歡或相見惡。
6.面談人專門尋找應徵者的缺點，「挑人」而非「選人」。
7.錄用與否之決定過於輕率。
8.面談人迫於壓力，降格以求；應徵者不多，選一個還不算差的。

(五)錄用與否應考慮之因素

1.各甄選標準相對的重要性。
2.應徵者在某一甄選標準的可塑性。
3.比較價值與風險。
4.瞭解人力市場情形。
5.衡量內部現有員工的情況。

二、心理測驗

心理測驗可以用來測試應徵者，是否足以擔任該項職務的另一種遴選方式，其種類可分為：

(一)智力測驗

此類測驗普遍於確定應徵者是否能應付某種腦力工作，如企劃或會計工作。

(二)學識測驗

此類測驗可衡量應徵者所具備的知識或技能達到何種程度。如應徵廚師、出納或電腦之類職務，可施予簡易的學識測驗。

(三)性向測驗

此類測驗在鑑定個人可發展的特殊潛能，用以預測其在接受適當的訓練後，是否具有可從事某種工作，或在某種工作上有所成就的特殊潛力。這類性向包括有幹勁、恆心、說服力、自信心、內向性及外向性。

(四)適應性測驗

此測驗可衡量一個人對特定類型工作的天生適應性。

(五)興趣測驗

這種測驗可廣泛地鑑別應徵者的喜好及興趣，諸如靜態的、動態的，或是事務性的、創造性的等等。

Highlight——提升產業的徵才力

餐旅產業的人力需求迫切，主要招募重心為基層的內外場服務人員與基層管理職人員；由於產業人力流動率高，因此沒有相關經驗或是社會新鮮人（無工作經驗）投入餐旅產業比例相對提高，而不同職務屬性的基層服務人員間，多有跨職務發展的現象（如餐廳內外場的廚助或服務員）。從新鮮人、想從事餐旅業、想從事基層直接人員或基層管理職工作者等四個目標族群為主，求職人員找工作時所考量的主要因素，根據研究調查發現，一共有九大要素是求職者找工作時相當在意的，餐旅產業的企業可以作為參考，是否企業本身能提出相關的誘因或是競爭力，在招募內容中特別強調某些項目，將有助於吸引人才的目光。

1.未來工作學習發展性。

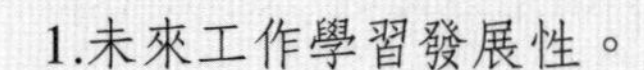

2.薪資制度。

3.保障基本工作權益及福利。

4.工作地點。

5.職務工時的長短與穩定。

6.對待員工的風格評價。

7.主管領導風格。

8.公司營運績效。

9.工作環境。

另外則是求職者對於企業的期許，求職人員想進入具有什麼特質的企業？根據調查發現，有三種企業文化特質是求職者最在乎的：(1)信任員工；(2)公司績效會回饋給員工；(3)提倡工作與生活平衡。

資料來源：104雇主品牌研究——住宿餐飲業的徵才與留才。

個案研究——主管難為：人才培育，沒那麼簡單！

Tom是一家國際連鎖餐廳的分店服務員，全國有超過20家的分店。從實習生開始做起，畢業之後就繼續待在這間分店。Tom在各個方面都表現相當優異，服務態度親切，與同事間相處得當，是一個相當具有團隊精神的好夥伴。

Tom的直屬上司Aaron副理對他也是讚譽有加，也想要好好栽培Tom，所以只要是Aaron排休就指派Tom做他的職務代理人，幾個月下來，也從來沒有讓Aaron失望過。Aaron一直是公司所栽培的主管人才，總公司派他到集團另一家分店擔任店經理，他的主管職位因此出缺。由於這家集團瞭解人力資源管理的重要性，希望能先從內部員工提拔具主管潛力的員工來擔任出缺的職位，因此Aaron不僅鼓勵Tom把握這次的機會，希望他能主動提供申請，同時也向總公司推薦他。

由於Tom的活潑與主動性的個人特質、質量皆備的服務與領導能力，經過與總公司高階主管面試後，公司決定將分店副理的機會給Tom，總部人資主管May唯一擔心的是，Tom未曾接受過公司的正式主管訓練。經過一個禮拜的密集主管培訓課程後，Tom回到原本的分店，但是現在他的職位已有所不同，以前一起工作的夥伴，現在都變成了他的部屬。過去的Tom與同事們都能打成一片，而且互相幫助，是一個氣氛融洽且相互合作的工作團隊；但是現在卻因為Tom的升職，漸漸變得陌生，而Tom還想維繫過去同事間的關係，所以仍是盡可能地協助同事，導致自己的工作量不斷地加重，除了主管本身該做的管理與報表工作，還要幫忙做服務員的基本服務、清潔等工作。

自Tom升上主管已經過了兩個多月，情況一直未見改變，對Tom來說，每天有做不完的事情，業績壓力、報表製作、開發顧客等業務已經壓得他喘不過氣了，但是管不住部屬卻是尚未爆發的壓力，常常

因為太容易答應員工的請假，造成人力不足，他自已也必須在忙碌的用餐期間協助服務。

一如往常的忙碌假日，但似乎也正考驗著Tom是否能勝任主管的工作，有兩個員工各有不同的理由沒辦法來上班，使得已經相當忙碌的現場更為慌亂不已，顧客的抱怨不停，蜂擁而來，員工的情緒也快到了極限，機具設備更是來湊熱鬧地出狀況，咖啡機時好時壞、收銀機也打不出發票，不僅是人力短缺無法處理，連機器的突發狀況，Tom也沒辦法及時修復，更不要說立即的顧客抱怨處理，Tom也終於崩潰了，在現場大聲咆哮，不僅罵員工也對顧客不客氣，完全地失控……

問題探討

1.主管Aaron與人資經理May同意Tom的晉升案，是對是錯，試討論之？

2.如果公司仍決定繼續讓Tom擔任餐廳主管，May以及公司該採取哪些管理面的措施？

3.對Tom而言，他已經身心俱疲，從人才培育層面，企業該如何面對這個情境？

Chapter 6

員工培訓計畫

一、訓練架構與訓練方法

二、訓練系統的規劃

三、訓練中心介紹

四、訓練種類介紹

「訓練」是透過特定的教導方式，以增進員工知識、技能、態度的表現，指的是針對組織內員工所實施的一種再教育。對企業而言，訓練的目的是希望透過學習的過程，能改變員工的行為表現，使其能與公司的標準相吻合。

訓練是組織透過有計畫、有組織的方式，以協助員工增進其工作能力的措施。訓練的目的在幫助員工學習正確的工作方法、增進其工作能力、改善工作績效、傳遞組織內的訊息、修正員工的工作態度，以及增進員工未來擔任更重要工作的能力。若能做好訓練，顧客、訓練者本身、接受訓練的員工及公司都能受益。

1.對顧客而言：

(1)好的訓練提供員工一致的服務標準，因此顧客能享受到一致的服務品質。

(2)帶給客人的，除了產品本身外，更能享受到高品質的服務增加產品的附加價值。

2.對訓練者而言：

(1)訓練者在做訓練時，其實也同時是在訓練自己的領導能力，因為一個好的領導人，不但要能是一個好的管理者，也要能是一個好老師。

(2)良好的訓練使員工有成長的機會，而減少員工對工作的抱怨。

(3)藉由與員工相處的機會，瞭解員工的背景與能力。

(4)訓練者可藉由訓練前的準備多與上層管理人員溝通，瞭解上層管理人員的觀念及公司的方針。

3.對接受訓練的員工而言：

(1)尤其對新進人員而言，職前的訓練能幫助他們進入工作狀況，減低剛開始的挫折感，相對的增加工作的成就感。

(2)員工在接受不同的訓練時，也相同的在培養多方的能力，對將來的晉升有幫助。

(3)好的訓練能使員工瞭解標準的工作程序與操作方法，減少意外發生，並養成良好的衛生習慣。

4.對公司而言：

(1)訓練成果就是提供顧客高品質的服務，使顧客常光臨，增加盈收。

(2)員工若能提供高品質的服務，滿足顧客的需求，顧客自然不會抱怨。

(3)員工若覺得能從工作中得到滿足與成長自然不會想要離開。

(4)訓練最直接的目標就是在提高服務的水準。

(5)公司可藉由訓練來培養員工多方面的才能，而間接的訓練晉升的人才。

(6)高品質的服務及高水準的人員，能建立公司良好的形象與聲譽，吸引外界好人才來加入我們的公司。

第一節　訓練架構與訓練方法

訓練架構中包含了六個步驟：分析需求、設定目標、分析學員、執行訓練、評估訓練與追蹤成效。

在訓練開始前，要先知道是否有必要做訓練，要做何種訓練（分析需求）；有了訓練的需求後，就要設定訓練的目標，決定訓練的內容（設定目標）；接著我們要去瞭解學員的背景與程度（分析學員）；做好了這些準備工作後，我們就要開始執行訓練的內容（執行訓練）；而訓練課程完成後，必須要檢測所做的訓練是否有效率（評估訓練）；最後，訓練課程結束後，作事後的追蹤，瞭解學員是不是能確實按所教導的標準確實去做（追蹤成效）。

一、分析需求

在分析訓練需求時，可依照以下的步驟來幫助我們找出問題：

(一)確定有無明確事實

分析訓練需求的第一步，就是要找出是不是有問題發生。在這個步驟中，我們只可能得到兩種答案：「Yes」或「No」，有明確事實，或沒有明確事實。當答案是「No」沒有明確事實時，這可能只是個誤會；但若經過我們的調查，得到的答案是「Yes」，的確有問題發生，那麼接下來就要做第二個步驟。

(二)有無標準的設立

當我們找出問題後，就要查明對問題是否已經有標準存在。若我們是第一次遇到這種問題，以前從來沒有一個標準可供遵循，這時我們或許可考慮將問題處理應對的方法寫下，供後人參考；但如果這個問題早已有標準存在，那麼，我們就必須探討一下為什麼員工達不到標準。

(三)行為偏差原因——員工達不到標準的原因

1.不知道：如果一個新進人員沒有被告知標準，主管當然不能去指責。

2.忘記了：以前教過的標準，可能因為時間久了，或沒有去注意，而忘記正確的做法應該是怎樣的。

3.不同意：員工可能會因無法苟同標準，而不願意照著標準去做。

4.故意不做：員工因自己的態度問題而故意不遵守標準。

(四)決定訓練需求

我們要針對員工行為偏差的原因，來選擇不同的訓練方式：

1.不知道：如果員工是因為從來沒人告訴過他，則我們應該安排的是職前訓練，因為這些標準都是員工應該知道的。
2.忘記了：對於是因為忘記了而沒達到標準的員工，我們要加強他們的記憶，所以我們需要的是複習訓練。
3.不同意：如果員工不同意所設立的標準，我們就必須重新檢視標準，看看是不是有不適合的地方，然後再將檢視後的結果，對員工加以（複習）訓練。
4.故意不做：故意不配合的員工，多半有態度方面的問題，因此需以面談的方式來解決。

二、設定目標

我們在分析需求，找到了問題後，接下來就要針對問題，訂出解決的方法，也就是設定我們的訓練目標。設定目標是很重要的一個步驟，它可以讓我們知道訓練的方向，就像領航的燈塔一樣。所以，我們在訂定訓練目標時，應該訂定的是一個明確的目標。所謂「明確」的目標，是指我們要很清楚地指出，希望員工在接受訓練後，能達到怎樣的標準，而不是只是一個大方向。

「SMART GOAL」：一個符合S.M.A.R.T.這五個條件的目標，就是一個聰明的目標。所謂的S.M.A.R.T.其代表的意義，如下所述：

(一)S＝Specific，明確的

這就是我們一直所強調的，目標的內容必須是一個明確的事實或標準。

(二)M＝Measurable，可衡量的

把標準以數字的型態來表示，可以將原本抽象的觀念，化成具體的標準。舉例來說：「我們希望員工能很快地完成客人的住房手續。」將這句話數量化，變成：「我們希望員工能在四分鐘內完成客人的住房手續」。因此，我們在訂定目標時，要避免使用類似像「很快」、「很好」等較易引人爭議的字眼，而應該使用數字來表示。

(三)A＝Attainable，可達到的

我們所定的目標對受訓的學員而言，應要合情合理並且合邏輯。

(四)R＝Relevant，與工作有關的

目標的選擇當然要與受訓員的工作有關。我們不會要一個櫃檯接待員學會如何清掃房間，也不會要一個服務員學會如何帶位。

(五)T＝Trackable，可追蹤的

在目標中也要將如何執行追蹤的方法寫出。

三、分析學員

學員分析時，要注意的是，不只要瞭解學員背景，更要能運用學員的背景資料。學員不同的學歷與程度，會影響訓練的方法。因此，在訓練開始前，就該對學員的背景有些瞭解。所謂「瞭解學員背景」，並非看

看他們的履歷表就好了，還要能進一步將履歷表內的資料加以整理、分析，把對學員的瞭解運用於訓練的過程中。

(一)教育程度

一個大學畢業生對英文的接受程度一般都會比一個國中剛畢業的年輕人高；再者，對大學生，甚至高中、高職者，與一個國中、國小畢業者，我們在訓練時所選擇的用語，可能就有很大的差異。

(二)年齡

尤其是時下年輕的新新人類，他們的訓練方法與我們可能就大不相同。

(三)工作經歷

一個剛從學校畢業，無工作經驗的員工，需較多時間來教導基本專業知識。

(四)公司年資

對於已經在職多年的員工，就較不需要飯店簡介、公司規章介紹等課程。

(五)性別

最簡單的例子，像是服裝儀容的課程，男女就絕對有差別。

四、執行訓練

執行訓練是整個訓練過程中，最重要也最費時、費力的一個步驟。執行訓練不只是訓練方法，還包括場地的選擇、訓練的技巧以及器材的運用等。

(一)訓練方法

1.演講：最簡單，但卻是最沒有效率的一種訓練方式。它是單向的溝通，較適用於學員人數較多時。

2.討論：讓學員藉由討論的機會，交換彼此的意見，由別人的意見中學習。

3.示範：技能方面的訓練，較適合示範的方式，因為實際做一次示範，比紙上談兵四、五次來得有效率。

4.角色扮演：角色扮演的目的，是要讓學員體會對方的立場，並培養學員臨場應變的能力。

5.遊戲：這裡所指的遊戲，並不是像躲貓貓那樣的遊戲，而是經過設計的專業遊戲。遊戲的目的在寓教於樂，因此，遊戲後的討論與檢討就格外的重要，以免讓學員在訓練後，什麼都沒學好，只記得上課玩的遊戲或笑話。

6.電腦軟體：最常應用的可能是櫃檯的電腦操作系統。使用電腦訓練的好處是，可以重複不斷地使用練習，而不會影響正常的營業作業。

7.個案討論：拿以前的實例來作為訓練的資料，讓學員瞭解，發生這種問題時該怎樣處理，現在處理方式是否有所不同。

8.練習：反覆地要求學員練習，以達到所要求的標準。

(二)選擇訓練方法時需考慮的因素

1.訓練目標：如果是技能方面的訓練，則用示範的方法；若告知條文、規章的課程，則選擇以演講的方式可能較為實際。

2.時間長短：有些訓練方法，像是遊戲、討論、角色扮演等，需要較多的時間；因此，如果我們今天只有二十分鐘的課，或是五分鐘的Briefing簡報，這些方法就不太適合，以演講的方式較為合適。

3.學員程度：例如電腦軟體的使用，學員就必須先具備基本的電腦使用知識；角色的扮演，就必須要求學員能夠完全瞭解所要扮演的角色，才能表現出實際的情況。

4.人數多寡：討論雖然是較好的訓練方式，但只適用於學員人數較少時。如果今天受訓的學員有二、三十位，演講可能會是比較好的訓練方式。

5.現有資源：善用現有資源。如果身邊沒有很多種輔助教材，那麼，在設計課程時，就盡量不用需要道具的遊戲或角色扮演等方式。

6.互動程度：所謂「互動程度」是指訓練者希望受訓學員在訓練過程中的參與程度。像討論、個案討論、角色扮演等方法，都是互動性高，需要學員參與的訓練方式。

7.訓練者經驗：訓練者可以把本身過去的經驗作為訓練中討論的資料來源，也可由過去的經驗知道，什麼樣的訓練課程適用什麼樣的訓練方式。

(三)選擇訓練場地時需考慮的因素

1.人數：人數是首先要考慮的因素。如果學員只有兩、三人，不需要去租借一間大教室或會議室，可能在辦公室或休息室就可以了；若是學員有十五人以上，就需要一間教室。

2.方法：訓練的方法會影響訓練場地的選擇，像遊戲、分組討論、角色扮演等，都需要較大的活動空間。

3.環境：環境是指訓練的場地是否能提供訓練所需的條件。例如：示範最好是在營業現場，但現場環境適不適合？會不會影響正常營業的進行？這些都是需要考慮到的因素。

(四)使用輔助器材的條件

訓練的技巧除了多問「開放式」的問題外，還可使用視聽器材來輔助教學效果。但是要注意的是，視聽器材的使用目的，是在幫助學員學習，所以並不是一定需要的。如果器材使用的太頻繁，訓練內容太依賴視聽器材，反而喧賓奪主，失去了訓練的重點。因此，在訓練的過程中，使用輔助器材的時機如下：

1.當主題內容複雜時：有時當訓練主題內容太多時，就需要使用輔助教材。
2.當需說明關聯性時：如果是一些較抽象的觀念或動作，則可以拍成錄影帶，用影片來說明會較容易瞭解。
3.當需要強調重點時：訓練時，可將重點寫在白板、白板架上，加強學員記憶。
4.當需要維持注意力時：像錄影帶、電腦軟體，都是較有趣的器材，容易引起學員興趣。

可利用的視聽器材種類有：白板架、白板、錄影機、幻燈機、投影機、電視、電腦等等。

五、評估訓練

執行訓練後，還必須檢視訓練的效果如何，學員是否真的學會了所教的內容，訓練目標是否已經達成。而評估的標準是以設定的訓練目標來衡量，評估的內容也以訓練課程的內容為主。

評估訓練的方法有幾種：

(一)測驗

為最直接、最有效的評估方式。要求學員以「陳述」或「寫出」的方式，來瞭解學員的學習成效。較適用於知識、原則方面的訓練課程。

(二)競賽

適用於技能方面的訓練課程。例如：鋪床比賽、拿托盤比賽等。

(三)問卷

適用於態度方面的訓練課程。尤其是對顧客反應、處理顧客抱怨等，可由學員的回答瞭解學員的觀念是否與我們的要求相符。

(四)觀察

技能方面的訓練，可以讓學員自己實際操作一次，然後在旁觀察動作的正確度。

六、追蹤成效

訓練課程結束後的追蹤成效更是重要。許多訓練在課程結束後，沒有繼續做追蹤，也因此使得原本成功的訓練半途而廢。

追蹤成效是指事後的追蹤，確認學員在學習完畢，到單位實際工作時，有無確實遵守標準做事，也就是Follow-Up的工作；而先前說的評估訓練，是指訓練課程完畢後，我們對訓練的內容所做的學習成果驗收。

追蹤成效的方法有：

(一)觀察

這裡的觀察，是指對學員在實際工作表現的觀察。訓練單位所做的現場督導，就是在追蹤新進人員訓練課程的成效。

(二)自我評估表

讓學員評估自己的工作表現是否合乎標準。

(三)再次考試

對於知識性、原則方面的訓練，可以考試的方法來測驗學員是否還記得。

(四)舉辦活動

例如葡萄酒的促銷比賽，藉由活動舉辦，來瞭解與追蹤成效。

(五)檢討會

請主管與學員坐下談話，檢討自己的工作成效，對於還無法達成標準的原因加以探討，以團體的力量來改正個人的缺失。

第二節　訓練系統的規劃

一、宗旨暨目標

建立標準化訓練制度暨一貫的訓練體系，以配合日後公司發展多功能之目標，從而提升餐旅業之經營方針暨人員素質。

二、規劃內容

包括各級員工訓練規劃暨前程發展辦法、各職級必（選）修訓練課程暨職務歷練、各級人員教育訓練／職務歷練晉升流程、落實訓練教材之統一暨工作分析之更新、訓練師資之培訓計畫、訓練檔案之建立等。

三、規劃步驟流程

訓練規劃步驟流程圖，如**圖6-1**所示。

四、實施大綱

(一)訓練需求調查

蒐集餐旅業中各單位職級人員凡是「可能」需要任何訓練（暨講座）課程，彙集後篩選設計出「訓練供需調查表」。先行針對A級部門主管予以調查，統計出該部門全體員工（包含主管）工作需求之訓練課程範圍，以及該主管本人針對其本職學能部分所能提供公司訓練（實際擔任講師）課程之科目。

統計結果除了瞭解各單位實際訓練需求外，更蒐集內部主管擔任師資部分暨未來之可行性，如有需要，訓練中心並提供一切現有之資訊予以協助，將統計結果由訓練中心彙整後送呈上級裁示，並做指示增減以作為開始規劃「標準」課程範圍之起步（並使董事會由另一角度更進一步瞭解現有部門主管）。

(二)師資選訓

◆公司暨訓練中心能獨立召開之課程

公司暨訓練中心能獨立召開之課程，直接與擔任講師之人員溝通，並提供必要之協助（協助整理教材、提供所需工具書等），使其能充分勝

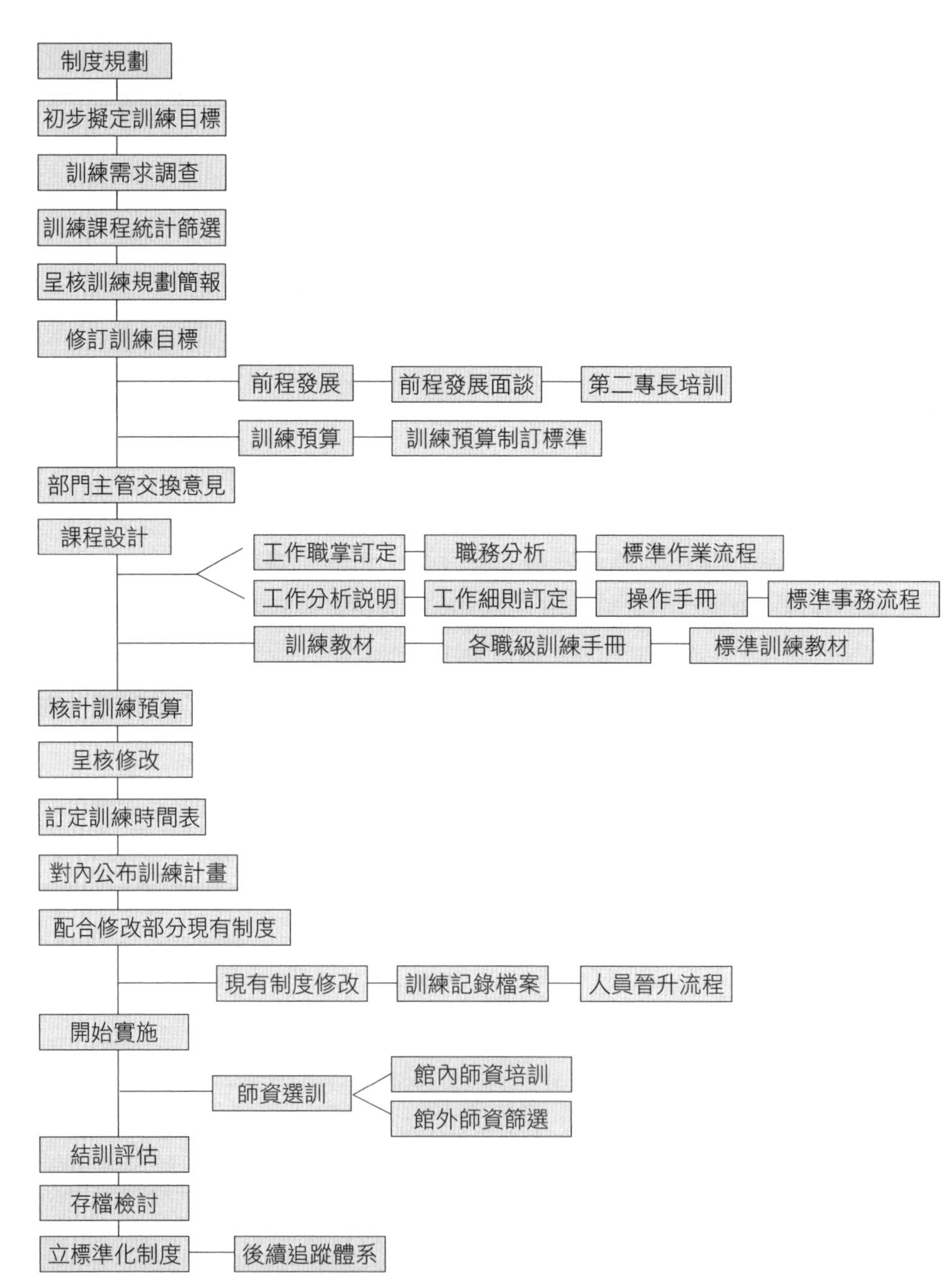

圖6-1　訓練規劃步驟流程圖

任該項工作（A級課程原則上以高階管理層暨外覓師資擔任，B級課程原則上以高階管理層暨A級主管擔任，C級課程原則上以A、B級主管擔任，盡量以內部學有專長之師資擔任）。高階管理課程暨公司無適切人員擔任講師時，訓練中心透過各種管道尋找適當人選（於適當預算內）。

◆外部師資方面

對外廣尋師資來源，包含上級主管機關、各大專院校教授、同業適當人選，或企管顧問公司中成效卓著而能符合公司企業實際需要暨經費預算範圍者。

◆內部師資方面

定期有計畫的開辦館內師資培訓課程（Train The Trainer），並有計畫有組織地成立訓練員委員會（Trainers' Committee），結合群體組織力量，使各級訓練在訓練中心暨工作單位皆得以落實。

(三)訓練預算

編列各項訓練預算，如依既定訓練目標，訓練經費總額勢必將大幅提高，故一套既定之訓練經費提撥辦法恐須因應確立，並依循制訂一套訓練經費提撥原則，作為日後連鎖套用模式。訓練中心將依年度訓練計畫作預算評估草算後，轉送財務部呈董事會裁示。

(四)工作說明分析

1.工作職掌（Job Description）暨工作細則（Job Specification）之訂定：確立各單位職級之基本工作權責範圍，以及從業人員之資歷需要，使從業人員清晰明確瞭解本身權責；同時，對於進一步工作說明書之修訂提供了基準。

2.職務分析（Job Analysis & Task）暨操作手冊（Operation Manual）

之訂定：分析各職務之工作細項與作業方式，使各職級人員具體瞭解所屬每日責任工作之排定，安排時間表暨其他相關發生關係之人員、單位。取得該冊即能瞭解工作細目，對於交接工作、新人上手皆有直接影響。

3.標準作業流程（Standard Operation Procedure）暨標準事務流程（Standard Affairs Procedure）之訂定：依據可接受之標準，訂定前場人員標準作業流程（S.O.P.）暨後場標準事務流程（S.A.P.），使工作程序暨可接受的規定作業時間範圍等，皆在全面「標準化」的目標下得以明確釐清。

(五)訓練教材

整理各類課程，編印成教學手冊（Instructor's Key），使各類課程之開辦能標準化，再因應作業修改、組織改組、訓練師新增添之體認或新觀念技術之引進，隨時更新修改。彙整各單位各級人員各類課程之教學手冊，總合成冊，檢討改進並予以標準化，使其成為日後職前訓練或在職訓練的標準依據——標準訓練教材（Training Manual），無論日後訓練師由何人擔任，皆能在實施訓練時輕易上手；同時結合各單位在職訓練（On The Job Training）內容大綱將之整編於訓練手冊內（包括各單位在職訓練檢查明細表Checklist），其目標在彙整成為一套完整訓練標準教材；同時亦杜絕訓練教材淪為訓練師私人資產，在幾番人事更替下最後公司仍一無所有的弊端，同時落實各單位推展在職訓練時之成效。

(六)前程發展（生涯規劃，Career Planning）

1.前程發展調查：透過公司全面性之「意向調查」，瞭解員工，減低人才流失外，亦有助於規劃有效訓練課程。

2.前程發展面談：由總經理暨部門主管以前述調查結果為基準，個別與全體員工面談，瞭解工作概況，工作興趣暨未來期望，對日後人事安排暨個人發展皆能提供完備的依據。

3.第二專長培訓計畫：A、B級主管再進一步依前述結論，在上級管理階層之指示下，由訓練中心專案設計符合公司暨個人的「第二專長培訓計畫」。活用人力資源，使一人得於旅館內獲得數用，具多方面能力，亦降低普遍發生於旅館內人員運用「真空」狀態之危機，儲訓各職級替代人選。

第三節　訓練中心介紹

為了完成訓練的工作，就必須要有完善的訓練架構來執行。一般較具規模的餐旅業皆有專屬訓練單位負責訓練相關事宜。如以下之說明，包含訓練單位的組織系統圖、編制及職掌、人員職掌、工作程序，以及各項訓練課程簡介。

一、訓練中心編制與工作執掌

(一)編制

部門為因應需要專負員工訓練之責，編制設經理一人，副理、主任、資深專員、專員及助理一人。組織系統圖如**圖6-2**所示。

(二)部門工作職掌

1.依公司營業情形、工作性質、員工能力或公司政策等之需要，舉辦員工之定期或不定期訓練、講習或座談會，以促進職工工作能力及提高服務修養與品質，進而增加營業收入。

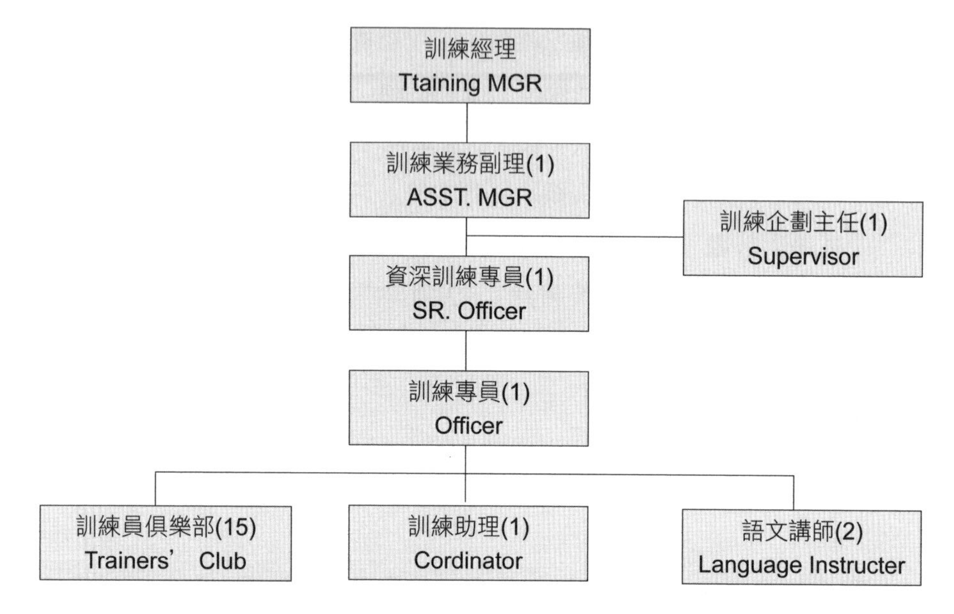

圖6-2　訓練中心組織表（Training Center Organization Chart）

2.訂立公司員工定期或不定期之訓練計畫、安排課目時程、聘請客座講師，以及協調聯繫課程等事項。

3.負責訓練班課堂、場所、教材、教具、圖表之管理；建立紀錄登記帳卡檔案、場所、教材、教具、圖表之管理。

4.聯繫督導到課人員按時上課，建立到課人數紀錄，報告到課缺課等情形，追蹤考核列為員工個人考績資料。

5.編撰或向講座蒐集教材、講義，予以繕印，於講課時分發給聽課人員，並分類存檔備用。

6.建立有關課程或演講之錄音帶、幻燈片，列為教材管理，以備訓練員工教學之用。另一全套存於總經理室備查。

7.依公司營業或管理上之需要，蒐集或申請購買有關旅館管理（餐旅管理）、企業管理（工商管理）、服務要領、顧客心理、推銷技巧等各類書籍，訂立書籍管理辦法負責管理，以備員工自修參考閱讀之用。

8.附設閱覽室，備有視聽教學器材，並蒐集有關餐旅及觀光方面之雜誌、書報等資料，以供員工閱覽休閒交誼之用。訂立閱覽室管理辦法負責管理，雜誌資料具長期價值者，併列入書籍管理、借書及借物管理。

9.負責新進人員語文能力之測驗，建立測驗錄音帶、卷題等資料予以保密管理，保持隨時可用狀況。

10.觀察瞭解訓練、講習、會議之效果情形，並詢問瞭解各部門及受訓人對訓練效果之意見，錄為書面記載，列為改進之參考，並將應有之報告轉給有關部門與總經理辦公室。

11.奉指定某項特別文件之中譯英或英譯中之翻譯工作。

12.協助各部門舉辦有關專業訓練或安全講習。

13.接受指派參加任何有關公司業務發展及員工技能發展之調查報告工作。

14.其他相關教育訓練之工作。

二、訓練工作程序

訓練之目的在降低成本，故應隨時予全體員工灌輸訓練之重要性。成功的訓練可從下列八個階段看出：

1.營收增加。

2.離職率降低。

3.盈餘（利潤）提高。

4.自動請假率降低。

5.士氣高昂。

6.意外降低。

7.可晉升人員增多。

8.破損率或浪費降低。

訓練中心應配合上列各階段的特徵，檢討訓練是否成功，而辦理長期或機動性的訓練。

三、計畫與實施

(一)計畫

1.受領某一訓練任務，依不同性質、需要及對象，擬訂訓練計畫。

2.擬訂計畫之前，除了要明瞭當次舉辦訓練之任務目的外，必須要瞭解受訓人數及其教育或經歷之程度。

3.與有關單位主管協調，擬訂課目內容、訓練時數，甚至洽定講課人員（講授人），並徵求各方意見。

4.與講授人洽定課目內容、講授時數與時間、講授綱要、講義或參考資料如何提供，必要時由訓練部代為準備。

5.依據任務目的及蒐集之意見、資料、協調結果等擬訂訓練計畫，內容應說明任務目的、期間、地點、課目、對象人數、成績及考核計算，根據成績如何任用，甚至包括如何報備主管機關，派員指導。

6.依據計畫，邀請有關人員與講授人，舉行會議商討計畫可行性，再徵求與會人意見，修正計畫內容，決定課目內容、時數，使計畫定案。

(二)實施

1.依決定之計畫課目，訂定課目進度表（按年度作業修定），按時分發給有關部門講授人，按時照表實施授課。

2.上課前一週，前三天及當天與授課人各聯絡一次，提醒能準時講課。

3.每一課目應請講課人提供測驗題，於課目實施完畢時舉辦測驗，核定分數，並同期終測驗及考核報告交有關主管、人事室或總經理參考。

第四節　訓練種類介紹

一、始業訓練（Orientation）

所有的新進人員均應接受此項講習，講習每兩週舉辦一次為原則（訂在每星期一上午九至下午五時）。

(一)講習內容

新進人員講習包含下列內容：

1.公司組織及企業文化，如歷史沿革與經營理念。

2.公司員工規章及福利。

3.消防安全衛生之規定。

4.介紹公司環境，參觀公司內各項設施及各部門作業情形。

(二)重點問題

僱用手續只是僱用工作之一半，員工是否繼續貢獻其生產力量，必須要瞭解公司的設施、方針及工作性質。下列一些問題為新進員工亟須瞭解者，故在新人訓練中應盡量將下列問題的說明納入課程中，包括：

1.本公司將來計劃怎麼做？

2.本公司成立多久了？過去成功的表現在哪裡？

3.我真正的工作是什麼？公司要我怎麼做？我要做到什麼程度？公司怎麼考核我？

4.我的主管是誰？

5.我的薪資什麼時候領取？如何領法？有無加班費？多久調薪一次？

6.我的工作時間和休假？

7.本公司的升遷機會如何？

8.膳食如何？交通如何？住宿如何？醫療或保險如何？

9.接受訓練的機會如何？

10.獎懲辦法如何？

11.我生病或有事請假辦法如何？

12.若我有抱怨應向誰報告？

13.若我有好建議給公司，應向誰說明？

14.本公司比其他同行業有什麼不同？哪些比同行好？

15.有什麼福利？

(三)新進人員講習作業流程

辦理新進人員講習作業流程，如**圖6-3**所示。

(四)未到訓練又未上班者

1.通知部門主管以曠職論，人事部作成曠職紀錄，財務部按曠職扣薪。

2.始業訓練考核：經上課時之點名外，有缺課者以缺席人員通知，告知該管部門以曠職論，並通知人事部扣分或扣薪處分，並作成缺席人員統計表列為檢討及考核。

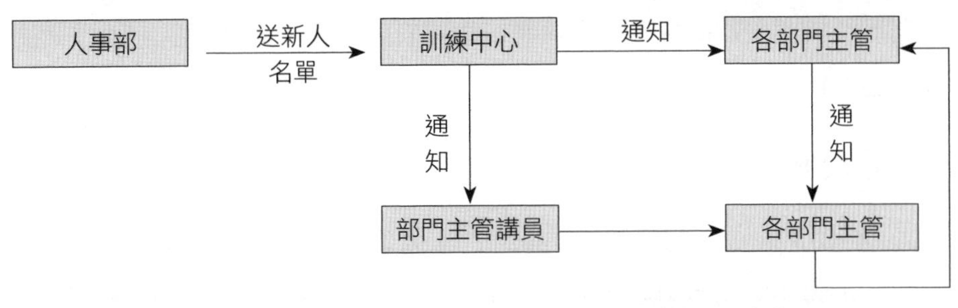

圖6-3　辦理新進人員講習作業流程圖

二、在職訓練（On The Job Training）

(一)語言訓練

每年配合營業狀況決定舉辦頻率，每期二至三個月，每週授課三小時，同性質者安排二班以不同時間授課，一班在下午三時至五時以外時段，使下午班次員工可在下午三時至五時以外聽課，一班在下午三時至五時之間，使上午班次或兩頭班員工在下午三時以後聽課。課程配合營運作業需要分別開設下列各班：

1.基礎英語班、餐飲英語班、客房英語班。

2.特別英語班（指定若干工作上特別需要者）。

3.中級英語班。

4.高級（進階）英語班。

各部門主管或員工個人依需要情形，填語言訓練申請表，送交訓練部彙辦，訓練教材以自編為原則。各作業單位各備記事本，在作業中遇有關語言問題，隨時記入記事本中，訓練部每週收發一次，將所有記事予以整理提供講師作為編製教材之參考，以待實際需要。辦理語言訓練作業流程如**圖6-4**。

(二)專門技術訓練

1.科目：此項訓練係應公司或部門主管之要求，開辦之專門性技術與智識訓練，在時間與場地許可下舉行、舉辦之參考科目如**表6-1**。

2.流程：教學方式以幻燈、圖片、實物講解、示範、實習操作、角色扮演、討論。時間之長短視講授內容決定，講師人選得聘請主管或外界專家擔任。辦理專門技術訓練之作業流程如**圖6-5**。

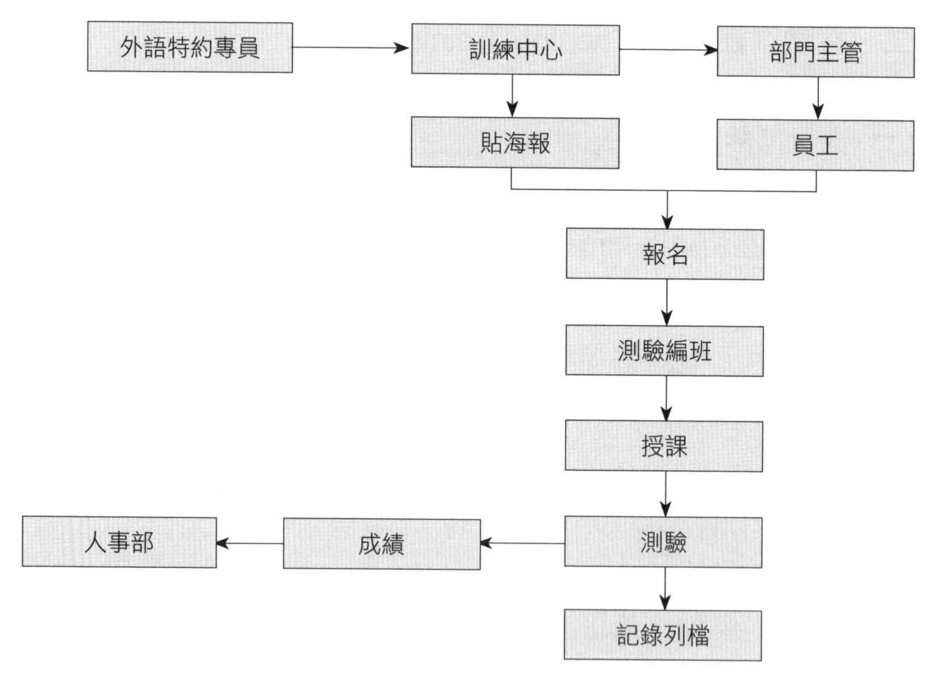

圖6-4　辦理語言訓練作業流程圖

表6-1　可舉辦的專門技術訓練參考科目表

科目	科目
秘書訓練	程序訓練
銷售技術訓練	新作業程序或技術訓練
旅客接待技術訓練	新器材操作訓練
處理旅客抱怨事件	各種品質鑑定訓練
技術訓練	真假鈔分辨訓練
體態語言訓練	真假酒分辨訓練
處理意外事件（個案）	其他

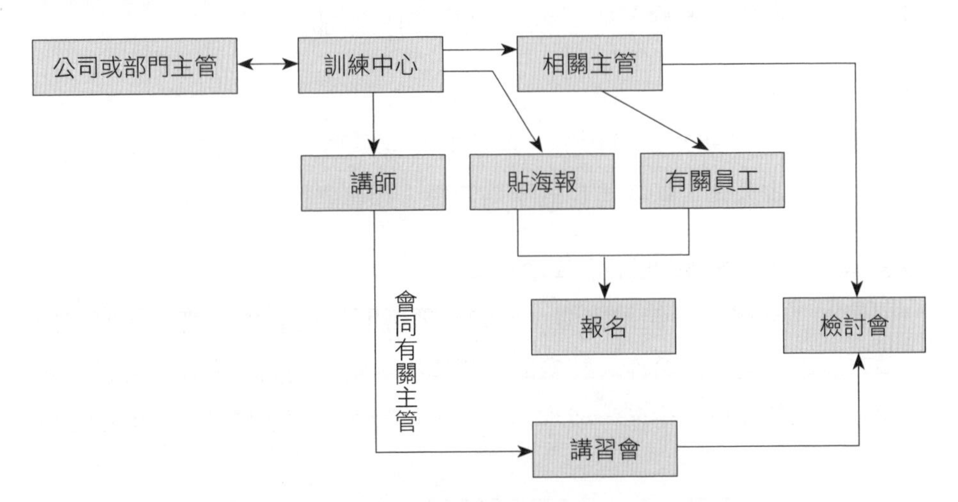

圖6-5　辦理專門技術訓練之作業流程圖

(三)部門定期訓練

於每年年底前，各部門擬訂次年度全年訓練計畫送交財務部經費審核後，送呈總經理及董事會。同時於每月月報及內部雜誌公布訓練報告及檢討事項及當月之訓練計畫。

訓練分數種項目舉行，以下以技術訓練（Skill Training）說明。

所謂的技術訓練，是依工作需要，事先編妥各種技術之分解動作，例如：「如何擺設早餐餐桌」（餐飲）、「如何做床」（房務）、「如何辦理旅客遷入手續」（櫃檯）、「如何擦洗銀器」（餐務）；每個動作均有「做什麼」、「怎麼做」和「為什麼這樣做」等說明。實施時係一人對一人，面對面之訓練。各部門備有部門名單及各種技術之核對表。每做一次訓練均予以記載，以免遺漏。**圖6-6**為部門技術訓練作業流程。

(四)溝通訓練（Communications Meeting Training）

此項訓練係部門全體性之訓練，或部門與部門之間的聯合會議式訓練。部門主管事先擬好各種必要之題目，可分兩部分：

◆第一部分

例如：上星期的營業狀況、下星期的營業預測、本星期或下星期哪些會議借用本公司、顧客本月的平均消費、預算之比較及未來計畫。

◆第二部分：專題講解（每次一題）

例如：什麼是最佳銷售價、公關經理說明目前廣告策略、如何準備預算、餐廳與廚房之合作、特餐的菜單構成、廚房用語、良好的服務、衛生常識、酒的歷史與生產、成本控制、餐務管理、禮儀規範、如何提高員

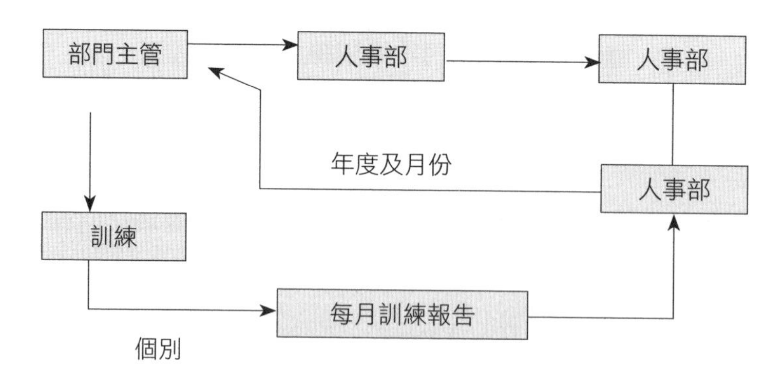

圖6-6　部門技能訓練作業流程圖

工士氣、如何節約能源、其他。

時間以三刻鐘為宜，可邀請不同單位主管或外界講師擔任講解，每月舉辦至少兩次為原則。為重視上下之溝通，務必做到上下都發言。

辦理溝通會議訓練之作業流程如**圖6-7**。

三、訓練者幹部訓練（Train The Trainers）

基層幹部訓練每年至少舉辦一次，為期二至三個月，每週上基層幹部訓練每年至少舉辦一次，為期二至三個月，每週上課三次，每次一小時，共開兩班，以便於不同班次人員參加。

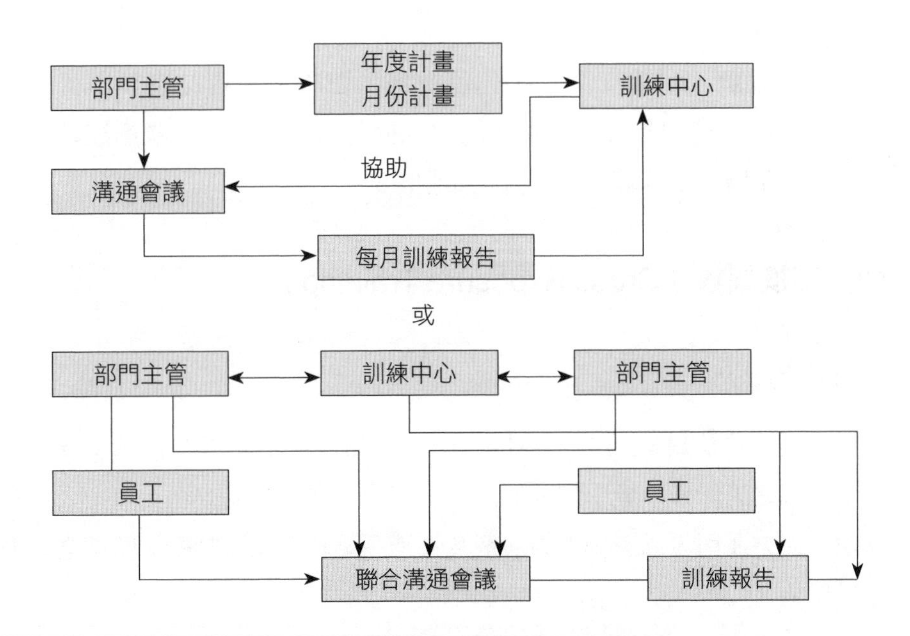

圖6-7　辦理溝通會議訓練之作業流程圖

(一)對象、內容及方式

◆參加對象

領班級人員（包括餐廳經理、副理）及在各部門受訓中之儲備人員，由訓練部會部門主管選派。

◆課程內容

包括督導人員扮演角色、組織與督導、員工問題診斷、公司內之溝通、士氣（敬業精神）之提高、人性需求、人際關係、體態語言、個體與團體、協談與輔導、基本勞工法令、公司福利、工作關係與輔導、授權問題、如何辦理訓練員工、個案研究等（根據問卷選定）。

◆講課方式

例如講解、討論、問卷、角色扮演、遊戲。課程結束後舉行測驗及撰寫受訓心得報告，並舉行座談會以檢討得失，作為下次舉辦時之參考。辦理基層幹部訓練之作業流程如**圖6-8**。

四、交換訓練（Cross Exposure Training）

(一)目的

辦理交換訓練之目的，在提高一般幹部及員工之專業知識及技術，除了本來之工作外，更學到其他部門之工作。在公司的立場上可一人作多方面之人力運用，以減低人力浪費及彌補高離職率（流動率）時期之人力不足現象。

(二)對象

公司得視需要會同有關部門主管決定人選與指定前往受訓部門，亦

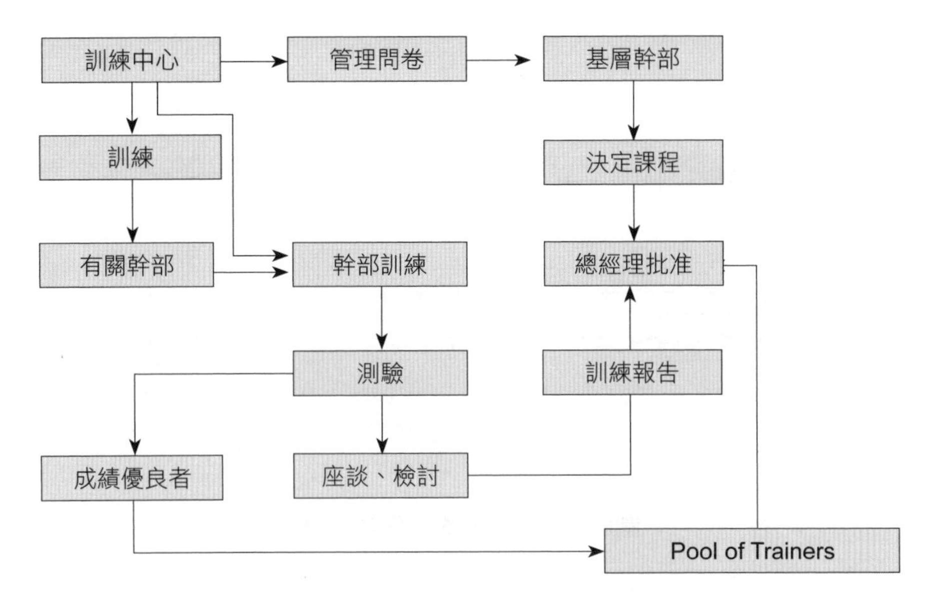

圖6-8　辦理基層幹部訓練之作業流程圖

可由有志趣之幹部或員工自行提出請求，再由訓練中心會有關部門主管提出計畫，呈總經理核准辦理。方式可分單方送訓練及雙方交換訓練，可專任亦可兼任（均須在本身工作時間外訓練）。被指定訓練部門應指派專人負責擬定訓練時間表與內容及教導，規定在某一段時間（如週別、半月別或月別）或完成某一單位訓練後，受訓者應填報受訓報告（Trainees Report），訓練者填報訓練報告（Trainers Report），分別送達訓練中心及有關部門主管，必要時轉呈總經理瞭解。此項訓練之期間不定，可由兩個月至一年，視工作需要及內容而定。

(三)流程

交換訓練之作業流程如**圖6-9**所示。

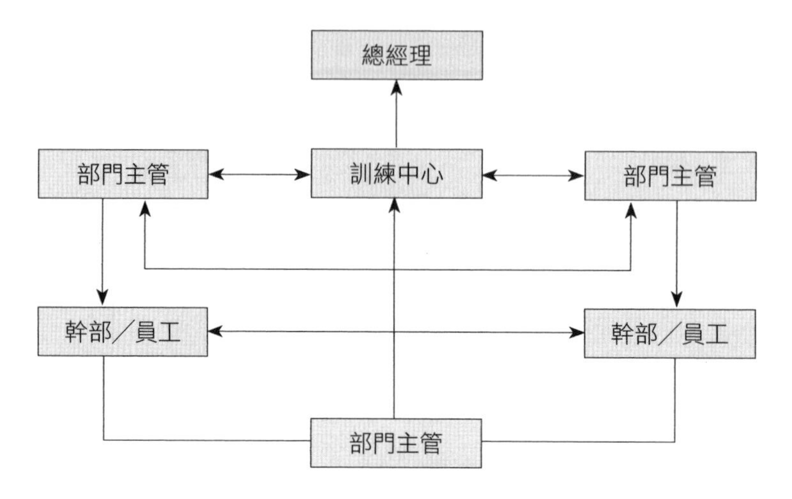

圖6-9　交換訓練之作業流程圖

五、儲備人員訓練（Management Trainee Program）

(一)安排

每年配合大專院校（及研究所）畢業時期公開招考。參加者經智力測驗、英語口試及儀表、潛力、專業志趣等面談與觀察後，公司視實際需要選定五人左右作為儲備人員，目的在培養未來之幹部或主管。訓練之安排根據儲備人員之性向，在一年期間內分別到各部門訓練，除了觀察、學習工作內容外，並應參與實際作業與服務，以期能獲得學以致用之效果。

安排之方法可分散如**表6-2**。

表6-2　儲備人員訓練安排參考表

員工	部門順序安排
甲員	客房部→餐飲部→後勤部門
乙員	餐飲部→後勤部門→客房部
丙員	後勤部門→客房部→餐飲部

(二)流程

受訓期間內應定期提出受訓報告；訓練部門或教師（Trainers）亦應提出訓練報告，送交訓練部轉訓練委員會，同時隨時接受訓練部之面談，以瞭解其學習是否有何困難及進步情形。倘發現儲備人員不適合預期之發展，則固定在某一職位上或予以勸告轉業。儲備人員除了接受訓練部門訓練外，若遇訓練部辦理有關訓練，如基層幹部訓練時，應參與其課程之講習，以增加專業及管理知識。儲備人員訓練之工作流程如**圖6-10**。

六、國外訓練

(一)對象

為培養專職人才，公司視實際特選派有潛力而計劃長期從事本行業之主管、幹部或員工，前往國外參加學術機構或同業公司接受訓練。主管、幹部或員工本身對是項訓練具有志趣者亦可提出申請，經公司核定後，出國接受訓練。由員工提出時必須再經所屬部門主管推薦。

姊妹公司得基於實際需要，經雙方談妥後互派人員至對方公司受訓練。

(二)相關資訊

1.訓練內容：參加學術機構訓練者，根據國外寄來之簡章，選定所修

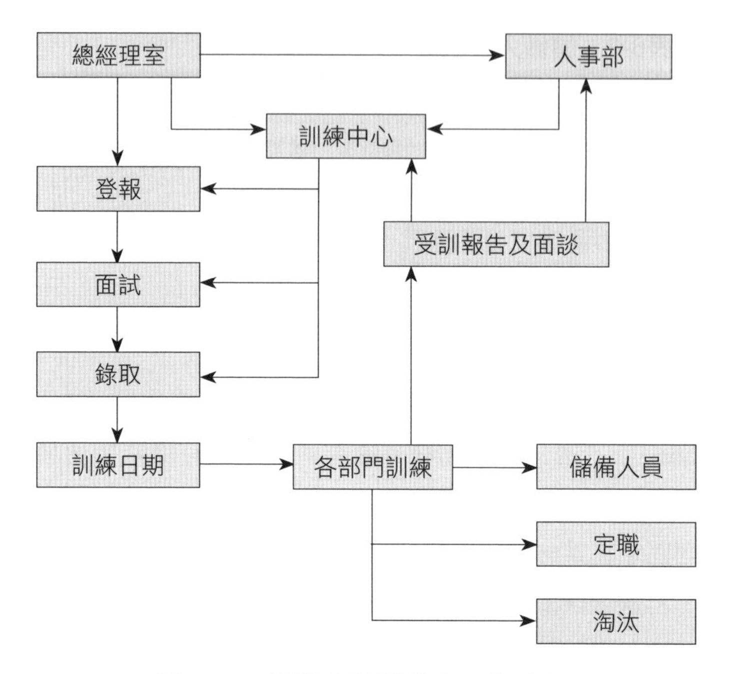

圖6-10　儲備人員訓練之工作流程

之課程，提出申請參加同業訓練者，根據公司之需要或個人之志趣，在類似部門、相關部門或其他部門接受訓練。

2.訓練方式：參加學術機構訓練者，有課堂講解及實習；參加同業訓練者，注重觀察、記錄、討論，及從事工作場所之實際工作。

3.訓練時間：公司得視訓練性質，決定公假、半公半私，或完全屬個人之假期（如留職停薪或利用個人年度特別休假等），期間之長短亦根據訓練之內容而定。

4.訓練費用：包括旅費（分交通、旅館房租、餐飲、洗衣、計程車）、電話、電訊、郵資、學費、零用金等，乃依訓練性質分別決定公費及自費部分，出國前應提出出國費用申請，於結訓回國後結帳（會計部）。

5.受訓報告：所有接受國外訓練者，回國後應填報受訓報告或心得，送訓練部轉訓練委員會呈總經理核閱。

6.服務：凡接受公費全費或部分費用者，出國前應簽訂回國服務年限（自費出國依商談結果而定），期間由公司決定，服務未達規定期間者依全部費用按期間比例（月份計算）於離職前賠償公司。

(三)流程

國外訓練作業流程如**圖6-11**所示。

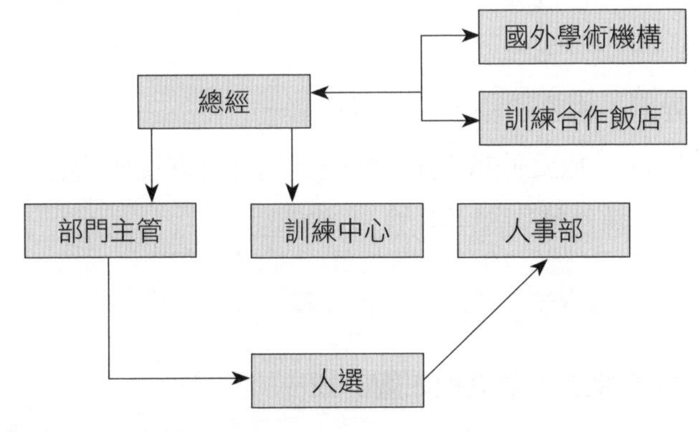

亦可辦理交換訓練

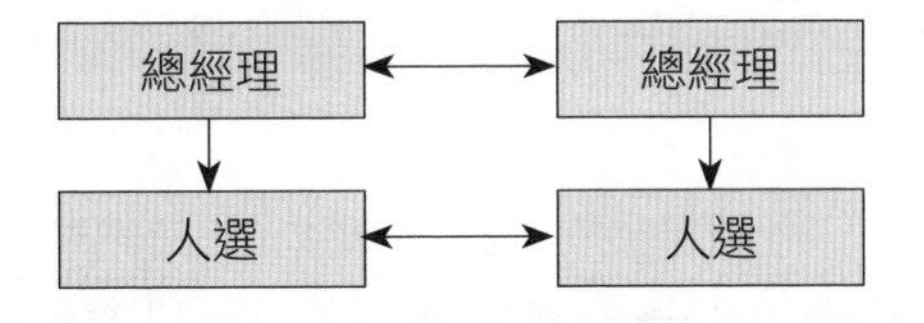

圖6-11　國外訓練流程圖

七、外送訓練

(一)對象

外送之訓練係根據各企業管理顧問公司所舉辦或學術機構，或政府舉辦專業課程，有關知識或技能訓練，或語言班之簡章或通知，經公司（訓練中心）會同有關部門主管，推薦人選呈請總經理核定後派員。

(二)相關資訊

1.受訓時間：有日間及夜間，公假或私假視受訓課程而定，由公司決定。
2.受訓費用：由公司決定公費或自費。
3.受訓報告：凡公假或公費者，於受訓結束後應提出受訓報告或心得，送訓練部轉訓練委員會呈總經理。

(三)流程

辦理外界訓練之作業流程如**圖6-12**。

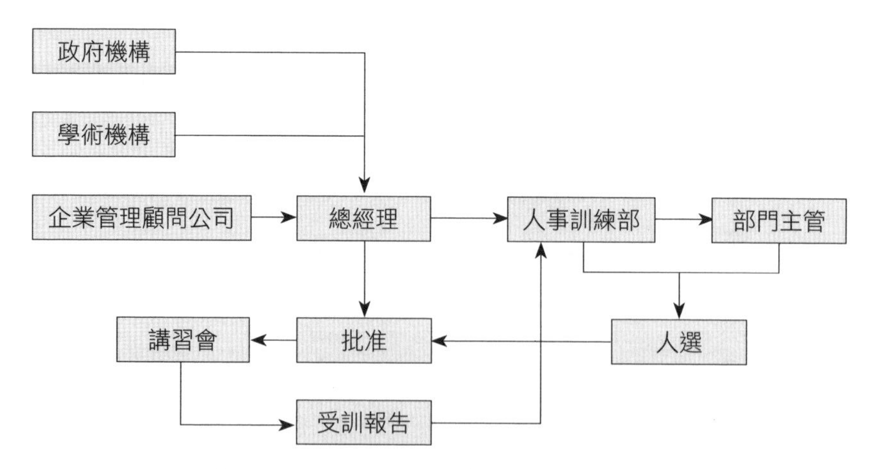

圖6-12　辦理外界訓練之作業流程圖

八、部門主管研討會（Department Heads Seminar）

(一)目的

為增進部門主管之經營管理知識與能力，加強管理，每月舉辦兩次研討會，由總經理主持，時間在一至兩小時為原則。

(二)課程內容

課程內容以專題式為主，每次由訓練部或部門主管，就經營管理上具有借鏡價值之專論，提供總經理考慮核准決定。另外專論參考題目如**表6-3**所示，**表6-4**為「組織氣候」問卷。

表6-3　部門主管研討會專論參考題目

科目	科目
銷售與市場研究	領導團體動力學
會計、財務、成本觀念	協談與輔導
員工士氣（敬業精神）如何提高	旅館內之溝通（個人與團體）協調
協談與輔導	經營型態自我測驗與討論

表6-4　組織氣候問卷

項目	項目
授權問題	未來之競爭
做一部門主管之資格	團體工作之建立
組織內之決策	領導者與被領導者關係
旅館紀律	工作結構
團體生活之適應性	職位力量等之建立
主管之時間運用	個體與團體之診斷

(三)流程

部門主管研討會之作業流程如**圖6-13**。

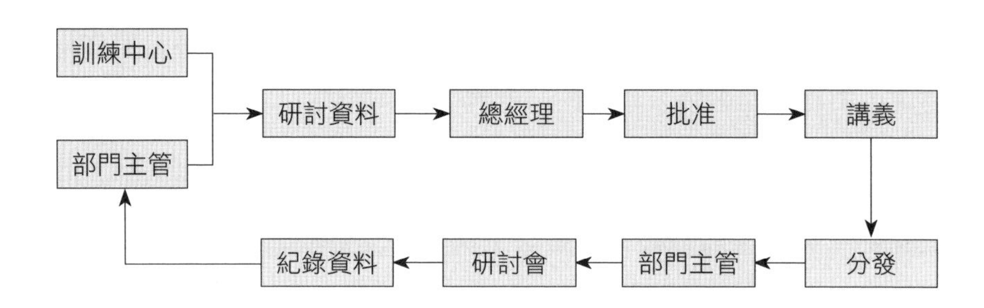

圖6-13　部門主管研討會之作業流程圖

九、演講座談

(一)重點

舉辦此項活動，仍應以任務目的為中心，淺擬計畫，擬訂主題綱要及子目，洽定主持人、時間、場地及參與對象，依計畫通知按期實施。

(二)參考主題

參考主題如下：

1.外籍旅客之難題處理。
2.食品（餐飲）業之衛生。
3.醫藥與急救。
4.旅館安全與消防。
5.旅館市場分析。
6.觀光事業有關法律常識。

7.國際禮儀。

8.時事分析。

9.女性衛生常識。

10.化妝、布置裝飾等常識。

11.生活情趣有關之主題。

12專業影片之放映等。

(三)研討方式

由訓練中心將經決定之專論印成資料，事先印發給部門主管研讀，然後再帶至研討會研討。舉行之方式為先作專論之簡介，然後填寫問卷、討論、比較實際作業扮演角色、結論及應用等。會中盡量保持輕鬆而認真的氣氛，最好有中間休息及茶點供應，並准許抽菸。研討會後作成紀錄，印成參考資料分發部門主管以資參考。

附錄6-1 新進人員訓練課程

餐飲部新進人員訓練課程範例

天數		第一天	第二天	第三天
時間		08:30～12:30	08:30～12:30	08:30～12:30
上午	課程內容	訓練目的與開始工作的介紹	餐飲服務準則 餐飲衛生與安全	餐飲服務流程與演練
		餐廳與廚房組織介紹	待客禮儀及注意事項	餐飲服務流程與演練
		服務生（員）工作職掌介紹	餐飲服務基本用語（英語）	餐廳各種單據使用介紹
時間		13:30～18:00	13:30～18:00	13:30～18:00
下午	課程內容	餐廳器皿名稱介紹與持放處理	基本技能演練（更換技巧）	餐飲基本知識介紹
		餐飲運用演練（傳遞、運送）	基本技能演練（擺設技巧）	複習基本技能
		餐飲運用演練（傳遞、運送）與服務飲料	基本技能演練（摺口布）	複習基本技能

附錄6-2　新生訓練課程內容參考

Introduction and Welcome介紹及歡迎

Attendance歡迎全體員工

Introduction of Trainer介紹主持人

Introduction of Employees歡迎各梯次新進員工

Welcome by General Manager總經理致歡迎詞

Welcome by Division Manager各部室主管歡迎全體員工

Products飯店產品簡介

Services飯店服務簡介

Objectives of Business營運方向

Planned Expansion未來展望

Goals for Improvement or Growth服務及產品目標

Issue Identification Badges, Name Tags, etc.分發名牌及員工手冊

History of The Company公司歷史沿革

Date Established創業日期

Founders創辦人

Type of Business營業項目

Product Lines產品種類

Growth-Volume, Employees營業量及人力增長

Parent Company/Owners母公司

Introduction to Management Staffs高級主管介紹

Board Chairperson董事長

President總經理

Vice-President副總經理

Directors and Department Managers部室協理及經理

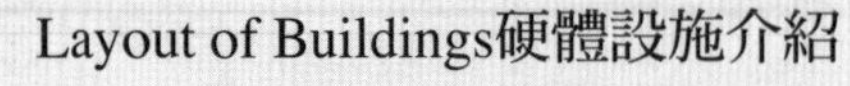

Layout of Buildings硬體設施介紹

Overall Building整體外觀

Structure建築結構

Floor Plants樓層介紹

Slides of All Functions各設施幻燈片介紹

Location of Employee Facilities員工設施介紹

Employee Parking Facilities員工停車場

Employee Entrance員工出入口

Time Clocks打卡鐘位置

Payroll Office總出納

Personnel Office人事部

Employee Dining Room員工餐廳

Medical Facilities員工醫療設施

Employee Restroom員工休息室

Employee Locker Rooms員工更衣室

Public Phones公共電話

Approved Smoking Areas員工吸菸室

Names and Functions of Departments各部室名稱及功能

Department Name各部室名稱

Department Manager or Director主管名稱

Purpose of Department部室成立之目的

Job Categories部室組織結構

Functions of Department部室工作職責分類

Relationship to Other Departments部室間之關聯

Employee Benefits員工福利

- Medical Insurance醫療保險
- Retirement退休制度
- Sick Pay病假
- Holiday Pay有薪假期
- Vacation Time年假
- Leave of Absence其他假期
- Discounts員工折扣
- Bonus獎金

Rules and Regulations人事章則規定

- Tour of Property/Plant飯店參觀
- Reception Area大廳
- Restaurants餐廳
- Supply Issue Area倉庫
- Function Rooms宴會廳
- Housekeeping Offices & Guest Rooms服務部辦公室及客房
- Payroll Department薪資出納
- Employee Lounges and Facilities員工休息及有關設施
- Customer or Guest Facilities and Services各個有關客用的設施

附錄6-3　櫃檯部／房務部／餐飲部在職進修培訓必修課程表

開對 課象	櫃檯部	房務部	餐飲部
接待員 清潔員 服務員	顧客心理與服務品質之提升 電話設備使用及用語禮節 接待組作業及注意事項 工商中心／郵電諮詢作業要點 總機室作業及注意事項 服務中心／機代作業及注意事項 C/O作業及注意事項 訂房作業與報表分析 客房之銷售技巧（Up-Selling） 客滿及特殊狀況處理	顧客心理與服務品質之提升 電話設備使用及用語禮節 房客遺留物處理注意事項 客衣送洗與洗衣房作業 客房整理標準作業程序 Master Key使用須知 房間類型及備品之認識 工作安全與消防常識 夜床服務與注意事項 化學清潔用品與工具使用保養	顧客心理與服務品質之提升 電話設備使用及用語禮節 準備工作／結帳與送客要點 餐桌服務種類及技巧 餐飲安全衛生常識 中式餐飲服務技能 西式餐飲服務技能 酒類知識(I)：桌邊促銷 酒類知識(II)：基本調酒技巧
副組長 B領班	／	／	餐廳設備維護與保養技巧 生財器具庫存與盤點技巧 中式菜餚認識與配菜技巧 西式菜餚認識與配菜技巧 宴會服務流程暨外燴作業
領班組長 樓層領班 A領班	基層管理者之角色與職責 溝通技巧 顧客抱怨之處理與分析 緊急救護與意外傷害之防止 Part Time員工之運用與管理 各相關部門協調作業實務 Briefing作業注意事項 查房作業（H/K Report）與特殊狀況處理 客房成本分析	基層管理者之角色與職責 溝通技巧 顧客抱怨之處理與分析 緊急救護與意外傷害之防止 Part Time員工之運用與管理 各相關部門協調作業實務 Briefing作業注意事項 查房作業（H/K Report）與特殊狀況處理 客房成本分析	基層管理者之角色與職責 溝通技巧 顧客抱怨之處理與分析 緊急救護與意外傷害之防止 Part Time員工之運用與管理 各相關部門協調作業實務 Briefing作業注意事項 餐飲成本控制

開課對象	櫃檯部	房務部	餐飲部
副主任 副總領班 單位副理	員工投訴與心理分析 利潤中心制度 節約能源與緊急應變處理	員工投訴與心理分析 利潤中心制度 節約能源與緊急應變處理	員工投訴與心理分析 利潤中心制度 節約能源與緊急應變處理 餐廳業務與企劃 應徵員工面談技巧 促銷策略暨活動設計執行 預算制定與財務報表分析 勞工安全衛生法規 勞工法令（勞基法）之認識
主任 總領班 單位經理	國內外經濟環境產業趨勢 旅館市場行銷與價格政策 觀光旅館現況分析 公司經營目標計畫與策略 觀光法令 應徵員工面談技巧 促銷策略暨活動設計執行 預算制定與財務報表分析 勞工安全衛生法規 勞工法令（勞基法）之認識	國內外經濟環境產業趨勢 旅館市場行銷與價格政策 觀光旅館現況分析 公司經營目標計畫與策略 觀光法令 應徵員工面談技巧 促銷策略暨活動設計執行 預算制定與財務報表分析 勞工安全衛生法規 勞工法令（勞基法）之認識	國內外經濟環境產業趨勢 旅館市場行銷與價格政策 觀光旅館現況分析 公司經營目標計畫與策略 觀光法令 餐飲生鮮食品採購管理實務 人性管理暨領導統御
副理	人性管理暨領導統御 目標管理／績效考核 協調溝通與授權之藝術 如何激發員工士氣和向心力	人性管理暨領導統御 目標管理／績效考核 協調溝通與授權之藝術 如何激發員工士氣和向心力	目標管理／績效考核 協調溝通與授權之藝術 如何激發員工士氣和向心力

附錄6-4　各部門訓練課程

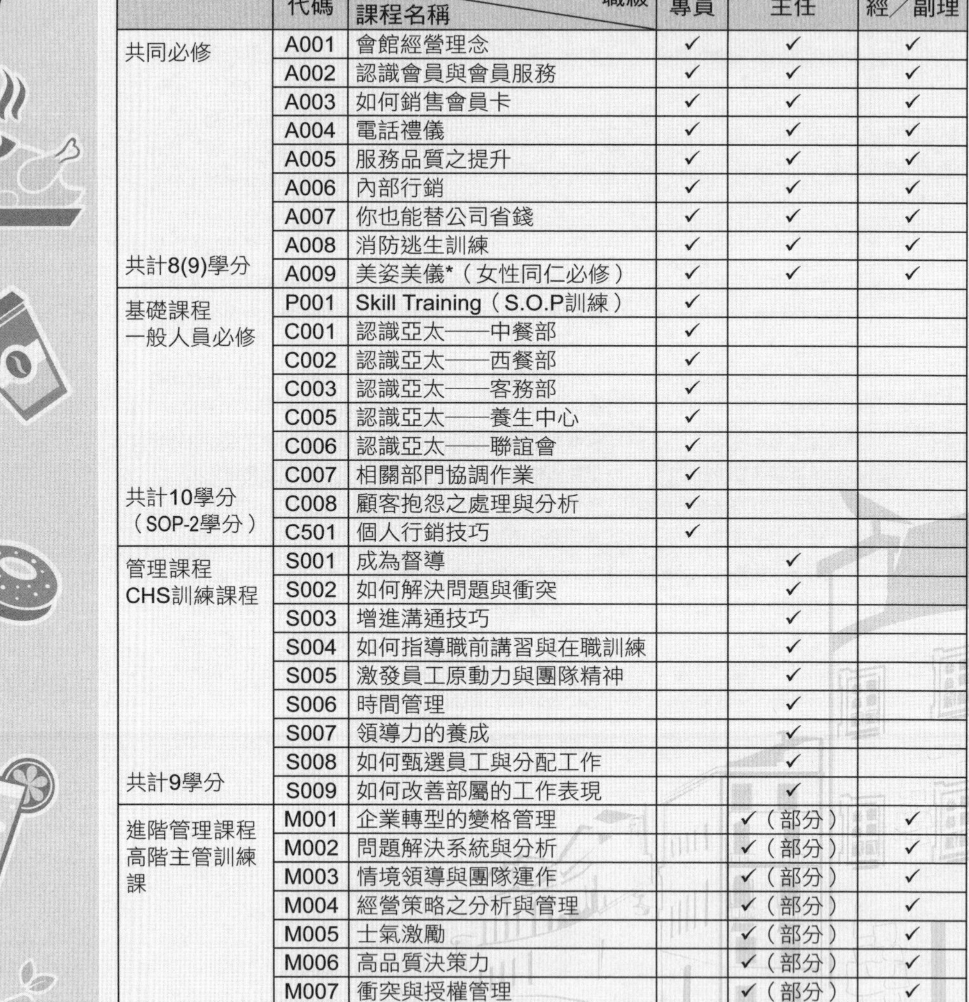

行銷業務部&會務部各級人員培訓課程一覽表

	代碼	職級／課程名稱	專員	主任	經／副理
共同必修	A001	會館經營理念	✓	✓	✓
	A002	認識會員與會員服務	✓	✓	✓
	A003	如何銷售會員卡	✓	✓	✓
	A004	電話禮儀	✓	✓	✓
	A005	服務品質之提升	✓	✓	✓
	A006	內部行銷	✓	✓	✓
	A007	你也能替公司省錢	✓	✓	✓
	A008	消防逃生訓練	✓	✓	✓
共計8(9)學分	A009	美姿美儀*（女性同仁必修）	✓	✓	✓
基礎課程 一般人員必修	P001	Skill Training（S.O.P訓練）	✓		
	C001	認識亞太——中餐部	✓		
	C002	認識亞太——西餐部	✓		
	C003	認識亞太——客務部	✓		
	C005	認識亞太——養生中心	✓		
	C006	認識亞太——聯誼會	✓		
	C007	相關部門協調作業	✓		
共計10學分	C008	顧客抱怨之處理與分析	✓		
（SOP-2學分）	C501	個人行銷技巧	✓		
管理課程 CHS訓練課程	S001	成為督導		✓	
	S002	如何解決問題與衝突		✓	
	S003	增進溝通技巧		✓	
	S004	如何指導職前講習與在職訓練		✓	
	S005	激發員工原動力與團隊精神		✓	
	S006	時間管理		✓	
	S007	領導力的養成		✓	
	S008	如何甄選員工與分配工作		✓	
共計9學分	S009	如何改善部屬的工作表現		✓	
進階管理課程 高階主管訓練課	M001	企業轉型的變格管理		✓（部分）	✓
	M002	問題解決系統與分析		✓（部分）	✓
	M003	情境領導與團隊運作		✓（部分）	✓
	M004	經營策略之分析與管理		✓（部分）	✓
	M005	士氣激勵		✓（部分）	✓
	M006	高品質決策力		✓（部分）	✓
	M007	衝突與授權管理		✓（部分）	✓
	M008	人員甄選與培育		✓（部分）	✓
	M009	預算編列與控制		✓（部分）	✓
	M010	績效考核與面談		✓（部分）	✓
	M011	談判策略與說服技巧		✓（部分）	✓
共計12學分	M012	行銷觀念與計畫		✓（部分）	✓

客戶服務部（客務部各級人員培訓課程一覽表）

	代碼	職級 課程名稱	一般人員	組長／大廳副理	經／副理
共同必修	A001	會館經營理念	✓	✓	✓
	A002	認識會員與會員服務	✓	✓	✓
	A003	如何銷售會員卡	✓	✓	✓
	A004	電話禮儀	✓	✓	✓
	A005	服務品質之提升	✓	✓	✓
	A006	內部行銷	✓	✓	✓
	A007	你也能替公司省錢	✓	✓	✓
共計8(9)	A008	消防逃生訓練	✓	✓	✓
學分	A009	美姿美儀*（女性同仁必修)	✓	✓	✓
基礎課程	P001	Skill Training（S.O.P訓練)	✓		
一般人員	C001	認識亞太——中餐部	✓		
必修	C002	認識亞太——西餐部	✓		
	C004	認識亞太——房務部	✓		
	C005	認識亞太——養生中心	✓		
共計10學	C007	相關部門協調作業	✓		
分	C008	顧客抱怨之處理與分析	✓		
（SOP-2	C301	客房成本分析			
學分）	C302	客房之銷售技巧			
管理課程	S001	成為督導		✓	
CHS訓練	S002	如何解決問題與衝突		✓	
課程	S003	增進溝通技巧		✓	
	S004	如何指導職前講習與在職訓練		✓	
	S005	激發員工原動力與團隊精神		✓	
	S006	時間管理		✓	
	S007	領導力的養成		✓	
	S008	如何甄選員工與分配工作		✓	
共計9學分	S009	如何改善部屬的工作表現		✓	
進階管理	M001	企業轉型的變格管理		✓（部分）	✓
課程	M002	問題解決系統與分析		✓（部分）	✓
高階主管	M003	情境領導與團隊運作		✓（部分）	✓
訓練課	M004	經營策略之分析與管理		✓（部分）	✓
	M005	士氣激勵		✓（部分）	✓
	M006	高品質決策力		✓（部分）	✓
	M007	衝突與授權管理		✓（部分）	✓
	M008	人員甄選與培育		✓（部分）	✓
	M009	預算編列與控制		✓（部分）	✓
	M010	績效考核與面談		✓（部分）	✓
共計12學	M011	談判策略與說服技巧		✓（部分）	✓
分	M012	行銷觀念與計畫		✓（部分）	✓

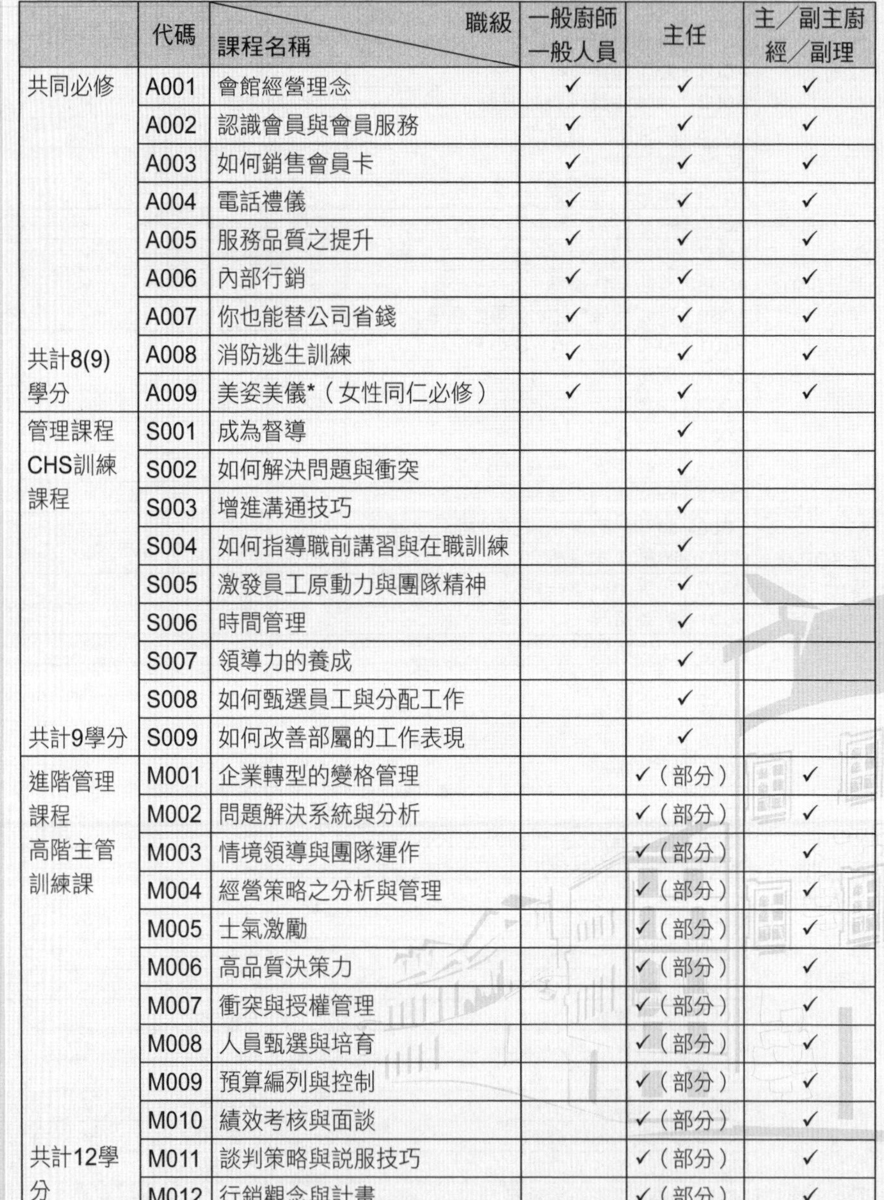

會員聯誼本部（廚房&餐務部各級人員培訓課程一覽表）

	代碼	職級／課程名稱	一般廚師一般人員	主任	主／副主廚經／副理
共同必修	A001	會館經營理念	✓	✓	✓
	A002	認識會員與會員服務	✓	✓	✓
	A003	如何銷售會員卡	✓	✓	✓
	A004	電話禮儀	✓	✓	✓
	A005	服務品質之提升	✓	✓	✓
	A006	內部行銷	✓	✓	✓
	A007	你也能替公司省錢	✓	✓	✓
共計8(9)	A008	消防逃生訓練	✓	✓	✓
學分	A009	美姿美儀*（女性同仁必修）	✓	✓	✓
管理課程	S001	成為督導		✓	
CHS訓練	S002	如何解決問題與衝突		✓	
課程	S003	增進溝通技巧		✓	
	S004	如何指導職前講習與在職訓練		✓	
	S005	激發員工原動力與團隊精神		✓	
	S006	時間管理		✓	
	S007	領導力的養成		✓	
	S008	如何甄選員工與分配工作		✓	
共計9學分	S009	如何改善部屬的工作表現		✓	
進階管理	M001	企業轉型的變格管理		✓（部分）	✓
課程	M002	問題解決系統與分析		✓（部分）	✓
高階主管	M003	情境領導與團隊運作		✓（部分）	✓
訓練課	M004	經營策略之分析與管理		✓（部分）	✓
	M005	士氣激勵		✓（部分）	✓
	M006	高品質決策力		✓（部分）	✓
	M007	衝突與授權管理		✓（部分）	✓
	M008	人員甄選與培育		✓（部分）	✓
	M009	預算編列與控制		✓（部分）	✓
	M010	績效考核與面談		✓（部分）	✓
共計12學	M011	談判策略與說服技巧		✓（部分）	✓
分	M012	行銷觀念與計畫		✓（部分）	✓

會員聯誼本部（餐廳外場各級人員培訓課程一覽表P.1）

	代碼	職級 課程名稱	服務生	領班	主任／總領班	經／副理
共同必修	A001	會館經營理念	✓	✓	✓	
	A002	認識會員與會員服務	✓	✓	✓	
	A003	如何銷售會員卡	✓	✓	✓	
	A004	電話禮儀	✓	✓	✓	
	A005	服務品質之提升	✓	✓	✓	
	A006	內部行銷	✓	✓	✓	
	A007	你也能替公司省錢	✓	✓	✓	
共計8(9)	A008	消防逃生訓練	✓	✓	✓	
學分	A009	美姿美儀*（女性同仁必修）	✓	✓	✓	
基礎必修	P001	Skill Training（S.O.P訓練）	✓			
服務生必修	C101	餐飲從業員應有的心態	✓			
	C102	餐廳服務種類介紹	✓			
	C103	中式餐飲服務禮儀暨流程介紹	✓			
	C104	西式菜餚認識與配菜技巧	✓			
	C105	西式餐飲服務禮儀暨流程介紹	✓			
	C106	飲料認識(I)	✓			
共計14學分	C107	清潔劑之認識	✓			
（SOP-2學	C108	餐飲設備維護與保養技巧	✓			
分）	C109	生財器具庫存與盤點技巧	✓			
（英語課2	C110	餐飲安全衛生常識	✓			
學分）	E001	餐飲英語(I)	✓			
進階課程	C111	中式菜餚認識與配菜技巧		✓		
領班必修	C112	開立菜單、結帳要點與技巧		✓		
	C113	飲料認識(II)		✓		
	C114	雪茄介紹		✓		
	C115	餐飲成本控制		✓		
	C116	領導統禦		✓		
	C117	溝通技巧		✓		
	C007	相關部門協調作業		✓		
	C008	顧客抱怨之處理與分析		✓		
	C009	緊急救護與意外傷害		✓		
	C118	簡報技巧		✓		
	C119	臨時工之運用與管理		✓		
	C010	如何維持顧客關係		✓		
共計16學分	C120	如何降低破損率		✓		
	E002	餐飲英語(II)		✓		

會員聯誼本部（餐廳外場各級人員培訓課程一覽表P.2）

	代碼	職級 課程名稱	服務生	領班	主任／總領班	經／副理
管理課程 CHS訓練課程	S001	成為督導			✓	
	S002	如何解決問題與衝突			✓	
	S003	增進溝通技巧			✓	
	S004	如何指導職前講習與在職訓練			✓	
	S005	激發員工原動力與團隊精神			✓	
	S006	時間管理			✓	
	S007	領導力的養成			✓	
共計9學分	S008	如何甄選員工與分配工作			✓	
	S009	如何改善部屬的工作表現			✓	
階管理課程 高階主管訓練課	M001	企業轉型的變格管理			✓（部分）	
	M002	問題解決系統與分析			✓（部分）	
	M003	情境領導與團隊運作			✓（部分）	
	M004	經營策略之分析與管理			✓（部分）	
	M005	士氣激勵			✓（部分）	
	M006	高品質決策力			✓（部分）	
	M007	衝突與授權管理			✓（部分）	
	M008	人員甄選與培育			✓（部分）	
	M009	預算編列與控制			✓（部分）	
	M010	績效考核與面談			✓（部分）	
共計12學分	M011	談判策略與説服技巧			✓（部分）	
	M012	行銷觀念與計畫			✓（部分）	

後勤單位各級人員培訓課程一覽表

	代碼	職級／課程名稱	一般人員	專員	主任／科長	經／副理
共同必修	A001	會館經營理念	✓	✓	✓	✓
	A002	認識會員與會員服務	✓	✓	✓	✓
	A003	如何銷售會員卡	✓	✓	✓	✓
	A004	電話禮儀	✓	✓	✓	✓
	A005	服務品質之提升	✓	✓	✓	✓
	A006	內部行銷	✓	✓	✓	✓
	A007	你也能替公司省錢	✓	✓	✓	✓
	A008	消防逃生訓練	✓	✓	✓	✓
共計8(9)學分	A009	美姿美儀*（女性同仁必修）	✓	✓	✓	✓
基礎課程 全體必修 共計15學分 （SOP-2學分） （電腦課2學分）	P001	Skill Training（S.O.P訓練)	✓	✓		
	C601	電腦課程——M. S. Word	✓	✓		
	C602	電腦課程——M. S. Excel	✓	✓		
	C603	電腦課程——M. S. PowerPoint	✓	✓		
	C604	電腦課程——M. S. Access	✓	✓		
	C605	電腦課程——網路	✓	✓		
	C007	相關部門協調作業	✓	✓		
管理課程 CHS訓練課程	S001	成為督導			✓	
	S002	如何解決問題與衝突			✓	
	S003	增進溝通技巧			✓	
	S004	如何指導職前講習與在職訓練			✓	
	S005	激發員工原動力與團隊精神			✓	
	S006	時間管理			✓	
	S007	領導力的養成			✓	
	S008	如何甄選員工與分配工作			✓	
共計9學分	S009	如何改善部屬的工作表現			✓	
進階管理課程 高階主管訓練課	M001	企業轉型的變格管理			✓（部分）	✓
	M002	問題解決系統與分析			✓（部分）	✓
	M003	情境領導與團隊運作			✓（部分）	✓
	M004	經營策略之分析與管理			✓（部分）	✓
	M005	士氣激勵			✓（部分）	✓
	M006	高品質決策力			✓（部分）	✓
	M007	衝突與授權管理			✓（部分）	✓
	M008	人員甄選與培育			✓（部分）	✓
	M009	預算編列與控制			✓（部分）	✓
	M010	績效考核與面談			✓（部分）	✓
	M011	談判策略與說服技巧			✓（部分）	✓
共計12學分	M012	行銷觀念與計畫			✓（部分）	✓

附錄6-5　實習訓練評估報告

□新進人員　　□在職人員　　□儲備人員

實習員：＿＿＿＿＿＿＿　職稱：＿＿＿＿＿＿＿

實習單位：＿＿＿＿＿＿＿　實習日期：＿＿＿＿＿＿＿

指導員：＿＿＿＿＿＿＿　指導員職稱：＿＿＿＿＿＿＿

評估 項目／表現	一般 水準 以上	一般 水準	一般 水準 以下	評估 項目／表現	一般 水準 以上	一般 水準	一般 水準 以下
1.出席狀況				11.服從性及合作性			
2.服裝儀容				12.耐性及助益性			
3.禮貌				13.主動及積極性			
4.學習態度				14.機智及領導能力			
5.理解能力				15.計劃及組織能力			
6.表達能力				16.獨立作業能力			
7.溝通能力				17.正常情況工作量			
8.專業能力				18.工作效率完整性			
9.參與感				19.人際關係			
10.責任感				20.一般品行			

該員整體表現：□水準以上（100～86）　□水準以下（75～60）
□一般水準（85～76）　□不適任（59～0）

該員整體分數：

※ 單項考核在一般水準以下，請詳述該項評估：

考核總評：

指導員簽名：　　日期：

見習部門主管審閱：　　日期：

人資室審閱：　　日期：

附錄6-6　餐飲部實習執行表

儲備幹部（姓名）：＿＿＿＿＿＿＿＿ 餐飲部實習執行表（一）餐廳外場
（Management Trainee）單位：☐ 咖啡廳 ☐ 中餐廳 ☐ 西餐廳 ☐ 宴會廳

實習類別	實習日期	實習項目	打勾	實習指導員簽名	實習單位主管簽名	備註
基層人員	/	餐廳整體介紹：（A）組織架構	☐			
	/	（B）服務型態	☐			
	/	（C）工作區域的認識	☐			
	/	服務技能操作：（A）擺設	☐			
	/	（B）菜單認識	☐			
	/	（C）倒茶水技巧	☐			
	/	（D）更換菸灰缸技巧	☐			
	/	（E）分菜叉匙的拿法	☐			
	/	（F）分菜叉匙的操作	☐			
	/	（G）布巾領送	☐			
	/	（H）餐具擦拭保養	☐			
	/	服務流程：（A）接待	☐			
	/	（B）服務員準備工作	☐			
	/	（C）STAND BY	☐			
	/	（D）上菜	☐			
	/	（E）分菜技巧	☐			
	/	（E）收拾清理桌面	☐			
	/	（F）跑菜	☐			
	/	（G）酒單認識	☐			
	/	（H）飲料服務方式	☐			
	/	作業安全	☐			
	/	清潔衛生	☐			

部門主管簽名：＿＿＿＿＿＿＿＿　訓練中心主管簽名：＿＿＿＿＿＿＿＿

儲備幹部（姓名）：＿＿＿＿＿＿＿＿ 餐飲部實習執行表（一）餐飲部辦公室
（Management Trainee）

實習類別	實習日期	實習項目	打勾	實習指導員簽名	實習單位主管簽名	備註
餐飲部辦公室	/	餐飲部：（A）組織架構	☐			
	/	（B）服務型態	☐			
	/	（C）工作區域的認識	☐			
	/	（D）辦公室行政作業	☐			
	/	餐飲業務代表：（A）工作職掌	☐			
	/	（B）業務拜訪準備工作	☐			
	/	（C）業務拜訪聯繫	☐			
	/	（D）執行業務拜訪	☐			
	/	（E）拜訪後追蹤及建檔	☐			
	/	（F）宴席相關聯繫工作	☐			
	/	（G）外燴業務	☐			
	/	洗滌器皿：（A）餐飲器皿保養維護作業	☐			
	/	（B）餐飲器皿清潔程序	☐			
	/	（C）洗滌設備認識	☐			
	/	（D）洗潔劑操作使用	☐			
	/	清潔組：（A）責任區域	☐			
	/	（B）工作範圍	☐			
	/	（C）餐飲清潔要點	☐			
	/	（D）夜間清潔	☐			
	/	作業安全	☐			

部門主管簽名：＿＿＿＿＿＿＿＿ 訓練中心主管簽名：＿＿＿＿＿＿＿＿

附錄6-7　新進人員訓練執行表

□正職服務生　　□建教合作實習生

單位：西餐廳（自助餐式）

姓名：________________　　　　試用期間：自________________至____________

週別	學習項目（訓練內容）	執行情形	指導員簽名	評語／備註
一	1.認識會館環境 2.工作環境介紹，主管、同事認識 3.人事管理規章暨一般規定 4.瞭解營業時間及價格 5.器皿、備品認識、用途及擺放位置 6.桌號認識	□ □ □ □ □ □		
二	1.托盤之使用 2.如何Stand By及服務用語 3.如何倒冰水 4.器皿持拿方式（盤子、杯子、餐具） 5.餐桌基本擺設（胡椒鹽等） 6.如何擺設桌面基本餐具 7.如何收拾及整理桌面 8.送洗之餐具如何分類	□ □ □ □ □ □ □ □		
三	1.如何倒咖啡、茶 2.咖啡、茶如何續杯 3.蛋糕種類、尺寸及價格之認識 4.香菸銷售種類及價錢 5.如何補充牙籤 6.如何整理補充糖包 7.如何領飲料	□ □ □ □ □ □ □		
四	1.如何帶位 2.如何安排訂位 3.如何迎賓及送客 4.停車場收費及停車券優待標準 5.Deli Shop麵包之包裝、售價及擺設 6.如何開立Deli Shop之Order單 7.如何結Deli Shop之帳款	□ □ □ □ □ □ □		
	1.菜單認識——甜點、飲料 2.如何取自助餐檯之碎冰 3.如何點火罐頭	□ □ □		

週別	學習項目（訓練內容）	執行情形	指導員簽名	評語／備註
五	4.如何叫菜補菜 5.如何收回火罐頭 6.如何收餐檯之食物及配備 7.如何整理清潔擺設餐檯 8.菜卡如何整理	□ □ □ □ □		
六	1.菜單認識——開胃菜、湯、沙拉 2.如何擺設桌面單點餐具 3.如何整理各區之工作檯 4.如何送冷飲	□ □ □ □		
七	1.菜單認識——主菜 2.如何擺設桌面單點餐具 3.如何送熱飲 4.如何遞菜單	□ □ □ □		
八	1.蛋類烹調之種類 2.Dressing之種類 3.基本Sauce之認識 4.調味料認識 5.如何製作單點咖啡	□ □ □ □ □		
九	1.Order單認識 2.如何開單及送單 3.上菜順序 4.如何上菜 5.如何服務紅白酒	□ □ □ □ □		
十	複習一～三週所學	□		
十一	複習四～六週所學	□		
十二	1.複習七～九週所學 2.試用期滿進行測試	□ □		

注意事項：1.新進人員於分發單位第一天將「訓練執行表」呈交單位主管。
2.單位主管指派訓練員依據訓練進度表之項目及進度，確實指導新進人員。
3.訓練員須依照作業手冊之準則，確實指導新進人員各項訓練內容。
4.訓練員應隨時注意新進人員的各項學習進度。
5.訓練員於每位新進人三個月正式錄用後，將「訓練進度表」呈交單位主管，單位主管連同「新進人員試用期滿考核表」送交人資室。

單位主管：____________________ 日期：____________________

個案研究──教育訓練與離職率

總經理Scott請客房部經理Peter辦公室討論飯店的營運。Scott擔心客房業績沒有太多的成長，但是房務的人事成本卻上升了超過5%，請Peter檢討後再向他報告。Peter離開總經理辦公室後，隨即找了房務部的主管來討論問題所在。

房務部經理Rose說：每個房務員每天可以完成17間房間的打掃應該已是極限，當然也在評估透過簡化流程可以做到22間房間，只是沒有方法確定每間房間都能清理得很乾淨，我們也不希望客人抱怨房間不乾淨。

房務領班Jane說：只要給我們比較少的房間整理，就不會有問題了……

Peter坐在辦公桌前，拿出過去的分析資料、部門生產力標準報表來研究，資料顯示每個房間大約需要花費25分鐘打掃，他開始分析飯店有多少房間，房務員實際應該需要花費多久時間來打掃？

經過半個小時的分析後整理出以下的資訊：

1. 有50%以上的房務員可以達到且甚至超過飯店所設定的標準。
2. 有70%的房務員平均每天可清理17間客房，而長期平均下來每間客房需花費28分鐘整理（勉強符合標準或不到標準），未達標準的員工大多是新進員工。
3. 在過去的十個月內，在標準以下的員工有較高的離職率。

因此Peter打算先向總經理解釋人力成本增加的原因在於未有完整的在職訓練，人員流動率過高，亦是造成服務品質欠佳與成本成長的原因。Peter更想建議總經理提撥更多經費來訓練員工，這樣才能有效的提高員工績效，他的建議包括：

1.建立生產力標準與修正SOP，讓新聘員工能符合公司的期望。

2.提供更多資源給予訓練部門，用來訓練新進與在職員工。

3.人力資源部要能與客房部做好充分的配合來找到合適的員工。

4.藉由良好的訓練機制，讓房務員可以在三十天內提升效率；並開除無法在三十天內達到標準的新進員工。

Peter也認為應該要好好運用部門內的資深員工，最理想的方式是讓那些可以達到飯店標準的資深員工去帶領新進人員或是還在訓練的員工，另外則是暫時先不增加員工的工作量。Peter認為雖然要面對總經理和部門員工的挑戰和反彈，但要解決問題就必須做出決策。最後Peter也想去問問其他飯店的朋友，有沒有其他的建議與做法……

問題探討

1.Peter還有哪些可以和Scott報告以及給房務員的答案？

2.如果你是房務員，你會建議如何處理？

3.如果你是總經理Scott，會希望Peter如何解決人力的問題，支持或是反對？

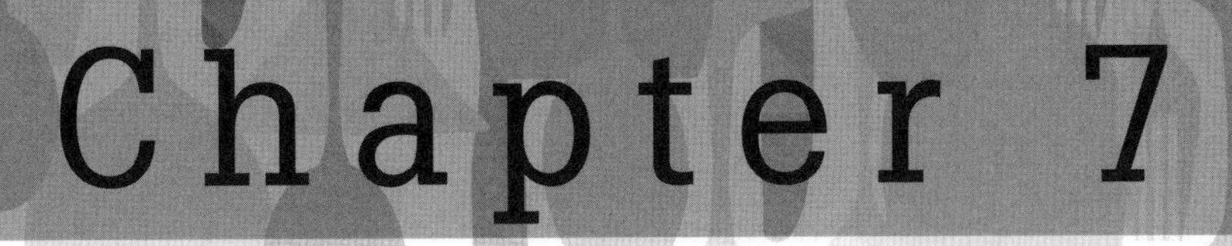

Chapter 7

績效評估與改善計畫

一、考核的目的與目標

二、人事考核之依據

三、人事考核之辦法

績效評估（Performance Appraisal），又稱績效評價或績效考核，員工考核績效評估是一種正式的員工評估制度，對餐旅從業人員之工作能力、工作表現、工作態度、發展潛力等，予以客觀、公正而有系統之評鑑。對員工在特定期間的工作成果之評價，藉以作為調薪、任免或晉升等人事決策之參考，或進一步作為工作輔導、決定訓練需求及員工生涯發展管理之依據，其在人力資源管理活動中，扮演著舉足輕重的角色。透過系統的方法、原理來評定和測量員工在職務上的工作行為和工作成果。績效評估是企業管理者與員工之間的一項管理溝通活動。績效評估的結果可以直接影響到薪酬調整、獎金發放及職務升降等諸多員工的切身利益。

一般而言，績效指標分成兩大類：量化績效指標與質化績效指標，量化指標通常指可以統計數據加以表示的指標，如單位成本、產出比例、投入產出比等，若以人力資源管理的角度，如房務人員的產值即是以完成房間打掃的時間為指標。關鍵績效指標（Key Performance Indicator, KPI）是指企業根據經營方向及策略所界定而得，據以判定經營績效的主要指標，許多公司都將KPI轉化為員工個人行為及成果的評估指標；質化指標則會涉及價值評斷的指標，通常會是以主觀感受加以表示，如顧客抱怨、顧客滿意水準、個案評鑑等。績效指標的設定應兼顧兩者。

人事考核為人力資源管理制度中的主要環節，與甄選、任用、薪資、獎懲、異動等相互為用，如果考核制度不健全，則其他人力資源管理工作亦難有所進展。所以要健全人事制度，則有賴於考核制度的完善及合理化，建立客觀、公正、公開的考核標準。

第一節　考核的目的與目標

一、目的

考核的目的就是在於提醒管理階層對績效考核應加以重視，且作為員工改進績效的依據。

二、目標

考核的重要目標如下：

(一)作為改進工作的基礎

考核的結果，可使員工瞭解自己工作的優缺點。優點可以讓員工提升工作上的滿足感和勝任感，使員工樂於從事該項工作，幫助員工愉快地適任其工作，並獲得成就感；至於績效考核所發現的缺點，能使員工瞭解自己在工作上的缺陷，進而加以改善，為了達到此效果，就必須考核者與被考核者的充分溝通，而所謂的面談，也應在考核後隨即進行，才能發揮最大功效。

(二)作為升遷調遣的依據

透過績效考核，可提供管理階層最客觀而正確的資料，以作為員工升遷調遣的依據。在考量升遷調遣的同時，也應將組織規劃與員工個人職涯發展，做好預估與安排，才不至於發生衝突與矛盾。另外績效考核亦可作為選用或留用員工的參考，更可用來淘汰不適任的員工。

(三)作為教育訓練的參考

績效考核的結果，亦可應用於教育與訓練上，一方面透過考核瞭解員工在技術與知能方面的不足，作為訂立再教育的參考，並可讓員工樂意接受在職訓練或職外訓練，再充實自我。

(四)作為薪資調整的標準

對於具有優異績效，一般績效或缺乏績效的員工，可分別決定其調薪的幅度。通常年度考核時，年資、經驗、教育背景等資料，與績效評估同為核定薪資的重要參考。

(五)作為獎懲回饋的基礎

公司可依據績效之優劣，訂定賞罰標準。工作績效優良者，加以獎賞；工作績效不佳者，應予以懲罰。同時員工可從而瞭解企業評估其績效的標準，而作適時的回應，修正其工作行為表現。

第二節　人事考核之步驟

為使人事考核做到公平、公正、公開，除了採取有效的考核方式外，考核的步驟如以下之說明：

一、定義工作

確定所有員工均同意公司所訂定之工作內容與工作標準，依其作為考核評估之標準。

二、評估績效

(一)成立考績評審委員會

考績評審委員會，由部門主管、資深或熟悉現場工作之幹部及績優員工代表組成之。委員會的任務為：訂定考核標準、各單位員工考績之評審、考績複審案件之受理、考核辦法之改進與建議。一般來說，則是由人力資源部門來統籌相關事宜。

(二)進行考核面談

每位員工之考核表，由其直屬單位主管按平時表現優劣，逐項與員工面談後評分，讓員工瞭解自己之工作表現，並對員工提出其工作之成就或應改進之處。

(三)各級主管核定

考績應以平時考核為依據，各級主管應對所屬同仁平日之工作、操行、學識、才能等密切注意，依公司核定層次，各級主管分層負責確實考評，並記錄於每月績效考評表上，作為年終辦理考績之重要參考資料。如遇所屬同仁調遷時，應將其平時考核手冊移送新職單位主管繼續考評。

(四)考核結果

考核結果經最高主管核定後，通知當事人，依其績效之優劣作適當之獎懲。如當事人對考核結果有異議時，應於規定時間內，向考績評審委員會申請複審。

三、提供回饋

績效評估通常需要向部屬提供回饋（Feedback），以對部屬的績效及進展加以討論。

第三節　人事考核之辦法

一、人事考核的注意事項

主管對所屬部屬績效之考核，應依照員工之職務、工作之性質、工作之環境及主管對員工之信賴度來評斷。人力資源部門則依需要，設計出合適的考核表，以考核員工之績效。

員工績效考核乃是對從業人員一年內工作績效之評核，雖然考核很難達到絕對公平，且亦可能引起主管與部屬間之不滿與紛爭，但人事考核仍是一項客觀衡量員工績效良窳的工具。但仍須注意的是在執行時，須注意力求考核方式的公平合理，不但要符合企業環境之需求，還要能發揮提升經營績效之正面效益，減少其負面影響。

二、考績表設計

在餐旅業中，考核評估表隨時都在使用，從新進人員試用期滿考核、各階層晉升考核，一直到年度考績表。針對考績表的設計，一般來說分成幾個部分：當然最主要的部分就是在於評量員工工作表現，以一般性問題（如品質、數量等）來評估。也有些公司會依部門或職等（一般員工與主管級）來設計不同的問題評核，評量的問題通常包括品質、生產

力、工作知識、操守與品格、忠誠度等問題。另外，考績表的內容還會包括員工年度的出缺勤與獎懲紀錄，可作為考績評比的加減分參考，還有些公司會將年資考慮進去，作為加分項目。如**附錄7-1**至**附錄7-4**為考核範例。

Tips——平衡計分卡

平衡計分卡（Balanced Scorecard, BSC）起源於九〇年代初期，由學者羅伯．科普朗（Robert S. Kaplan）和大衛．諾頓（David P. Norton）於1992年所提出的全方位策略管理制度，設計用來將企業願景、經營策略與行動方案連結的管理工具，其策略指標分別為企業財務面、顧客面、內部流程面及學習與成長四個構面。在平衡計分卡的四個構面中，學習與成長構面為其他構面的基礎，衡量的發展是其他構面的促動分子，如大樹的根，透過樹幹的內部流程通往分枝的顧客結果，最後達到枝繁葉茂的財務報酬，可視為一種全方位的績效衡量制度。

學習與成長構面可創造組織長期的進步與成長，確立組織必須建立的基礎架構。學習與成長構面的目標，為其他三個構面之宏大目標提供了基礎架構，亦驅使前面三個構面獲致卓越成果的動力。在此構面中，企業大都以三組核心的成果量度，衍生出它們的員工目標，然後再以特定情況的成果驅動因素，來補充這些核心的成果量度。企業核心的競爭力與作業流程改善，都必須依賴良好的學習與成長能力，以增進員工技能，維持競爭優勢。學習成長構面奠定每一個組織的策略基礎，這個構面的衡量項目基礎是最基本的前置指標，其代表組織的無形資產，因整合組織策略而創造價值。本質上，學習與成長構面是發展平衡計分卡的基礎，為組織改革的重點，實在應予重視。平衡計分卡之財務面、顧客面和內部流程面是企業成功的關鍵因素，而學習與成長構面則是創造組織長期的成長與進步所必須建立的基礎架構，亦是驅使前三個構面獲致卓越成果的動力。

從人力資源管理的角色來看，就是要鼓勵並驅使員工瞭解學習與成長的重要性。學習與成長構面最重要的關鍵在於如何創造使組織不斷創新和成長的環境與氣候，使之成為良性循環。而學習與成長是所有策略的基本骨幹，透過此構面，組織可將無形資產轉變成具體之效益。為了創造企業最佳的績效表現，必須依賴在學習與成長構面的無形資產之開發運用，以實踐企業所選擇的活動，並創造高價值的顧客關係。

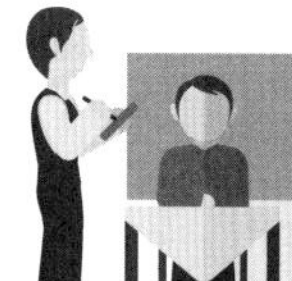

Tips——360度評鑑與回饋系統

360度回饋是一種「多元來源回饋」（Multiple-Source Feedback）技術，其針對特定個人，包含受評者自己在內的多位評量者來進行評鑑工作。參與評鑑的相關人員必須對受評者的工作表現擁有相當程度的觀察機會，以及對受評者的充分瞭解。這是一種結合直屬上司、同事、部屬及管理者本身及其周圍的人，甚至外部顧客等，進行多元且全面性之評鑑，以求得更為客觀的結果表現，並在評鑑後給予回饋。

有別於傳統績效評鑑的方式，360度回饋提供更多的評鑑來源，來輔助僅侷限於上司評鑑的績效評鑑方式，使績效評鑑結果更為客觀，真正反映受評者工作的績效。

通常直接主管為最佳的評鑑者（最具資格與觀察機會），但卻不代表以直接主管作為唯一的評鑑資訊來源是最正確的，因為至少還有四種可能的多元回饋資訊來源：自己、部屬、同儕及顧客，這些評鑑者分別站在不同的立場，因此能觀察到受評者的不同面向，使得回饋資訊更加豐富。

個案研究──改變、轉變大不易

Hans Hotels是一家中型的連鎖集團飯店，最近剛收購一家經營績效不佳的飯店Sun Hotel，打算找集團中對飯店重整最有經驗的Tim去做整頓。經過評估分析，Tim向集團總部表示，Sun Hotel的改善計畫中，目前最迫切的是對餐飲部的整頓，建議再由總部調派一位主管擔任餐飲部協理，以協助積弱不振的餐飲營運管理。總部人資經理Amy力薦目前在集團表現相當傑出與亮眼的明星──Bob，雖然Tim認為應該找更具抗壓力且有相關歷練的人選，但尊重Amy的意見。

Bob擁有相當亮眼的學歷，先在瑞士旅館學校學習實務，再到美國取得餐旅管理碩士學位，畢業之後就來到Hans Hotel參加儲備幹部培訓，不管是連鎖經營的標準作業流程或是飯店經營的管理方法都相當熟悉，並讓集團中一家已經穩定經營且有獲利的飯店的營利繼續成長，所以Amy希望Bob能將Sun Hotel做改變。

Tim給Bob的第一份工作就是一張餐飲部需要立即改善的清單：

1.餐廳的營運虧損──一定要在最短時間損益兩平。

2.進貨存貨的標準──存貨標準過高，但是員工仍時常抱怨貨物短缺不足。

3.餐點製作與品質──餐點品質缺乏一致性、份量大小不一、製作時間太久，使顧客等待過久。

4.環境衛生與安全──在廚房及用餐區時常不能達到所需標準。

5.機具設備的問題──廚房設備有些不能正常運作，大多數的器具與設備已老舊並需要維護，但只是聽到抱怨卻未改善。

6.顧客抱怨嚴重性──顧客常抱怨服務欠佳，導致旅館的業務人員不願帶客戶到旅館的餐廳用餐。

7.餐廳人力不足──經常性人手不足，尤其是在尖峰時段。

Tim告訴Bob，現在所面臨的問題主要是在管理團隊及第一線的服務人員。改變會讓現有的主管與員工們反對，但是像這樣管理不善的飯店，改變才能帶來轉機，我們不僅在這裡改變程序，並且我們正在改變飯店的整個文化。Tim希望Bob能在一個月後的主管會議中報告改善的狀況。

Bob整理思緒後，在餐飲部召開部門會議，宣布了幾項規定與標準：

1.提升餐飲服務品質與競爭力作為我們最重要的任務。

2.制定服務品質與工作規範，要求餐飲部每位員工皆須遵守。

3.教導服務人員解決顧客的恩怨。

4.不准在餐飲製作區及服務區食用任何食物，不收小費。

Bob採用比較強硬的手段與做法，若員工不願遵守，甚至會告訴員工不再僱用他。因為Bob的行事作風，讓員工們相當不滿，且不願意配合。過了一個月，餐廳的營收沒有明顯的成長、食材成本增加、人力不足問題沒有解決……。在Bob的管理下不僅是餐廳員工，連飯店管理團隊的其他成員也不太能接受Bob了。

討論問題

1.Bob擁有的背景及經驗可以幫助他在Sun Hotel成為成功的領導者嗎？

2.為何Tim會擔憂Bob的能力？而Bob的哪些背景和經驗會妨礙他在Sun Hotel的成功嗎？

3.Tim該如何來解決目前的問題？對Bob、對餐飲部、對飯店其他團隊成員。

4.Bob的問題出在哪裡，該如何做才有辦法改變現況？

附錄7-1 餐飲業 各級人員工作表現評核參考表

督導級

信用 Honor	效率 Efficiency	責任感 Responsibility	能力 Capability
答應您 表示我做得到	組織力 不拖泥帶水	勇於承擔責任 接受挑戰	領導與溝通，以身作則 仁治，不怒而威
不畫大餅，多做少說	今日事，今日畢	份內的事， No Excuse	商談技巧
公正，就事論事	理性與感性	服務，積善積緣積福	電腦、語言、美工
帳戶理論	工作排程 季、月、週、日、時	雄心、進步、夢想	創意

店長級

業績 Sales	獲利率 P.A.C.E	成長率 Guest Cover	員工維持率 Turnover Rate	顧客滿意度 G.C.P.
早晚班營業額	人事成本	來客數	離職率	環境清潔
商品銷售比例	物料成本	客單價	員工滿意度調查	服務品質
特別促銷活動	其他可控制成本	單店行銷專案	授權與績效考核	產品品質
		營運品質	權責清楚劃分	設備維護

組長級

人 People	事 Duty	物 Objective	參與 Partnership
領導與溝通	各項報表管理	成本控管	出席會議
訓練和考核	事前計畫，事後檢討	設備保養	意見貢獻
客服、訪桌	方案執行、追蹤	品質控管	責任分攤
客訴處理	當班達成率	流程管制	學習

其他成員

知識 Knowledge	技術 Skill	個人表現 Performance	團隊精神 Team Work
工作站 S.O.P	微笑態度（應對表）	衛生習慣	配合主管要求
十大黃金準則	互動式服務	清潔工作	積極主動
作單正確性	飲料品質	速度、效率	激勵士氣
訓練程序	組織、效率	制服標準	誠、信、愛
工作站職責	專業、安全	不浪費	
設備使用常識	Clean as you go	特殊才能	

共同項目

出勤表現 Punctuality	客訴 Guest Complaint	抽測 Information Quiz	神秘訪客 Mystic Shopper	創意 L.S.E Program

附錄7-2 員工試用期滿考核表

日期： 年 月 日

員工編號		部門單位	
姓　　名		職　　稱	
試用期間	自 年 月 日至 年 月 日計 個月		

出勤狀況	項目	公假	公傷假	事假	病假	婚假	獎懲	項目	次數
	次數							嘉獎	
	時數							小功	
	項目	產假	喪假	遲到	早退	曠職		大功	
	次數							申誡	
	時數							小過	

考核項目	考核等級					備註
	A	B	C	D	E	
服裝儀容						A.表現超凡 B.表現良好 C.表現平平 D.表現尚可 E.表現欠佳
服從性						
團隊精神						
工作知識及技能（請附部門新生訓練明細表／基本技能訓練明細表）						
對客人、主管及同事之態度						
接受訓練之態度						
總評論：						

請在下列方格內以√表示該員工適任與否

☐適任　☐不適用　☐延長試用

請於右列日期前、將本表交回人事單位： 年 月 日

核定主管	上級主管	直屬主管	人事承辦人

附錄7-3　訓練員綜合評估表

訓練員：＿＿＿＿＿＿＿＿ 單位：＿＿＿＿＿＿＿＿＿

指導員：＿＿＿＿＿＿＿＿ 填表日期：＿年＿月＿日

單位主管：＿＿＿＿＿＿＿ 實習時間：自＿年＿月＿日至＿年＿月＿日

※ 請以最客觀的態度考核屬員，於適當之空格處打「✓」。											
※「自評」欄由實習生本人填寫，「單位評」欄由單位主管（或指導員）填寫。											
※ 最高分5分，最低分1分，滿分100分，總分由評估者填寫。											
評估項目		5		4		3		2		1	
		自評	單位評	自評	單位評	自評	單位評	自評	單位評	自評	單位評
專業	服裝儀容										
	專業技巧										
	專業知識										
觀念態度	出勤狀況										
	禮貌										
	熱誠										
	參與感										
	責任感										
	配合度										
	主動勤奮										
一般能力	應變能力										
	組織能力										
	理解能力										
	表達能力										
	工作效率										
	工作正確性										
	獨立作業能力										
人際關係：1.對顧客											
2.同事間											
3.對主管											
總分（自評）：						總分（單位評）：					

部門主管：＿＿＿＿＿＿＿＿ 日期：＿年＿月＿日

訓練中心：＿＿＿＿＿＿＿＿ 日期：＿年＿月＿日

附錄7-4 年終考績表

填表日期　　年　月　日

<table>
<tr><td>單位</td><td></td><td rowspan="6">考勤記錄</td><td>項目</td><td>遲到</td><td>事假</td><td>公假</td><td>傷假</td><td>婚假</td><td rowspan="6">獎懲記錄</td><td>嘉獎</td><td></td><td rowspan="6">增減分數</td><td rowspan="3">增分</td><td rowspan="3"></td></tr>
<tr><td>員工編號</td><td></td><td>次數</td><td></td><td></td><td></td><td></td><td></td><td>記功</td><td></td></tr>
<tr><td>姓名</td><td></td><td>日數</td><td></td><td></td><td></td><td></td><td></td><td>大功</td><td></td></tr>
<tr><td>職稱</td><td></td><td>項目</td><td>早退</td><td>病假</td><td>產假</td><td>喪假</td><td>曠職</td><td>申誡</td><td></td><td rowspan="3">減分</td><td rowspan="3"></td></tr>
<tr><td>到職日期</td><td>年 月 日</td><td>次數</td><td></td><td></td><td></td><td></td><td></td><td>記過</td><td></td></tr>
<tr><td>任現職日</td><td>年 月 日</td><td>日數</td><td></td><td></td><td></td><td></td><td></td><td>大過</td><td></td></tr>
</table>

<table>
<tr><td rowspan="3">同仁自填部分</td><td>主要工作執掌：</td><td>您希望受哪些訓練以提升工作成效？</td></tr>
<tr><td>本年度您所完成及上司交辦之重要業務項目為：</td><td>除了擔任目前的工作，您希望或認為亦適合擔任哪些工作，為什麼？</td></tr>
<tr><td>在您的工作中，您是否有更好的構想以提升成效？</td><td>對上司、同事的期望或對其他部門的建議：</td></tr>
<tr><td rowspan="2">主管評語部分</td><td>該名同仁未來一年的工作目標為何？</td><td>本年度該名同仁較特殊的工作請列舉說明：</td></tr>
<tr><td>本年度該名同仁之工作成效及目標達成情形如何？</td><td>您對受評者是否適任現職或須對現職作更動，請加以說明：</td></tr>
</table>

價值觀及行為評鑑要項		評分點					評語（特別在於優點或缺點上）
1	領導能力	1	2	3	4	5	
1.1	建立清晰的發展方向、重點目標、先後秩序。						
1.2	擁有充沛的活力並且帶動周遭他人。						
1.3	激發、鼓勵並且促成信賴感。						
1.4	具有表達對信念、主張或同儕看法的勇氣。						
1.5	掌握變革，以確保長期性之競爭力與效能。						
1.6	以公開的方式處理不同的意見與衝突，以增進決策品質與組織效能。						
1.7	提供指導與公開的回饋，以發展員工能力。						
2	授權	1	2	3	4	5	
2.1	訂定清楚的績效目標，並且明定個人相關之工作負責項目。						
2.2	當進行各項技能與資源之配置時，能提供處理方向並訂定權責範圍。						
2.3	制定明確並富彈性之事務討論參與過程（即在適當時讓適當人員以適當的方式參與）。						
2.4	善用團隊成員之各類專長，以達成更優異之營運成果。						
2.5	致力成為團隊的一份子。						
2.6	和所有參與成員共同分享與承擔決策結果。						
3	顧客／品質導向	1	2	3	4	5	
3.1	將顧客滿意列為最優先事項。						
3.2	傾聽顧客之意見。						
3.3	創新服務滿足客戶新需求。						
3.4	展現對於品質要求之熱忱。						
3.5	致力於持續之改良與精進。						
4	公正／信賴／正直	1	2	3	4	5	
4.1	為人務實公正。						
4.2	建立互信、互敬的人際關係。						
4.3	言行一致。						
4.4	承擔因個人錯誤所需負之責任。						
4.5	所有行為均著重誠信並秉持崇高之道德標準。						
5	溝通	1	2	3	4	5	
5.1	與人溝通時能夠掌握公開、清晰、完整、及時、一致之原則。						
5.2	有效傾聽並且鼓勵他人提供回應。						
5.3	簡易有效的管道提供他人所需之資訊（依據其對該資訊之需求）。						

價值觀及行為評鑑要項		評分點					評語（特別在於優點或缺點上）
6	效率／行動／精簡／主動	1	2	3	4	5	
6.1	處事果斷、行動積極，並且具有主動、快速之競爭優勢。						
6.2	反應迅速並且確保儘速執行。						
6.3	著重於精簡與明確。						
6.4	具備彈性並且視變革為契機。						
6.5	展現冒險負責之行為。						
6.6	主動發展更新及更佳之做法。						
6.7	避免官僚作風。						
7	承諾／自律	1	2	3	4	5	
7.1	全力支持並且完成決策項目。						
7.2	完全投入於既定目標之達成（致力於高難度任務之達成）。						
7.3	誠信待人並且同情他人之需要與處境，具備處理高難度決策之能力。						
7.4	事先預防且排除在達成營運目標過程中可能之障礙。						
7.5	掌控既定計畫之進行。						
7.6	展現熱忱，貫徹始終（或始終展現一貫之熱忱）。						
8	才能	1	2	3	4	5	
8.1	對於其專業領域具有完備的知識。						
8.2	能將複雜問題化為條理、找出重點。						
8.3	展現跨專業及跨國界之工作能力。						
8.4	欣然與人分享其專業知識及技能。						
8.5	擁有良好判斷力。						
8.6	凡事能根據事實並且能理性的思考。						
8.7	表現持續學習之興趣。						

	核定主管				部門主管				直屬主管			
	評語				評語				評語			
	年度考績總分		等級		年度考績總分				年度考績總分			
	簽章				簽章				簽章			
考績列優、丁等之具體事實及理由												

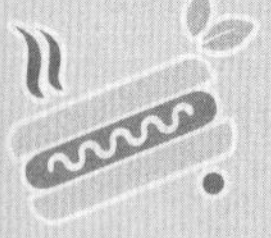

附錄7-5 考績管理辦法範例

第一條

凡本公司到職滿三個月之正式同仁皆列入年度考績受考人員，未滿六個月及不定期或臨時僱聘之同仁，其考績辦法另定，但亦得視實際需要，准用之。

第二條

考績以每年十二月舉辦一次為原則，年度考績之期間計自去年十二月一日起至本年十一月三十日止。當年九月一日（含）後報到之同仁，不列入該年度考績之受考人員。

第三條

考績係作為同仁職務升遷、獎懲、薪資調整、年終獎金核發，以及未來人才發展訓練之參考，各級主管應作公平、公正、準確客觀之考評。

第四條

考績應以平時考核為依據，各級主管應對所屬同仁平日之工作、操行、學識、才能等密切注意，分層負責確實考評，並記錄於每月績效考評表上，作為年終辦理考績之重要參考資料，如遇所屬同仁調遷時，應將其平時考核手冊移送新職單位主管繼續考評。

第五條

考績績等分為優、甲、乙、丙、丁五等，各績等分數標準如下：

優等：90分（含）以上。

甲等：80分（含）以上，不滿90分。

乙等：70分（含）以上，不滿80分。

丙等：60分（含）以上，不滿70分。

丁等：不滿60分。

考績優、丁等人員應由考評人員列舉理由及具體事實。

第六條

受考人員有下列情事之一者，不得考列甲等（含）以上績等。

1.經常遲到、早退，一年內累積達18次以上者。

2.無故曠職達一日。

3.請事病假合計超過二十日以上者。

4.曾受記過以上處分，未抵銷者。

第七條

各部門考列甲等（含）以上，名額不得超過部門參加考績人員總額百分之五十（不定期或臨時聘僱人員不列入部門人數總額），惟可視該部門當年度績效予以彈性增減。

第八條

年度考績獎懲依下列原則訂定：

優等、甲等、乙等人員依該年度董事會通過之各考等調薪幅度，調整本薪或酌發獎金，丙等人員留原俸級，丁等人員免職。

第九條

同仁任現職屆滿一年後，考績列乙等（含）以上者，取得升階任用之資格。

第十條

本公司受考人員類別區分如下：主管人員：領班／組長（含）級以上同仁。一般同仁：領班／組長級以下同仁及所有行政職及非主管級之專業職同仁。

第十一條

同仁考績核定層次如下：

	初核	覆核	核定	核備
本部主管	總經理		副董事長	
部門主管	本部主管		總經理	副董事長
一般同仁	部門主管	本部主管	總經理	副董事長

第十二條

辦理考績之時程依下列規定：

1.人事單位應於每年十一月三十日考勤結算日後一週內，將同仁之考績表填明「考勤記錄」、「獎懲記錄」及「增減分數」分送各部門，部門主管收到前款考績表後，交同仁填寫「自我申報表」並進行約談作業，此步驟應於十二月第二週內完成。

2.部門主管於十二日第三週內，應依考績項目確實評核，並按照第十一條之核定層次辦理所屬同仁考績後，密送人事單位彙辦。

3.人事單位收到前款各表後，應於一週內整理完竣後，召開人事評議委員會並於十二月底前完成統計。

第十三條

考績結果均自次年一月起執行，但考績丁等人員自確定之日起執行，並得先令其停職。

第十四條

同仁在未達考績期間以前辭職、免職、留職停薪、退休或死亡者，不予納入考評。

第十五條

本公司得視需要，另辦理年中考績，於每年八月一日前依本辦法考評完成。

第十六條

辦理考績人員對考績過程嚴守秘密，並以客觀立場評議，不得洩漏或循私，違者依情節輕重分別議處。

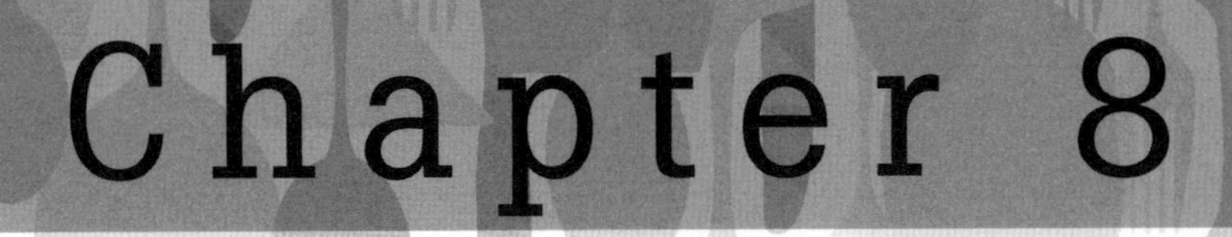

薪資規劃與晉升制度

一、薪資制度

二、薪資結構

三、薪資調整

四、員工晉升制度

員工之酬償是指因員工之僱用而創造的所有形式之薪資或報酬。員工的薪津有兩個主要構成要素，包括直接的財務支付，如工資、獎金、佣金、紅利等；以及間接給付，如雇主給付的保險與休假等。薪酬的設計必須兼顧內部公平、外部公平與員工公平，才能達到吸引、激勵與留任人才的效果。

本章所提的薪資，是簡單的指為從業員工之工作所得，可說是員工本身收入的來源。薪資對業者而言，是經營成本的主要成本之一，同時也是業者用以激勵員工的主要工具之一。企業要提升競爭力，在人力資源管理方面，除了在業務、技術方面來提升員工外，還可透過員工的晉升及輪調。可以運用晉升來激勵員工、輪調增進員工更瞭解職務的多樣性和變化，進而提升其工作的績效，如此一來對於企業的創新、經營績效及管理構面，能產生正面的效果，增加企業產值及利潤。

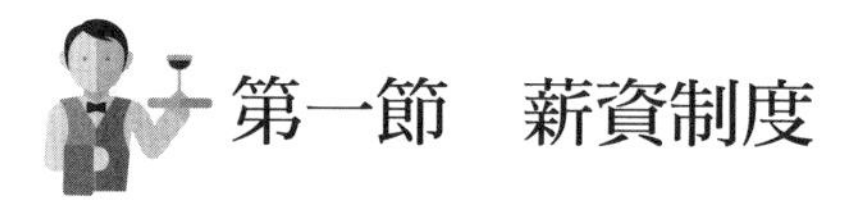

第一節　薪資制度

薪資制度之制定，應符合以下三個原則：

一、公正性原則

所謂公正性，係指原工作獲得之薪資，與自己工作成果或跟其他同仁比較，而覺得公平合理。所以公正、公平之薪資制度，必須對人員薪資之核定、薪資調整之方式等，均有明確及公平之標準，並為所有員工所瞭解與接受，才能達到薪資公正之原則。

二、合理原則

所謂合理，原指員工的薪資所得，足夠支付其生活所需的費用。雖於勞委會已訂有最低薪資標準，但近年來國民生活水準日漸提高，對合理薪資水準之要求已超過最低薪資之標準。所以在決定薪資時，一方面須顧及業者之負擔能力，另一方面須考慮到是否能滿足員工一般生活之所需。

三、激勵原則

薪資制度必須具有激勵性，職務責任重者應支取較高薪資，方能促使人員爭取工作，任勞任怨。因此薪資等級間應有適當之差距，主管與非主管間也應有所不同，如此才能產生激勵作用。對工作績效特優或具有重大貢獻者，亦應有晉升薪資或發給獎金辦法，才能達到以薪資來激勵員工努力工作，奉獻公司之目的。

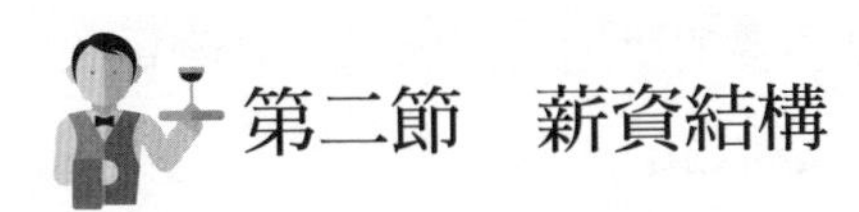

第二節　薪資結構

一、薪資種類及定義

薪資結構主要包括本薪、津貼、獎金三大項目，就其種類及定義說明如下：

(一)本薪

本薪乃基本月薪，其金額依薪資級距職階表所定給予之。

(二)津貼

1.職務津貼：對主管職務之繁重，責任之擔當所給予之報酬，依不同職級，給予不同之津貼。

2.伙食津貼：公司對員工之餐費予以補助，所給予之津貼。

3.交通津貼：對於遠地通勤，未搭乘交通車或外務人員以及輪班人員，由於上班時間過早或太晚，已無大眾運輸工具可搭乘，所給予之津貼。

4.空班津貼：核發對象以排兩頭班之輪班人員為限，一般多以中式餐飲服務與廚房人員適用之。

5.值勤津貼：核發對象以下班後待命之值勤人員為限（另交通費實銷實報）。

6.大夜津貼：對於輪班人員輪值大夜班者，給予之津貼。

7.出納津貼：對於現場服務有負責結帳工作的人員，所給予之津貼。

8.證照津貼：核發對象以具相關技術證照，其核給基準如「證照津貼核發標準」，並提供公司登記使用者為限。

9.其他津貼：凡不屬於本薪獎金及前述各項津貼者均屬之，其發給依需要由單位主管會同人事單位簽報支給之。

(三)獎金

1.優秀獎金：為鼓勵門市同仁敬業精神而設，相關辦法詳如門市薪資計算方式所陳。

2.績效獎金：本公司從業人員均享有績效獎金支領之權利，其辦法另訂之。

3.年終獎金：凡本公司同仁年終獎金由董事會視業務盈餘狀況及員工年度考績等級核給之，其辦法另訂之。

4.全勤獎金：指員工在一定期間內無任何請假，亦無曠職、遲到或早退時，給予之獎金。

5.其他獎金：包括獎勵事實經核准發給之個人獎金、團體獎金，或對公司有特別貢獻，經董事會發給之獎金。

二、薪資起敘標準及職務加給

(一)新進同仁薪資起敘標準

新進同仁薪資起敘標準應依「新進同仁敘薪標準表」之規定並參酌以下因素：

1.進入本企業所擔任之職務（位）。
2.具備本職之技能或資格。
3.相關工作經驗之年資。
4.就業市場之薪資水準。

表8-1為各級新進人員敘薪標準範例。

(二)職務加給之核給

職務加給之核給，依下列原則辦理：

1.依職務薪級表規定核發。
2.上階或同階主管兼代下階或同階主管時，不另支給職務加給。
3.下階代理上階職務時，則支給所代理職位之職務加給。

表8-2為職務加給範例。

表8-1　各級新進人員敘薪標準範例

	職稱	部門	職等	職級
主管職	總經理		十	24
	執行副總		九	23
	副總經理		九	22
	協理	總管理處	八	21
	經理	各部門	七	18～20
	副理	管理部、財會部	六	16～17
	主任	各部門	五	13～15
行政職	一等專員		四	10～12
	二等專員		二～三	4～9
	助理		一	3
	司機	物流中心	一	2
	倉管	物流中心	一	1
	行政接待	管理部	一	1

表8-2　職務加給範例（主管加給）

職稱	職務加給
主任	$ 2,000
副理	$ 3,500
經理	$ 5,000
協理	$ 6,500
副總經理	$ 8,000
執行副總	$10,000
總經理	$15,000

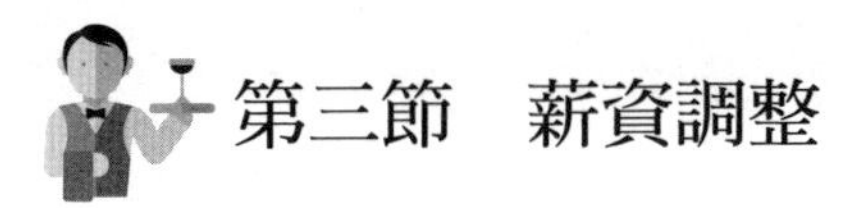

第三節　薪資調整

薪資原是對從業人員所提供勞力或智力之報償，並保障其合理生活之水準，遇有物價波動或從業人員所提供之勞力、智力價值有所變動，其薪資自然需作適當的調整，一般餐旅業調整比例介於5～15%。

一、薪資調整因素

薪資調整時，應考慮到以下三個因素：

1.個人因素：年資增長、工作表現或是對公司之貢獻度。
2.職位因素：職位在組織中地位之高低，以及職責內容之輕重與否。
3.市場因素：薪資水準與同業之競爭力，以及企業本身對用人費用負擔能力。

二、分類

配合以上三項因素，薪資調整可分為下列三種：

(一)整體調薪

因物價上漲或配合外界薪資調整（例如以公家機關年度調整之比例為參考依據或標準），而對公司內薪資作全面性調整。整體調薪方式有以增多若干百分比作同一比例之調整，亦有按不同等級作不同百分比之調整。

1.基層人員之調薪幅度，是否足以補償因物價上漲、生活費用增加之所需。

2.對公司營業成本增加多少，是否為公司財務所能負擔。

3.對薪資偏高或偏低之某些職位，是否應加以特別考量。

4.薪資調整幅度與外界比較，是否差異有過大之情形。

(二)考績調薪

一般來說考績評核，除了作為年終獎金發放的標準外，也是作為能否晉升與調薪的最主要標準之一。考績調薪乃是員工考績優良合於規定，而予以晉級加薪之調薪，考績調薪之方式有兩種：

1.按薪給表之薪給予以晉級而加薪。

2.按期原支薪給予以若干百分比之加薪。

(三)個別調薪

員工因職務與職位之變動而予以調薪。例如：新進之員工，聘任時主管允諾，於試用期滿時予以調薪；另外，因部門間人員有所異動時，如主管離職或調任空缺填補時，調整或晉升而予以調薪。

三、職階職稱薪資級距表設計要點

基本薪資等級表中各薪資級等之級差應求適中，級差過大則非公司財務能力所能負擔；過低則無激勵員工之效益，一般約在5%左右。

表8-3及**表8-4**為職階職稱薪資級距表範例。

良好的薪資制度不但可以促進從業人員與公司之和諧，而且也可以增進勞資雙方的合作，共同創造經營的成功，與企業形象之提升。因此，一個公平而合理的薪資制度，必須能夠使勞資雙方互蒙其利。

表8-3 職階職稱薪資級距表

	職階	職稱							職務加給	薪資
		主管職	行政	餐飲		客房		資訊／工程／財務		
A	十五	總經理								
B	十四	秘書長							44,000	
C	十三	執行副總							35,000	
D	十二	資深副總							28,000	
E	十一	副總經理							23,000	
F	十	資深協理				駐店經理			20,000	
G	九	協理							18,000	
H	八	資深經理	行政總主廚						14,000	
I	七	經理	主編／特別助理	行政主廚				總工程師	12,000	60K~80K
J	六	副理	一等高級專員	餐廳經理(A) 主廚(A)				副總 工程師	8,000	55K~65K
K	五	襄理	二等高級專員	餐廳經理(B) 主廚(B)				工程師	6,500	40K~55K
L	四	主任／ 科長	一等專員	餐廳經理(C) 主廚(C)	餐廳副理(A) 副主廚(A)	Sr. 大廳副理		副工程師	5,000	35K~47K
M	三	組長／ 總領班	二等專員	西廚領班 頭砧 頭爐 頭點心 頭燒臘	餐廳副理(B) 副主廚(B)	總教練	Jr. 大廳 副理	助理 工程師	3,500	27K~42K
N	二		三等專員	餐廳領班 調酒員 餐務領班 A級廚師 二級廚師		櫃檯員 總機 訂房（席）員 商務秘書 健身教練 游泳教練		首長司機 庶務員 物料員 （驗收） 工程技術員 安全人員		23K~31K
O	一		辦事員	餐廳服務生 助理調酒員 B／C級廚師 三／四級廚師 洗皿員 清潔員		門衛 房務員 公清員 縫紉員 三溫暖服務生		餐廳出納 停車場管理員 停車場收費員		19K~27K
P	0		助理辦事員	實習生／練習生						

※ 註：副職比正職降一級；代理比照代理職之職階

基本薪資表之薪資級數要適當，薪資級數過多，即使同一職務、職位者，可能因年資差別，使其薪資差距太大，而造成同工不同酬之情形；薪資級數太少，則不敷考績晉級之用，也會失去了激勵員工的效益。

表8-4　XX股份有限公司薪資級距職階表

職等	級數	門市（工作站）	本薪	總薪資	職稱	本薪	總薪資
一	1	試用	17,200	20,700	試用	18,200	20K
	1	服務生	17,200	22,700	行政接待、倉管	18,200	22K
	2	後檯人員	18,200	23,700	司機*	19,200	23K
	3	迎賓員	19,200	24,700	助理	20,200	24K
二	4	咖啡師三級	20,400	25,900	二等專員	22,200	26K
	5	咖啡師二級	21,700	27,200		23,200	27K
	6	咖啡師一級	23,000	28,500		24,200	28K
三	7	品管員	23,000	28,500		25,200	29K
	8	組長二級	24,000	30,000		26,200	30K
	9	組長一級	25,500	31,500		28,200	32K
四	10	店主管三級	27,500	34,100	一等專員	30,200	34K
	11	店主管二級	29,500	36,100		32,200	36K
	12	店主管一級	31,500	38,100		34,200	38K
五	13	技術主管（一）	26,000	32,000	主任	36,200	40K
		技術主管（二）	30,000	36,000			
	14	技術主管	34,000	40,000		38,700	42.5K
	15	區域督導	35,000	41,000		40,200	45K
六	16				副理	40,700	46K
	17					43,200	51K
七	18				經理	48,200	55K
	19					58,200	65K
	20					68,200	75K
八	21				協理	OPEN	OPEN
九	22				副總經理		
	23				執行副總		
十	24				總經理		

備註：

1. 門市同仁晉升由訓練中心制定標準，分層負責考核。
（迎賓員以下——店長考核；咖啡師以下——訓練中心考核；組長級以上——營運部主管考核）
2. 晉升時間：門市一般同仁每月兩次（1日、15日），其餘門市同仁由訓練中心安排考試時間。
總公司除試用期滿調薪外，由部門主管案提出簽核（原則上一年兩次，1月、7月提報）
3. 調薪標準：門市同仁依現行規定辦理之。
行政職與主管職之部分——二等專員每次以調整1,000元為準。
一等專員試用32K，試滿34K，調薪每次2K。
其他部分則彈性處理。
4. 司機為十等2級，但因特殊工作內容，故津貼部分外計，特勤津貼5,000元，其他津貼則視表現與年資，由總經理另行決議之。
5. 門市同仁薪資計算方式另行規定之，行政職薪資以本薪+伙食津貼+生活津貼+職務加給，若仍有增減之部分，則以特勤津貼方式處理之。

第四節　員工晉升制度

績效管理制度不僅包含評估、考核制度，還包括與考核相關的考勤制度、人員晉升制度、獎懲制度。主要內容包含考勤制度、教育訓練評估考核辦法、績效考核制度、新進人員試用期考核辦法、晉升制度、獎懲制度等。

晉升是指員工由目前的職位上升到較高層級職位，晉升制度的運用主要有兩個功能：人力資源的妥善配置與激勵員工士氣。適材適用，晉升有能力的員工，做好能力與職位職級的配置，是人力資源管理的重要工作；透過良好的內部晉升制度，讓員工對企業有歸屬感、員工自身有生涯規劃與成就感，有助於企業留住好的人才，降低員工流失率。

晉升制度的設計中，職階、職稱與薪資級距的規劃，是將各階層職位透過序列，列出職位漸進的順序。序列包括每個職位的名稱、薪資，甚至說明所需之能力、經驗與培訓等，能夠區分各個職位的差異。人力資源管理單位與主管以這些規劃來考量如何水平或垂直地晉升員工。

以下提供餐旅業員工晉升方案，供讀者參考。

同仁晉升方案

一、目的

為使平日於工作崗位上表現優良之同仁，能依據編制職缺，循合理、公平的競爭管道晉升，藉以拔擢優秀人才，提升單位士氣。

二、實施時間

1.每年二次，於一月與七月舉行。

2.實施期間若遇主管級職缺時，可專案呈報代理職缺，待年度提報晉升時，再依規定呈報為正職。

三、晉升條件

1.年資一年以上。

2.前次考績甲等（含）以上。

3.編制職缺。

四、審核方式

(一)餐飲服務本部

◆餐飲人員

1.服務生晉升領班：依儲備領班計畫辦理之。

2.領班晉升資深領班：

(1)須修畢該職位應有之學分。

(2)須經過口、筆試，口試主考官為中餐部、西餐部及宴會廳主管。

3.資深領班晉升Assistant Mgr.：

方案①：

(1)須修畢該職位應有之學分。

(2)須經過口試及筆試，口試主考官為CC各部門主管（含宴會廳主管）。

(3)須接受三個月之Cross Training：二個月CC（除本身工作之單位外）一個月SA及後勤單位，Cross Training時間之安排，為配合現場實際作業，可於晉升前、後安排之或分期進行。

方案②：

參加儲備幹部之培訓計畫（但Cross Training期間為三個月，簽約一年半，其餘事項依計畫規定辦理之）。

4.Assistant Mgr.晉升MGR：

(1)須修畢該職位應有之學分。

(2)須經過口試，口試主考官為部門主管（含）以上之主管。

(3)須接受六個月之Cross Training，Cross Training時間之安排，為配合現場實際作業，可於晉升前、後安排之或分期進行。

◆廚務人員

1.練習生晉升C級廚師；C級廚師晉升B級廚師；B級廚師晉升A級廚師

(1)須修畢該職位應有之學分。

(2)須經過口試及筆試，口試主考官為各單位主廚。

2.A級廚師晉升領班

(1)須修畢該職位應有之學分。

(2)須經過口試及筆試，口試主考官為CC各部門主管（含宴會廳主管）。

3.領班晉升副主廚；副主廚晉升主廚

(1)須修畢該職位應有之學分。

(2)須經過口試及筆試，口試主考官為部門主管（含）以上之主管。

◆餐務人員

1.洗皿員、清潔員晉升領班

(1)須修畢該職位應有之學分。

(2)須經過口試及筆試，口試主考官為CC各部門主管（含宴會廳主管）。

2.領班晉升主任

(1)須修畢該職位應有之學分。

(2)須經過口試及筆試，口試主考官為CC各部門主管（含宴會廳主管）。

(二)客戶服務本部

◆基層人員晉升幹部（含大廳副理）

1.須修畢該職位應有之學分。

2.須經過口試及筆試，口試主考官為客務部、房務部主管及SA主管。

3.須接受三個月之Cross Training為配合現場實際作業，可於晉升前、後安排之或分期進行。

◆幹部晉升客務、房務主管、養生中心主管

1.須修畢該職位應有之學分。

2.須經過口試及筆試，口試主考官為各部門主管（含）以上之主管。

3.須接受六個月之Cross Training，Cross Training時間之安排為配合現場實際作業，可於晉升前、後安排之或分期進行。

(三)後勤單位

◆基層人員晉升組長／主任

1.須修畢該職位應有之學分。

2.須接受三個月之Cross Training，Cross Training時間之安排為配合現場實際作業，可於晉升前、後安排之或分期進行。

◆組長／主任晉升襄理、副理、經理

1.須修畢該職位應有之學分。

2.須接受六個月之Cross Training，Cross Training時間之安排為配合實際現場作業，可於晉升前、後安排之或分期進行。

五、作業程序

1.部門主管分別於十二月與六月中，針對該部門編制職缺及考核，拔擢適合人員，提報晉升。

2.部門主管應填妥「同仁晉升建議單」後，送交人資室簽意見。訓練主管應檢視該員研修課程狀況，審核其是否完成所有指定學分，及其學習成效，以鑑定該員是否符合考試資格，定將該員實際必、選修學分填妥於「同仁晉升建議單」上，以供總經理參考。

3.人事主管應檢視該單位員額編制及該員考勤狀況，以評定該員是否符合晉升資格。

4.當該員符合考試資格後，即展開考試作業。完成考試作業後，符合晉升資格者，由人資室填寫「人事異動單」，分屬負責表，層呈簽核後，始得晉升。

5.人事單位於晉升作業完成後，應於一星期內公告晉升人員名單。

附錄8-1　晉階調薪標準

職階		主管職	本薪調薪	職務加給	總調薪
A	十五	總經理			
B	十四	秘書長			
C	十三	執行副總			
D	十二	資深副總			
E	十一	副總經理			
F	十	資深協理／協理			
G	九	協理			
H	八	資深經理			
I	七	經理			
			5,000	4,000	9,000
J	六	副理		12,000	
			4,000	1,500	5,500
K	五	襄理		8,000	
			3,000	1,500	4,500
L	四	主任／科長		6,500	
			2,000	1,500	3,500
M	三	組長／總領班		5,000	
			1,000	3,500	4,500
N	二			3,500	
			2,000		
O	一				
			2,000		
P	0				

註：1.由幕僚職晉升為主管職，僅調升職務加給。

2.不同職務晉升職階時，若其薪資不符同等行情，其薪資可酌情酌量調整，惟其學、經歷、專長須符合條件。其差額列為專業加給。

附錄8-2 餐飲外場基層人員薪資標準、條件

	服務員			
	(一)	(二)	(三)	(四)
薪資／標準	20,000	22,000	24,000	26,000
	1. 具餐飲經驗 註：三個月試滿，最多調2,000元	具餐飲經驗一年以上	1. 須具餐飲經驗二年以上 2. 組長一年以上	1. 具餐飲經驗三年以上 2. 組長二年以上
	B領班		A領班	
	(一)	(二)	(三)	(四)
薪資／標準	28,000	30,000	32,000	34,000
	1.國外餐飲學校畢或 2.具一年領班經驗或 3.組長二年以上或 4.具餐飲經驗三年以上	1.國外餐飲學校畢或 2.具一年領班經驗或 3.組長三年以上或 4.具餐飲經驗三年以上	1.國外餐飲學校畢或 2.具二年領班經驗或 3.組長三年以上或 4.具餐飲經驗四年以上	1.國外餐飲學校畢或 2.具二年領班經驗或 3.組長四年以上或 4.具餐飲經驗五年以上

備註一：館內實習生轉正職統一規定：
(1)高中畢22,000元。
(2)專科以上 24,000元，並參加儲備領班訓。

備註二：大學(專)畢，若無經驗，起薪23,000元，並參加儲備領班訓，三個月試滿，調1,000元。

備註三：儲備領班培訓計畫簡述：
1.現職員工具發展潛力，單位主管推薦，年度考績甲等以上，並通過英文測試者。
2.凡對餐飲服務有興趣，具下列條件者：
*大學或二專以上餐飲旅館相關科系畢業。
*具英文聽、說能力，願接受長期培訓者。
3.曾於在學期間至會館實習滿半年以上者，單位主管推薦，並通過英文測試者。
4.薪資——培訓期間薪資24,000元，六個月培訓結束後經口筆試通過後即具單位領班之資格，薪資擬建議26,000元，遇領班職缺時，由主管優先提報任用，薪資為28,000元（若未通過測試者，仍維持原薪24,000元）。

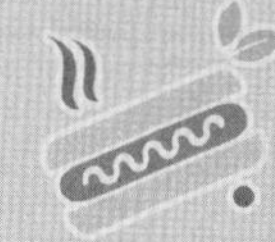

附錄8-3　門市同仁薪資計算方式

一、正職人員核薪方式

各工作站薪資級等表（正職、計時兼職）

級等	工作站	底薪	全勤獎金	生活津貼	伙食津貼	交通津貼	合計	計時人員
0	試用	17,200	無	1,200	1,500	800	20,700	85
1	服務生	17,200	2,000	1,200	1,500	800	22,700	90
2	後檯人員	18,200	2,000	1,200	1,500	800	23,700	93
3	迎賓員	19,200	2,000	1,200	1,500	800	24,700	97
4	咖啡師三級	20,400	2,000	1,200	1,500	800	25,900	102
5	咖啡師二級	21,700	2,000	1,200	1,500	800	27,200	105
6	咖啡師一級	23,000	2,000	1,200	1,500	800	28,500	110
7	品管員	23,000	2,000	1,200	1,500	800	28,500	108
8	組長二級	24,000	2,500	1,200	1,500	800	30,000	112
9	組長一級	25,500	2,500	1,200	1,500	800	31,500	115
10	店主管三級	27,500	2,500	1,800	1,500	800	34,100	
11	店主管二級	29,500	2,500	1,800	1,500	800	36,100	
12	店主管一級	31,500	2,500	1,800	1,500	800	38,100	
特1	技術主管（試用一：1~5級）	26,000	無	3,000	2,000	1,000	32,000	+業績獎金
特2	技術主管（試用二：6~10級）	30,000	無	3,000	2,000	1,000	36,000	+業績獎金
特3	技術主管（門市）	34,000	無	3,000	2,000	1,000	40,000	+業績獎金
特4	區域督導	35,000	無	3,000	2,000	1,000	41,000	+績效獎金

優秀獎金釋義

1.員工出勤狀況良好無不良紀錄者，得加發優秀獎金2,000元（主管以上為2,500元，但無法配合班次輪調者仍領2,000元）。

※班次輪調定義：8日休假可自選兩日排休，22天工作日可自選5天指定排班時段，其餘班表由排班人員依人力需求自由調配。

2.優秀獎金發放方式：

(1)員工出勤紀錄出現下列行為者，優秀獎金折半給付：

- 實際出席勤務但未打卡（任何一次）。
- 當月請病假時數二小時以上，未超過八小時者。
- 接獲顧客負面投訴案件情節尚屬輕微，且經查明屬實者。
- 當月考績未達2.5分者。

(2)員工出勤紀錄出現下列行為者，優秀獎金不予給付：

- 病假時數超過1日之工作時數。
- 請事假或曠職。
- 當月遲到或早退總時間超過十分鐘者。
- 接獲顧客負面重大投訴案件且經查明屬實者。

(3)新進人員依C.Q.T測驗成績決定起薪級等，試用期原則以一個月為準（若人員學習速度快，兩週後可參加考核），試用期間不發給優秀獎金，未達全勤標準視同未過試用。

二、計時人員核薪方式

1.實領薪資＝「（時薪*月總工時）＋優秀獎金＋銷售獎金＋生活津貼500元」－「遲到＋早退＋曠職＋勞、健保自付額」

2.增減工時：

(1)得視現場營運狀況，彈性增減工時，但需經店主管同意方可變更。

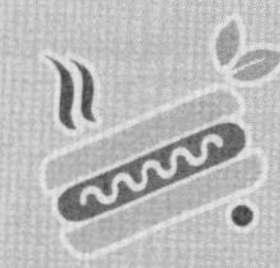

(2)工作時段若有變更，事前需在紙卡上註明，並由主管簽名認可。

(3)計時人員休息時間不計薪。

3.優秀獎金發放方式：

(1)依照當月排班時間準時上、下班，當月遲到不超過10分鐘者，且工作表現優秀，態度和善，無不良紀錄，當月考績2.5分以上，得發予優秀獎金以茲鼓勵。符合上述條件者，每月工作每滿40小時加發優秀獎金1,000，每月最高可領4,000。

(2)計時人員工作表現符合上述條件但月考績2.5分以下，優秀獎金折半給付。

4.員工工作表現紀錄出現下列行為者，優秀獎金不予給付：

(1)未依排定班表出席勤務，且未自行找尋職務代理人者（經單店最高主管同意者不在此限）。

(2)當月遲到總時數超過10分鐘。

(3)接獲顧客負面投訴案件且經查明屬實者。

三、請假時數核薪方式

1.請病假時數之計薪方式：扣除病假時數之實領薪資的1/2

（底薪＋生活津貼＋伙食津貼＋交通津貼）÷182×病假時數×1/2

2.事假、曠職、遲到——扣除該時數之實領薪資

（底薪＋生活津貼＋伙食津貼＋交通津貼）÷182×事假（曠職、遲到）時數

四、職務加給與其他

1.店長職務加給1,000元。

2.區督導（或代管兩家店以上店長）職務加給1,500元。

3.領有職務加給者，遇特殊情事需申請加班者，須事先以專案簽

報營運處，加班時數另核發加班費。

4.員工在收到薪資單後，如對前月薪資有異議時，請於七個工作天內以書面申請單向管理處申請複查，限查詢前月薪資，少發部分於下月補發，多給部分於下月追回。

5.當月薪資應領金額超過47,000元者，依稅法規定需扣除所得稅。

五、業績獎懲、員工流動、離職率

1.當月業績達成率達100%者，超出預估額部分加發營業收入之8%為業績獎金。

2.當月業績達成率達95%者，之後每增加一元營業收入其6%為業績獎金。

3.當月業績達成率達90%者，主管級以上加員工紅利積點300點。

4.當月業績達成率未達90%者，主管級以上扣員工紅利積點300點。

5.連續兩月業績達成率未達90%者，由營運處與管理處依情節處分，不適任者將遭降級或淘汰。

※上述業績獎金的發放比例建議為：店長40%，組長30%，其他正職30%（或依當店人數另訂規則）。

※上述業績獎金的發放方式為：當月達成率符合標準者，且人事／物料成本符合規定，依所達級數於次月發薪日入帳1/2金額。其餘1/2須季業績達成率90%以上且各項成本皆符合標準再行發放。

六、員工基本責任

1.提供良好的服務：提供顧客良好的服務，例如親切的服務態度、最好的咖啡品質、安全的衛生條件、環境清潔與安全、掌握出餐時間、專業的咖啡常識等，這是我們的基本責任。

2.注意公告事項：公告欄為公布公司最近之政策，以及有關之工作流程、員工獎懲、單日大事和促銷活動等，需每日檢視公布之內容，以確實瞭解。

3.狀況之處理：碰到任何狀況或顧客抱怨，應立即妥善處理，並向主管報告。

七、考核

1.平日考績：門市工作日誌每日由當班主管為當班工作人員評分。正職人員平日考績須達3分（月平均）以上，計時人員不得低於2.5分，未達標準者將被列入觀察名單，連續兩月未達標準者簽送教育訓練中心進行再複訓，經考評後仍不適任者將被列入資遣名單。

2.年終考績：每年12月加評員工發展評核表；評核項目包含當年度所有表現與出勤、考核、客訴紀錄。整體達成率90%以上者加發一個月底薪為考績獎金，85%以上者加發1/2個月底薪為考績獎金，80%以上加發5,000元獎金，50%以下者一律辭退。區域督導及門市主管另加評「年度門市員工離職率」考核紀錄。

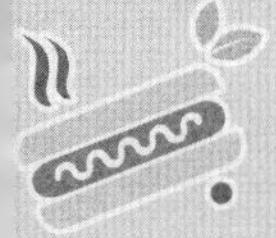

Part 4

人力資源管理與策略

有些公司提供員工免費中餐；提供休閒娛樂場所，如打桌球；有些則定期舉辦員工旅遊，對於員工福利的想法，各家公司或有不同。知名顧問麥斯威爾（John C. Maxwell）在《成功雜誌》（*Success*）專欄中指出，如果公司真正想要重視員工，要給員工五種如同福利的益處與關鍵因子：

1. 在乎員工的主管（Caring Leaders）：認識每位直屬員工、知道哪位員工有好的表現，並且給予獎勵、賦予員工做好職責的權力、善於鼓勵他人、心胸開闊且寬宏大量。俗話說得好：「員工會離開是因為主管，而不是因為公司。」
2. 具有意義的工作內容（Significant Work）：要讓每位員工知道自己對公司的重要性，讓員工重視且在乎自己的工作內容。主管應該告訴員工公司的願景，以及每個職務可以如何對此願景有所貢獻。
3. 恰當的報償（Appropriate Compensation）：這是公司在乎與照顧員工最顯而易見的方式。除此之外，公司應提供員工，公司所負擔得起的最佳福利，例如具更多保障的健康醫療保險規劃、員工與眷屬的獎學金計畫等。
4. 提供成長機會的工作環境（Growth Environment）：讓員

工可以發展與培養更多技能，與員工定期會面，共同討論並幫助員工達到成長的目標。提供員工成長方法可以包括透過輪調與升遷制度拔擢優秀員工、持續地訓練發展，或給予新挑戰，以刺激員工成長。

5.擁有作夢的機會（Dream Opportunities）：公司應該給予員工圓夢的可能性。似乎有些遙不可及，事實上卻是很實際。提供機會並鼓勵員工擴大自己的夢想，同時也可與企業願景相結合。

麥斯威爾最後強調，在辦公室放張乒乓球桌或是提供免費餐點飲料，讓員工休息時可以放鬆，員工一定很開心，不過要談到員工最需要的，沒有什麼比得上前述的五項內容。當企業付出更多的關心與照顧員工，員工一定會心存感激，願意努力工作予以回報。

整體性的人力資源策略應該是質量並重，人力成本不是經營成本的主要項目，企業應透過人力預估及人力盤點，找出企業人力資源優勢與最適規模，進而達到人力資源數量與品質的控制。策略性人力資源管理意指為達成企業目標而規劃的人力資源配置與活動類型。傳統人事管理只是選、訓、用、留的例行性行政作業及著重人事作業功能，策略性人力資源管理則強調全面性與目的性，運用創新及彈性化人力資源管理策略。人力資源管理措施應與企業的策略管理過程相結合，亦即企業採行為確保組織人力資源能有效運用的整合計畫或管理取向，以協助企業達成任務及目標的一切活動。

Chapter 9

創造有生產力的工作環境

一、激勵員工

二、溝通與表達

三、福利制度

四、獎勵計畫

五、勞資關係

激勵指的是激發員工的工作動機，而動機就是所謂的需求、需要，亦可說為是一種尋找目標的驅使力。一般而言，動機是個人行為的基礎、是人類行為的原動力，凡是人類的任何活動都有其內在的心理原因，在個人有了需要或受到了刺激時，導致個人採取某種行為，以滿足其需求。此種過程，可能來自於個人本身，也可能來自於外界的人、事、物。在管理上，管理者可運用激勵的手段和原則，以激發員工的工作動機。

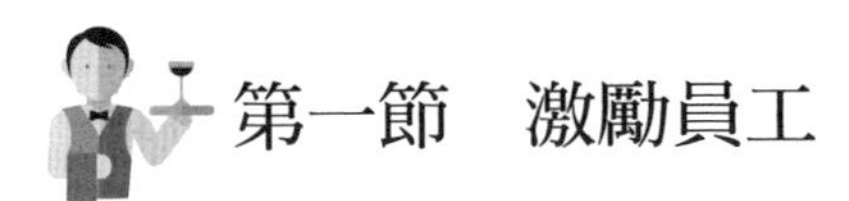

第一節　激勵員工

馬斯洛（A. H. Maslow）一位臨床心理學家，根據人類需求層級，建構了一個廣為人們所接受的動機理論。馬斯洛的理論定義了五個基本的需求層級，依重要性分別是由較低層次、生理需求，到較高層次、心理的需求。此理論假設人們會先滿足較低層次的需求後，才想到較高層次的需求（如圖9-1）。

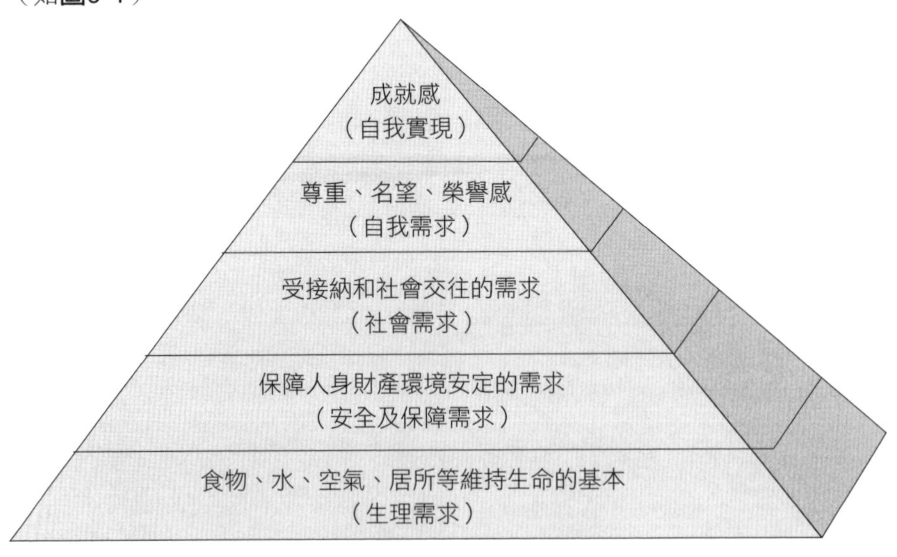

圖9-1　馬斯洛的需求層級架構

一、生理需求

在需求層級理論中，生理需求是人類首要的基本需求。這些需求主要是維持生命的延續，包含食物、水、空氣、房屋、衣服、性等。

二、安全及保障需求

在生理需求獲得滿足之後，安全及保障需求就成為影響行為的主要驅動力。此類需求所關心的是個人的身體安全，包括個人生活和所處環境秩序的穩定性、常規性、熟悉感、可控制性，以及健康醫療、保險政策、教育、職業訓練等，都是人們藉以滿足安全性需求的方法。

三、社會需求

馬斯洛層級中第三階層的需求包括了愛、情感、歸屬感與接受度，人們會尋求溫暖的、滿足的人際關係。

四、自我需求

當社會需求受到一定程度的滿足後，馬斯洛的第四階層需求就會出現，也就是自我需求。此需求可能是內在導向，或外在導向的，內在性自我需求包括自我接受、自尊、成功、獨立以及對工作成就的滿意感；外在性自我需求則包括聲望、名譽、地位以及獲得他人的認同。

五、自我實現需求

馬斯洛需求層級理論的最高層次為自我實現需求。此需求是個人想要去完成他潛在的理想，傾全力達成盡可能到達的境界，馬斯洛認為，自我實現需求不一定是創造性的唯一動力，但通常確實能帶給人們一些創造力。

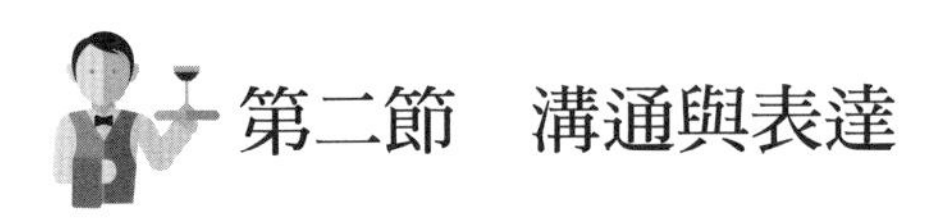

第二節　溝通與表達

一、溝通的定義

溝通是人與人之間訊息傳遞的過程，溝通基本上是一項技巧，就像其他的技巧般需要練習。所謂良好的溝通是指訊息交換非常成功，從一個人到另一個人。一個良好的管理者通常是一個良好的溝通者，假始你計劃成為一位良好的溝通者，你就必須改進你的領導能力，並能在一個團體中，成為重要的聯繫人。

二、溝通的形式

通常而言溝通可分為四種形式：(1)平行溝通；(2)垂直溝通；(3)由下往上溝通；(4)非正式的溝通。

(一)平行溝通

同事與同事之間的溝通是平行模式，水平式的溝通是在同階層中。此種溝通方式能促進內部的一致性，團結同一階層的向心力。

(二)垂直溝通

在組織中上級對下級的溝通就是垂直型的，常用於組織管理者對下屬的命令指示。這種溝通方式經常用公文、電話、聯絡單等方式完成，通常不用面對面口頭式的溝通，此種溝通方式較具權威、專制，並且不易與下級溝通。

(三)由下往上溝通

下屬對上司的溝通，通常而言，這是上屬接收下屬反應（Feedback）。下屬通常會透過此溝通方式對上司反應工作上的滿意度、進度、他們對工作上的建議，並提供各項改進措施。

(四)非正式的溝通

團體或組織的溝通不限於以上正式的溝通管道，非正式的溝通管道也很盛行。謠傳（言）就是一種非正式的溝通，它是經由耳語間訊息傳遞為主，一般而言所傳遞的都是未經過證實的。謠言常具有殺傷力，特別是對上司和部屬之間，但是有時公司會經由秘密管道來傳遞具有激勵員工的消息。非正式的消息來源只能作為參考，不能以此當作與主管或同事之間溝通的理由。

三、溝通技巧

(一)對事不對人

1.找出話題，最好能切合所要解決的問題。對方需要什麼？他有什麼興趣？
2.共同參與一項活動，搭起之間的橋樑。
3.選擇適當的場所。
4.選擇適當的時機。

(二)主動傾聽

1.不要談論自己。

2.不要改變話題。

3.不要批評或建議。

4.不要分心想著你待會要說的話。

5.不要忽視或排斥對方的感覺，注意弦外之音或肢體語言。

6.不要假裝瞭解對方的意思。

7.關心他們的需要、憂慮及困難，鼓勵他們說出來。

8.確定你完全瞭解他們的意思，簡短地複述重點。

(三)訊息——檢視事實

用來誘發訊息的傾聽技巧：

1.發問：探討對方真正的意思。

2.檢討：確定你已聽到，並且瞭解相關的細節。

3.摘要：確定雙方都同意的事實。

(四)肯定——讓對方聽到自己說的話

1.如果時間許可，應該深入探討產生問題的原因。

2.就事件、對方的感受等加以檢討。

3.用一句簡單的話，詮釋對方的感受與問題。

4.再試一次。

5.如果對方抓不住重點或鑽牛角尖，你可以引導他們進入主題。

6.謹慎使用「我懂了」等字眼。

7.尊重對方隱私。

8.不要離題。

9.容許沉默在談話中自然發生。

10.注意肢體語言，那是人們最直接的反應，會影響對方的思緒。

第三節　福利制度

福利是指員工在所獲得的薪資收入之外，還能享有的利益與服務。其中利益指的是直接的金錢價值，如退休金、休假、保險等；服務卻是無法直接以金錢來表示，如休閒設施、康樂活動等的提供。

一、福利之重要性

(一)政府法令之保障

政府對勞工假期、工時、工作安全、福利金來源等，均透過立法強制雇主遵行。

(二)工會之要求

員工經常透過工會爭取福利，雇主為應付工會之要求，被動式加強員工之福利措施。

(三)來自同業之競爭

一般同業間員工薪資水準不可能有太大差距，因此各同業間皆以完善之福利措施來吸引人力。

(四)福利效益之顯著

一般員工皆視薪資為其工作應得之報酬，即使增加，多認為其為應得之權益，唯有員工福利會視為額外之收益，其激勵員工士氣之效益十分顯著。

二、舉辦福利設施需把握之原則

(一)生活的原則

從食、衣、住、行、育、樂各方面來提高員工的生活水準，或給予生活上的便利。

(二)公平的原則

福利之項目必須配合眾人之需要，不可只顧及少數人之方便。福利給予之標準須力求一致，不可按職位高低而有不同。

(三)需要的原則

生、老、病、死是每個人所不能避免的，因此要優先舉辦壽險、意外險、退休、撫恤、生育、補助等福利措施。

(四)參與的原則

福利業務之管理應盡可能讓職工代表參加，使同仁有參與管理之感。

(五)配合的原則

福利措施之舉辦，應配合企業本身的目標與環境需求，才能達到經濟又實用。

(六)成果的原則

福利效益之回收應從長遠處著想，並應著重於員工心理上無形之效益，如士氣與忠誠度的增進、穩定性的提高等。

三、員工福利措施之分類

(一)經濟性福利措施

主要是對員工提供薪資及獎金外的經濟安全服務，藉以減輕員工之負擔或增加額外收入。此類福利措施通常包括：

1.退休金給付：由公司單獨或公司與員工共同負擔。
2.勞工保險、全民健康保險，或團體意外險、壽險、疾病醫療險等。
3.分紅入股、產品消費優待等。
4.員工購屋、買車貸款。
5.撫卹，其經費多由業者負擔。

(二)休閒娛樂性福利措施

舉辦此類福利措施之目的，在於增進員工的社交和娛樂活動，以促進員工身心健康及加強員工對公司之認同感，其措施較普遍指：

1.舉辦各類體育活動及設置各項運動設施。
2.社交活動：如舉辦國內外旅遊、慶生同樂會等，以增進同仁見聞、增進同仁感情。
3.特別活動：如舉辦歌唱、棋藝等比賽活動，或其他攝影、插花、書法等社團活動。

(三)服務性福利措施

此類福利由公司提供各項設備或服務，以滿足員工日常需要而得到便利。此類福利措施多為免費或只由員工負擔一部分費用。此類措施如下所述：

1.宿舍：由公司興建或租賃房屋，供有需求之員工住宿。
2.員工餐廳：由業者提供場地、設備、人力等。
3.福利社：供應日用品，並辦理分期付款業務。
4.交通車：提供交通工具，供員工上、下班之用。
5.保健醫療服務：如醫務室、特約醫院等。
6.教育性服務：如設立圖書室、辦理托兒所或幼稚園、員工進修補助、專題講座等。
7.法律及財務諮詢服務：由公司聘請律師或財務專家，為員工提供個人法律上及財務上之諮詢。

完善的福利措施可使業者之經營目標易於達成而不增加成本，不過公司該有哪些福利措施，應當視個別情況而定。福利措施只是一種間接性的報酬，它的功效應和直接報酬之薪資一併施行與考慮，兩者是相輔相成的，過於強調福利，而輕忽薪資報酬的微薄，或過於強調薪資的優厚，卻欠缺福利措施，都不是完善的薪資福利制度。

四、職工福利

(一)目的

依據政府公布之「職工福利金條例」，企業不論是否有工會之組成，均須成立職工福利委員會，由業者管理當局與工會代表共同選派委員參加，工會代表人數（若無成立工會，則由員工自行選出代表）並不得少於三分之二，其目的在於使職工福利之舉辦能由員工自主決定。職工福利委員會為一決策之機構，在職工福利委員會內可設福利部門，由該部門來推動，執行員工福利措施。

(二)經費來源

至於福利之經費來源，在「職工福利金條例」中有明文規定，如下所述：

1.創立時就其資本總額提撥1～5%。
2.每月營業收入總額內提撥0.05～0.15%。
3.每月於每位員工薪資內扣0.5%。
4.下腳變賣時提撥20～40%。

以上四項乃辦理職工福利所需經費之最低要求，事實上今日企業所撥付於員工福利之經費絕不止於上列之標準，如退休、撫卹及各項保險，雇主均另行再提撥；各項福利措施之興建及購置所需經費，亦由企業另行籌劃。而按福利金條例所提撥之福利金，須交由職工福利委員會自行保管與運用。

第四節　獎勵計畫

獎勵計畫的類型多樣化，個人獎勵計畫是給予達到特殊表現標準的個別員工額外之薪酬或獎勵；職務獎金是給予那些無法立即衡量成就水準的員工，如「本月最佳模範員工」或「表彰本月客戶服務模範」；另外還有獲益分享計畫（Gain Sharing Plans）是針對整個組織的員工所作的獎勵計畫，如透過員工建議制度，藉由員工之建議與參與，來提高生產力與效能，同時降低勞工成本；而利潤分享計畫（Profit Sharing Plan）也是對整個組織的激勵方案，將公司利潤提撥某一定的比例，以分配給員工，當公司所得利潤愈多，員工就可以獲得愈多利潤或股權。

一、績效加薪（Merit Pay）

是為了獎勵員工之個別績效，而採取的加薪方式。與紅利或獎金不同，加薪表示薪資的直接增加，而紅利則表示只有當年給付一次，一般來說績效加薪會透過公司內部的績效評估制度與晉升制度合併考慮與運用。只要考核制度客觀公正，讓表現優異的員工獲得實質之獎勵；同時也可以鼓勵其他員工，以為仿效之對象，以正面良性的競爭，亦可提升公司之競爭力。

二、員工認股計畫（Employee Stock Ownership Plan）

公司提撥一定數量的股票給予某信託機構，或以現金來購買這些股票，而信託機構則代表公司員工來認購這些股權。通常公司每年均按員工薪資的比例來提撥股權，最上限為15%，信託機構代替員工管理個人帳戶中存有的股票，並於員工退休或離職時，再將股票發給員工（一般公司皆會設定需服務之年限，員工需服務一定時間以上才能獲得股票）。

三、股票選擇權（Stock Options）

股票選擇權是公司較為常用的長期激勵制度，給予員工在未來的工作時間內，以目前的市價或低於市價的價格，購買某一定數量股票的權

利。由於股票價格通常與獲利能力和成長率有關，具有激勵員工努力於工作績效的效果，且員工會為公司未來前景一起奮鬥。

四、業務人員之獎勵

在業務導向為主的前提下，業務人員的酬薪計畫以獎勵制度可以獲得較好之效益。一般是以底薪制加上業績獎金（佣金）的混合制來激勵銷售業務人員。

第五節　勞資關係

一、勞資關係的動力

所謂勞工關係，係泛指勞工與雇主間的一切相互關係而言。亦即指勞資雙方或勞工與代表資方行使管理權的人員之間，相互交往的過程，其乃包括對薪資、福利、工作情境以及其他有關僱用事宜的溝通、協調、爭執、協議、調適、合作等的一連串活動。勞資雙方一旦發生衝突，就會造成員工情緒低落、生產效率降低、服務品質變質、員工異動率高、員工違紀情事增加、缺勤情況嚴重，有時甚至引起怠工、罷工，無論對資方利潤或勞工生活，均有不良的影響。許多企業除了自謀解決之道外，常由雙方請求政府相關機構調解或仲裁，不過勞資爭議的解決，最主要有賴於勞資雙方的共同瞭解與努力，才有辦法解決。而企業主的態度尤其是解決問題的關鍵所在，因此，如何處理勞資爭議，促進雙方合作，也可說是人力資源管理上的主要課題之一。

二、加強勞資關係

(一)建立協商觀念

勞資和諧合作的基礎，有賴於雙方建立協商的觀念。一旦企業有了問題，勞資雙方都能共同參與管理，並建立共同協商的觀念與制度，則可降低雙方的誤解，促進雙方和諧關係。

(二)採取人性管理

所謂人性管理，就是站在人性的觀點，尊重員工的人格與價值，人性管理的具體表現。是企業主和員工，主管與部屬都能平等相處，彼此尊重，並以健全的人力資源管理滿足勞工在工作方面的需求，其能發展和諧的勞資關係，促進勞資間的合作。

(三)加強教育訓練

增加企業內各層級員工的教育訓練，可增進勞資雙方的團結合作。勞資關係的教育與訓練，必須普及於企業的各個階層，讓各級的人員與工會幹部都能體認勞資關係的基本概念，以及內外環境的變化，從而養成和諧合作的觀念與態度。

(四)明定權利義務

勞資雙方的爭議，很多都來自彼此對權利義務的混淆不清，因此企業必須明定工作權責與管理規則，唯有雙方明白權利義務的範圍，才能使雙方充分地瞭解，並共同遵守而各盡其職，不致因解釋的不同或誤解而相互衝突。

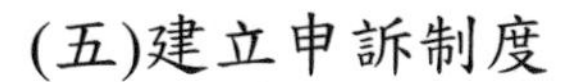

(五)建立申訴制度

員工申訴制度的建立，不但能增進雙方的瞭解，而且對問題解決或意見溝通方面，有莫大的助益，但處理員工申訴案件時，必須公開公平而合理，才能產生良好的溝通效果。

(六)其他

為增進勞資雙方溝通的管道，除上述方式外，為加強勞資和諧關係，還可透過不定期舉行勞資會議。而為健全同仁申訴制度，設立「同仁意見箱」處理同仁之申訴問題，亦是加強勞資合作關係之單純而有效的方式。讚美員工可以激昂鬥志，充分授權予員工可以激發工作慾望，信任員工、讓決策開誠布公，進而從內部培養人才。藉由動機與激勵理論來設計出完整與具有效益之薪資、獎金、福利制度，再加上良好的勞資關係，以創造出有生產力的工作環境，進而達到公司與員工雙贏的地步。

Tips——大量解僱勞工保護法

為了保護遭大量解僱的勞工，立法院於92年1月13日三讀通過「大量解僱勞工保護法」，並於同年2月7日經總統公布，自公布後三個月施行。本法施行後，因部分條文操作上窒礙難行，又於97年5月2日修正部分條文，於同月23日公布施行。

當企業在面臨經濟不景氣所造成的困境，有時不得不採用減少支出或是降低成本等方式來解決問題，嚴重的話可能要以歇業、合併、轉讓等去做整體的組織改造，但過程中往往會犧牲到員工的權益。雖然目前有勞基法來保障勞工的基本權益，但是若企業經營不善，導致大量解僱勞工，其所造成的經濟衝擊與社會影響，不僅造成個人就業上的困難，更影響許多家庭的生計維持，進而衍生更多社會問題。因此，為了保護遭大量解僱之勞工，而有「大量解僱勞工保護法」的制定，主要的法規內容訂定了適用於大量解僱勞工的人數規範、負責人的責任與罰則、如何處置與保護被解僱之勞工等。「大量解僱勞工保護法」是為了保護勞工權益，防止雇主因惡性倒閉或大量裁員所造成的經濟衝擊。除了保護勞方權益與防止資方惡意行為外，此法也希望勞資雙方本於誠信協商原則，針對解僱計畫作一妥善處理來達成協議，以制度化方式來解決問題，以創造勞資和諧的環境。

在經濟不景氣或業務緊縮的情況下，企業常藉由資遣員工以減少薪資成本。不過，一般企業在大量資遣員工之前，通常會先採取如重新編制人力、優惠退休或退職、減少工作日數、減薪、無薪休假等措施盡量避免資遣，以降低對員工工作權的衝擊。對企業而言，大量解僱員工只能暫時減少支出與降低成本，若無法解決業績不振的根本原因，最終仍是會走到歇業一途。

Tips——情緒勞務

為能展現高度顧客導向的服務品質，讓顧客有良好的印象，餐旅業的員工被要求在服務過程中有適切的情緒表現，並能做到自我的情緒管理，這種規範情緒表現的要求，就是所謂的員工情緒勞務（Emotional Labor）的概念。企業為達到顧客滿意的目標，會要求員工控制自己，以提供內外部顧客一種規範的情緒狀態。這種由員工所展現出來的情緒狀態，是顧客建立對企業整體印象的基礎。

當情緒失調或偏差嚴重時，個人的情緒不僅影響其工作效能，同時也影響個人的身心健康、人際關係、工作效率及工作表現。甚至嚴重時會出現離職潮，這對企業是最大的損失。若長期在高情緒勞務的環境下工作容易產生情緒失調與耗竭，工作時數愈長，工作年資愈長，愈容易產生情緒失調與耗竭。餐旅業屬於勞力密集的產業，不管是基層的第一線服務人員（如餐廳服務生、飯店櫃檯接待員）或是需解決顧客需求與抱怨的主管職，每天都須面臨不同的顧客、狀況與挑戰。與顧客保持高度接觸的員工，為符合顧客或企業的希望與預期，必須控制本身的情緒，主要目的是維持一個讓顧客安心、信任的表情，並創造出愉悅、明亮的服務氣氛。

情緒勞務可能導致個人失去與自己真實感受接觸的機會，導致倦怠或帶來負向影響，如果員工能獲得公司所提供的適當支持時，可以紓緩情緒耗竭，而使得情緒勞務改善，並增進工作滿意程度以及工作表現。人力資源管理部門須正視員工情緒勞務所造成的嚴重議題，建立企業內的支持性文化與正向工作環境是相當重要的。應建立與基層服務人員的溝通管道，傾聽服務人員之想法與建議並提出改善，以正向的企業文化協助第一線的餐旅從業人員，才能有更好的情緒管理與工作表現。

個案研究——衝突、對立與合作

Bob是Royal餐廳的服務生，任職未超過一年，表現平平，因為不夠用心服務，偶有顧客抱怨的事件發生。正直炎熱的夏季，氣溫不斷地升高，空調也跟著鬧脾氣，過熱的環境也影響著員工的工作情緒。

忙碌的假日，生意與過往一樣好，Bob正在幫餐廳的常客Steven一家人點餐。過了十多分鐘，Steven向Bob詢問為何他們的餐點還沒來？Bob趕緊跑去廚房問出菜的狀況，廚房副主廚David這時才告訴Bob，客人點的餐點有些已經賣完了，要請客人換其他的餐點。客人從進到餐廳已經超過二十分鐘了，可想而知客人的反應，經過向客人道歉後，Steven又選了較需耗費時間的餐點，Bob不想再讓顧客失望，雖知道耗時卻仍是進單。時間一分一秒地過去，同桌所有客人都已經在用餐，唯獨Steven還沒吃到主餐，這時的Steven也已經耐不住脾氣，不想再聽解釋，非常生氣的帶著家人揚長而去。

Bob雖然不斷地抱歉，但也只能看著VIP客人Steven負氣而去，隨即他衝去廚房想找David理論；而在持續高溫環境的廚房中待整晚的David，先前已經因為餐點問題與Bob有些言語上的不愉快，這時更是火上加油，所以David就先行抓住Bob衣領，作勢要揮拳後，兩個人就這樣在廚房起了嚴重的衝突，大打出手，所有內外場員工都因為叫罵聲和器皿、廚具碰撞的聲響聚集過來，還好在場員工趕緊拉開兩方，不然情況會更加嚴重。

餐廳內外場因為角色的不同，難免會有一些認知差異，但也從來沒有發生過這樣的暴力事件。Joanne是Royal餐廳的總經理，在知道事件後，隔天隨即與兩人約談，瞭解並釐清昨晚的情況，另外則是要求兩人先暫停上班，調查清楚後再做處置。Joanne接著找內外場主管開會討論這件事情該如何處理。

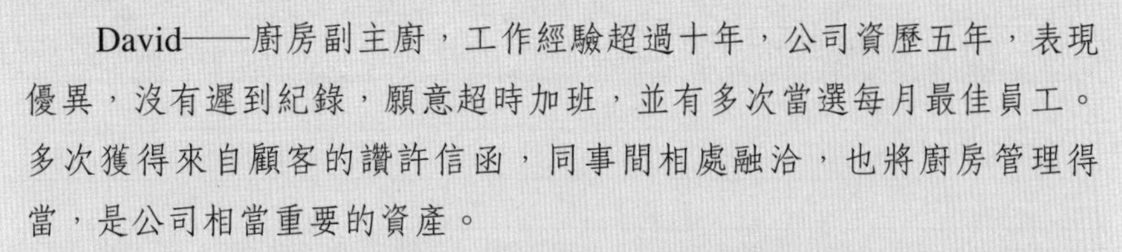

David——廚房副主廚，工作經驗超過十年，公司資歷五年，表現優異，沒有遲到紀錄，願意超時加班，並有多次當選每月最佳員工。多次獲得來自顧客的讚許信函，同事間相處融洽，也將廚房管理得當，是公司相當重要的資產。

Bob——餐廳服務員，任職七個月，表現差強人意，聰明、活潑，具從事餐飲業的特質，但是欠缺應有的服務熱忱，與同事間的相處也比較不夠主動。主管對他的評價：具有潛力能成為良好的服務人員，但需要有更主動與積極的態度去面對問題與執行工作。以目前外場人力短缺的狀況，對主管而言，還是有所需要。

根據當天實際發生的狀況，暴力事件的兩位當事人，Bob在當晚的表現與狀況的確不佳，語氣與態度令內外場同事相當不悅，但是副主廚David先動手也是事實！

問題探討

1.若您是Joanne，餐廳的最高主管，面對這樣的事件該如何處理？

(1)是否要解僱Bob，為什麼？若沒有解僱，該給什麼樣的懲處？

(2)是否要解僱David，為什麼？若沒有解僱，該給什麼樣的懲處？

2.廚房與外場的合作關係該如何建立？

3.針對相類似的事件，人力資源管理部門該扮演什麼樣的角色？再者，事前該如何避免發生？事後該如何訂出辦法或給予部門主管建議？

附錄9-1 職工福利委員會福利補助申請書

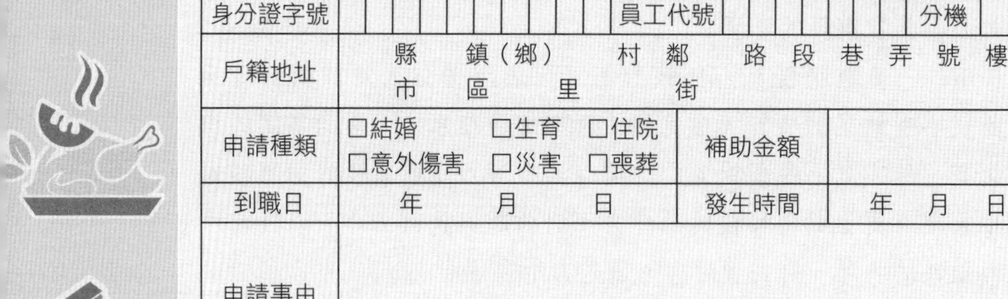

<table>
<tr><td>姓名</td><td colspan="3"></td><td>單位</td><td></td><td>職稱</td><td></td></tr>
<tr><td>身分證字號</td><td colspan="3"></td><td>員工代號</td><td></td><td>分機</td><td></td></tr>
<tr><td>戶籍地址</td><td colspan="7">縣市　鎮區（鄉）　村里　鄰　路街　段　巷　弄　號　樓</td></tr>
<tr><td>申請種類</td><td colspan="4">☐結婚　☐生育　☐住院
☐意外傷害　☐災害　☐喪葬</td><td>補助金額</td><td colspan="2"></td></tr>
<tr><td>到職日</td><td colspan="4">年　月　日</td><td>發生時間</td><td colspan="2">年　月　日</td></tr>
<tr><td>申請事由（請詳述之）</td><td colspan="7"></td></tr>
<tr><td colspan="5">福委會審核</td><td colspan="2">申請單位</td></tr>
<tr><td>主任委員</td><td>總幹事</td><td>委員</td><td>幹事</td><td>助理幹事</td><td>單位主管</td><td>申請人簽章</td></tr>
<tr><td></td><td></td><td></td><td></td><td></td><td></td><td></td></tr>
<tr><td>注意事項</td><td colspan="7">1.員工本人結婚補助申請，應備申請書、喜帖；另子女結婚，請備申請書、喜帖及親屬關係證明書。
2.生育補助限員工本人，申請時應備文件、申請書、出生證明。
3.喪葬補助申請除員工本人外，擴及父母、子女、配偶等親屬關係，申請時，本人應備申請書及訃文。於親屬死亡後，另檢附關係證明文件影本。
4.意外傷害（因生病內發性疾病除外）或災害者，應備申請書、傷害診斷證明或災害證明，申請對象限員工本人。
5.上述補助事項有關規定及補助標準係依職工福利委員會組織章程，暨相關作業規定實施。
6.各項補助申請，其有效期間，自發生日起三個月內，逾期無效。</td></tr>
</table>

附錄9-2　會務部（會員行銷組）銷售人員任用暨獎薪辦法

一、人員任用部分

(一)業務專員

1.以約聘方式。

2.每月底薪為25,000元，責任額為每月2.5張菁英卡（100萬入會費）或1.5張尊榮卡。

3.試用期限為兩個月，無業績者，主管得依實際情形，得以延長一個月，但延長期間內若未達業績者，則第三個月不支付底薪，僅支付獎金。

4.正式任用後，若每月未達業績者，則不發底薪，僅支付獎金。連續三個月若無業績者，則予以解聘，不再續約。

(二)業務主任

1.以約聘方式。

2.每月底薪為35,000元，責任額為每月3張菁英卡（120萬入會費）或2張尊榮卡，當月未達責任額者扣薪5,000元。

3.試用期限為兩個月，無業績者，主管得依實際情形，得以延長一個月，但延長期間內若未達業績者，則第三個月不支付底薪，僅支付獎金。

4.正式任用後若每月未達業績者，則不發底薪，僅支付獎金，連續三個月若無業績者，則予以解聘，不再續約。

二、獎金部分

1.每銷售一張會員卡，則於支票兌現後7日內，核發獎金24,000元之獎金。

2.個人當月業績達5張菁英卡（200萬入會費）者，核發績優獎金

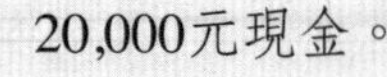

20,000元現金。

3.輔助獎金：

核發對象	會員行銷小組主任	會務部主管	會務部業務基金
輔助獎金	小組業績 x 0.5%	行銷組業績 x 0.3%	行銷組業績 x 0.2%

(1)各小組主任責任額以小組總業績計，每月責任額為「2.5張菁英卡（100萬入會費）×該小組當月正式專員人數」，當月達成其責任額者得核發輔導獎金，未達業績則不予核發。

(2)會務部主管責任額以該組總業績計，每月責任額「3張菁英卡（120萬入會費）×該組當月正式人員數（含行政人員）」，當月達成其責任額者得核發領導獎金，未達業績則不予核發。

4.業務基金：由會務部主管，為激勵士氣，予以統籌運用。

5.除上述發予之獎金外，不再發予其他各項業績、激勵獎金以及年終獎金。

附錄9-3 勞工申訴規定

XXXX股份有限公司　公告

依據：中華民國82年2月3日總統（82）華總義字第0451號令修正公布勞動檢查法第32條之規定。

公告事項：

一、受理勞工申訴之機構或人員

本公司同仁如發現違反本公告事項二之各款所列範圍之法令內容規定時，得逕向下列機構或人員提出申訴：

1.本公司各級主管。

2.本公司總經理。

3.台北市政府勞工局。地址：台北市市府路一號五樓。

4.台北市政府勞動檢查處。地址：台北市承德路三段二八七號。

二、勞工得申訴之範圍

本公司同仁得向本公告事項一之各款所列機構或人員就違反下列之法令內容相關事項提出申訴：

1.勞動基準法：勞動契約、工資、工作時間、休息、休假、童工、女工、退休、職業災害補償、技術生及工作規則等相關事項。

2.勞工安全衛生法：安全衛生設施及安全衛生管理等事項。

3.職工福利金條例：職工福利金提撥、職工福利金之保管運用及公告等相關事項。

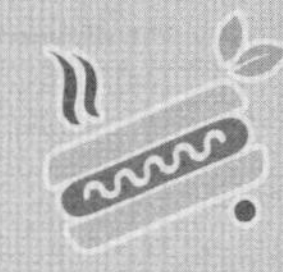

4.勞工保險條例：投保單位及被保險人、保險費、投保薪資及保險給付等相關事項。

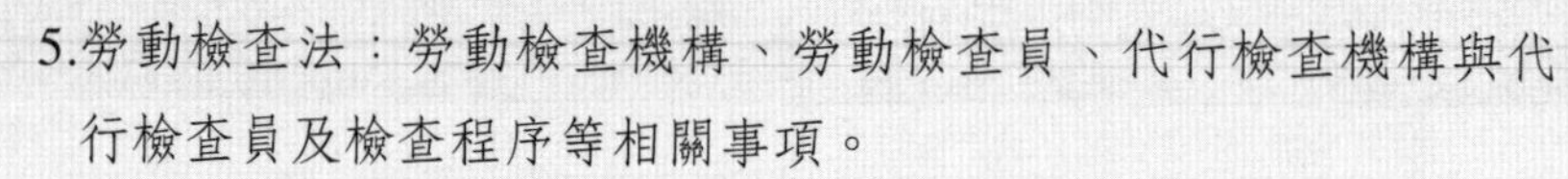

5.勞動檢查法：勞動檢查機構、勞動檢查員、代行檢查機構與代行檢查員及檢查程序等相關事項。

6.就業服務法：民間就業服務、外國人之聘僱與管理事項。

三、勞工申訴書格式

本公司同仁採用書面提出申訴時，其申訴書格式應包括下列各款：

1.受文者。

2.申訴內容。

3.申訴人姓名。

4.申訴人服務單位名稱。

5.申訴人服務單位地址。

6.申訴人服務單位電話。

7.申訴人地址及電話。

8.申訴日期。

四、申訴程序

如向本公告事項一之1、2款之人員申訴得以口頭提出，其餘3、4款之申訴應以書面提出。

附錄9-4　最佳員工獎勵辦法

為激勵員工，提振士氣，鼓勵表現優異之同仁，本室（人資室）特擬定「最佳員工」之獎勵辦法，分為A、B兩案，說明如下：

一、A案

評選方式：區分成主管（主任以上）與一般同仁。

(一)資格

1.主管級：統一由總經理室每月評選之。

2.一般同仁：依會館之單位部室劃分人數比例，由部門單位主管負責評選之。

※共計分成會務部、餐飲營業部（西）、餐飲營業部（中）、廚務部（西）、廚務部（中）、餐務組、接待部、行政部 、工程部、財務部、採購科與總經理室，十一個部室。

(二)人數

依每月發放獎金之提撥率，計算出選出人數，再依比例分配之（主管級占20%，一般同仁占80%）。

(三)標準

1.主管級：出勤狀況40%、工作品質40%、領導能力20%。

2.一般同仁：出勤狀況60%、工作品質30%、特殊貢獻10%。

註：(1)總分須超過80分才符合標準（若當月符合標準人數超過規定人數，依分數高低取決；若低於規定人數，則以實際人數選出）。

(2)出勤狀況由人資室提供考勤狀況資料，以作參考。

(四)獎勵方式

每人發放獎金1,000元，及「當月最佳員工」獎狀乙紙。

(五)預算

以每月總薪資之1%提撥，金額約為125,000元（預計每月選出125名）。

※獎狀製作費，每張以20元成本計；金額為2,500元。共計127,500元。

二、B案

評選方式：由參加主管會議中之所有主管共同遴選之。

(一)資格

最佳員工以獎勵基層員工為主，故標準為主任級以下之同仁。

(二)人數

基層同仁之5%，約計15名。

(三)標準

由部門主管於當月第一次主管會議提案後，於第二次主管會議中，投票表決通過。

(四)獎勵方式

於主管會議中頒發「當月最佳員工」獎狀乙紙，並於每月選定一日為最佳員工日，當日最佳員工可與總經理（副總）共進午餐（拉凡第），免費享用一餐，定為「午餐的約會」。

(五)預算

拉凡第午餐成本每人約280元，金額為4,760元。獎狀製作費，每張以20元成本計；金額為2,500元。共計127,500元。

◎同仁參加各類比賽獎勵辦法

獎項	獎勵	獎金	
		國內性質	國際性質
金牌	大功	10,000	15,000
銀牌	小功	5,000	10,000
銅牌	嘉獎	3,000	5,000

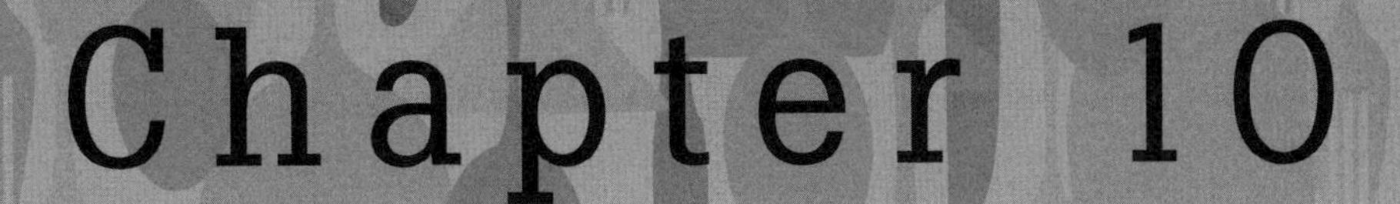

Chapter 10

安全與衛生管理

供應適當的健康與衛生安全的安全計畫，是企業證明組織對員工福利上的關注最有效的方法。這方面的關注不僅對員工表現關心，也造成良好生意。

食品安全與衛生的議題長久受到先進國家的重視，也是世界衛生組織（World Health Organization）重要任務之一。近十餘年來，多種客觀環境改變，使各國在管理上更深思熟慮。近年來食品安全重大事件接連發生，已衝擊社會大眾對於我國食品安全衛生之信心，使得國人的消費行為及其權益保障是當前重要課題。

「民以食為天」，飲食是一般民眾極為重視的生活所需，各項推陳出新與精緻品質的訴求亦使得餐旅產業邁向品牌化與國際化。因此，更需要重視食品安全與衛生的議題而需要徹底去落實。

政府所推動的「食安五環」環環相扣食品每一段生產、製造、流通、販售歷程，緊密串起政府、廠商與民眾間合作，以建立從農場到餐桌安全體系，讓民眾「有得吃」，且要「吃得安心又安全」；亦代表著餐旅產業需全面性重視食品安全與衛生，並予以實踐。

意外事件有關之直接、間接財務成本上對於企業是昂貴的。85%的飯店意外是由於客人和員工的危險行為所引起的，僅有15%是發生於環境的不安全。工作時受傷最大的原因是跌倒，包括被電線、地毯邊緣、隨意擺在地上或樓梯上的掃帚、托盤等所絆倒，以及在潮濕的地板上滑倒。對於這些日常危險保持警覺的話，可以使你和同事避免，減少傷害。**表10-1**為典型的飯店意外比例分析表。

表10-1典型的飯店意外分析

項目	百分比	項目	百分比
燒傷	5%	手操作工具弄傷	5%
異物跑進眼睛	5%	碰撞	6%
夾到 壓到	6%	推動東西時	7%
被（門、推車等）撞到	10%	割傷	11%
提舉東西時	11%	其他	14%
在平地（通道或工作地方）跌倒	16%		

第一節　一般性之安全規定

一、安全規定

飯店為了維護員工及賓客的安全，會訂定如下的安全規定：

1.由各門進入之賓客、服務員、警衛及大廳之員工，應察言觀色，如發現可疑之人、事、物時，應即報告其主管及大廳經理並通知負責安全部門。

2.如發現攜帶凶器、危險物、違禁品進入飯店者，除嚴密監視外，應即報告主管並通知安全部門。

3.隨時注意進出飯店之陌生人或可疑人物，如在客房各樓徘徊走動時，應予盤問。

4.應注意不法份子利用客房及公共場所秘密集會滋事或不法活動，如發現偷竊財物、故意損壞設施物品者，應立即制止，報告主管，並通知安全部門處理。

5.如發現可疑包裹進出飯店，應立即通知安全部門會同檢驗。飯店內各種消防設備不得擅自移動，非因必要，不得動用，非負責管理人員，不得隨意觸動任何開關。

6.發生火警或意外事故時，各相關主管均須臨場處理並即時提出報告。

7.員工攜出之物品一律須接受檢查，如無攜出物品證明單，不得攜出飯店。經查確有違禁品或飯店之公物者，即予以解僱，其涉嫌刑責部分，並得移送法辦。

8.不得隨意洩漏住客之房號。

9.不得操作任何未受過操作訓練之設備。

10.工作場所不得帶陌生人進入或安排會客。

11.洩漏飯店營運機密、破壞安全措施或偽造、變造、損壞飯店文書者，即予以解僱，並移送法辦。

12.員工有下列影響安全之行為者，得不經預告，逕予解僱。

(1)企圖或唆使他人阻止、延遲或分化飯店之正常工作（營業）者。

(2)上班中擅自組織或參加未經許可之集會或企圖發動停工，破壞員工關係者。

13.員工發現有爭吵鬥毆事件時，應予婉言勸阻排解，以防事態擴大。不可袖手旁觀，影響飯店營業。

14.對於顧客、同仁疾病或重傷時，立即採取適當救護或迅速送醫治療。

15.發現反動文字或形跡可疑人物，應予監視，報告主管並通知安全部門。

16.如發現兇殺、自裁、強盜、扒竊等刑事案件時，應保持現場，立即報告主管並通知安全部門會同治安單位處理。

17.飯店員工，人人均負有加強保防工作，維護公共安全之責，如有發現謠言，不聽信亦不傳播，應立即通知安全部門處理（詳如交通部觀光局所頒，觀光旅館從業人員加強保防公共安全注意事項）。

18.飯店每日營業後所實施之安全總檢查，應由大廳值班經理、安全部門會同各部門檢查人員實施，認真執行，徹底檢查，不可有絲毫遺漏之處，並應填具檢查經過缺失報告，作為檢討糾正改進之根據。

二、意外事件發生成因分析

一般而言，餐旅業意外事件發生成因如下所列：

(一)員工的危險行為

1.不必要之急速行動。

2.提舉重物不恰當的方式。

3.不安全的攀爬。

4.處理熱液體，操作切磨機器等危險的方式。

5.對四周不留意。

(二)工作環境不安全

1.照明不夠。

2.鬆或滑的地板表面。

3.潑在地上的液體或食物未清理。

4.通道上有容易絆倒的物體。

5.有缺口的破損瓷器和玻璃器皿。

6.設備堆置或備存方式不當。

(三)各種工具和飯店設備操作維護不當

1.不遵照機器操作規定。

2.刀未磨利。

3.使用表層絕緣體破損的電線。

4.失效的設備、工具、材料沒有報修。

三、主管人員的責任

1.主管人員，係指在各責任區工作場所中，從事管理、指揮或監督工作之人員。

2.主管人員應負有防止意外事故之責任。

3.主管人員應與其他主管人員合作，共同防止意外事故之發生。

4.各主管人員應對下列事項負責，並對下屬施以正確的教導、監督工作之安全。若有不安全行為時，隨時加以修正，以防止意外發生。

(1)防止工作方法錯誤引起之危害。

(2)防止物料、儲運、儲存方法錯誤之危害。

(3)防止機械、電氣、器具等設備使用不當所引起之危害。

(4)防止液化石油氣等危險物品引起之危害。

(5)防止火災、颱風、地震引起之危害。

(6)其他維護顧客、員工健康、生命安全等之必要措施。

5.各主管負有工作地區範圍內之清潔及整頓工作。

6.對於新進人員詳細解釋有關安全之規定及工作方法。

第二節　安全守則細目

一、環境管理守則

汙穢、混亂的環境經常是發生意外的原因。整潔的工作場所可以提高工作情緒、增進工作效率。以下為環境管理守則：

1.工作場地應保持整潔，與工作無關的物品、器具，應退還倉庫儲存。

2.場地、走廊、階梯、太平梯道須保持通行無阻，電線不得橫跨走道，太平梯間不得長久堆放物料，如暫時堆放物料，應注意整齊，以免絆跤行人。

3.更衣室應保持整潔，不可亂拋菸蒂、紙屑、廢物等。

4.通路、台階、地面要保持平坦完整，如有損壞，必須立即申請修補。

5.地板、牆壁、桌椅等如有突出之鐵釘，必須立刻拔除，以免發生意外。

6.工作完畢後，所有物料、工具，尤其是危險物品，一律不准留存於工作場所內。

7.消防栓、滅火器前不准堆放雜物並保持整潔。

8.安全門必須「隨手關門」。

二、一般用電安全守則

電能帶給人類許多享受，但亦帶來對人類生命的威脅，用之得當則受益無窮；用之不當則受害非淺。下列為一般用電安全守則：

1.不許私接臨時配電線，用電設備之裝置、施工及修理僅限由工程部門合格之電氣人員可從事。
2.電線、開關、插頭各有安全容量，不可超載使用。
3.保險絲熔斷，不可隨意換粗或使用銅鐵絲代替，必須維護自動保護性能。
4.插頭不可裝用數個分叉插頭。
5.電線上不可懸掛衣服。
6.燈泡、日光燈不可靠近易燃物體（如紙張、稻草等）。
7.禁用電爐、電熱壺、電熱水瓶等。
8.使用插頭，務必插牢以免發生火花，而引燃旁邊易燃物品，並於使用後應拔掉插頭。
9.電線外皮損傷或電體露出易生危險，務必換修。
10.發現電氣設備有異常時，首先應切斷電源總開關並通知工程部。

三、液化石油氣安全管理守則

(一)液化石油氣安裝方法

1.容器必須直立放置，並使其不致因受到衝撞而跌倒。
2.容器應隔離火氣並遮蔽日光之直射，置放於排氣良好之位置，並保持35℃以下之溫度。
3.將容器納入箱內時，箱之下部應設有換氣孔，以維持良好通風狀態，同時容器腰部要加以固定鎖鏈以防震或意外之撞倒。
4.在密閉之房間內使用時，該房間必須有換氣之裝置或處置使可使用。
5.建築物及器具與可燃物之周圍應30公分以上，頂上1公尺以上，以防因火而至損傷或導致火警之發生。

6.輸氣管之裝置於室內必須離開電線等金屬管15公分以上，離菸筒30公分以上。

7.輸氣管銜接之螺旋紋至少要五牙以上，並須接合緊密不漏，而輸氣管之固定橡皮管不得長於3公尺。

(二)點火前之注意事項

點火於石油氣應注意下列事項：

1.注意試聞是否有臭味以確定石油氣有否漏出。

2.火爐附近可放置可燃性物質。

3.容器如不欲不斷加熱時，需用熱溫布或溫度40℃以下之熱水加熱，不得使用任何火種。

4.開關容器之閥時，應小心緩緩旋轉。

5.在開啟瓶口或輸氣管路總開關時，應將出氣開關緊閉。

(三)點火時應注意事項

應先將火柴或點火機點燃持進爐灶口，然後緩緩旋開用具之旋塞以點火。

(四)點火後應注意事項

點火後之液化石油氣應注意下列事項：

1.爐灶之火燄係依賴空氣孔或用旋塞之開關而調整之。

2.燃燒中之火燄應調節成完全燃燒之火焰，注意不應使其呈現紅色等不完全燃燒之現象。

3.調整器之調整螺旋，不應隨便旋轉。

4.注意不可使火燄因風吹或因膠管壓塞而熄滅。

(五)使用後之注意事項

液化石油氣使用後應注意下列事項：

1.關掉用具之開關時，如開關為旋塞式，必須將手柄旋至停止針之位置；如開關為閥式時，必須將手柄確實旋緊。
2.長時間之停止使用應將容器閥及開關緊閉。
3.容器內之石油氣用完時，容器閥亦必須關緊。

(六)洩漏時之處理

石油氣漏出時，應採取下列處置：

1.關緊容器上之開關。
2.熄滅附近一切火焰。
3.將門窗打開，使室內空氣流通，並將石油氣容器移出室外。

(七)對於漏氣時應注意事項

1.處理態度與心理上，必須沉著、敏捷、儘速採取適當的緊急措施，絕不可恐慌失措，尤避免強有力之行動致產生靜電或熱源引火而導致意外災害。
2.少量漏氣時，如短時間內有修復把握者，宜採取斷然措施，不致繼續之漏氣，最好應攜帶瓦斯濃度測定器（通知工程部），絕不可貿然拉下電氣開關切斷電源。
3.大量漏氣時，必須即時關閉鋼瓶上之開關，切斷電源停止操作，如著火時首先關閉開關救火，切記鋼瓶不致在最短時間發生爆炸之情事。

四、廚房安全守則

1.衣著方面：穿膠底平底鞋，帽子要戴著，圍裙和衣袖要綁好，胸前口袋中不要放火柴、香菸等物品，以免掉入食物中。

2.故障的推車，應馬上報修。

3.經過轉角時不要站在推車後面推，應該在旁拉，以便可看到轉角另一方的來人或來車。

4.推車進出電梯時要找人幫忙，特別是如果升降機與地面不完全在同一平面，更要小心。

5.潑棄出來的油、水和食物應立即清除。

6.不得用手撿杯子或盤子碎片，使用掃帚清理。

7.擦拭鍋爐前先確認鍋爐是否還是熱的。

8.作業結束打烊後之檢查工作必須確實嚴格執行，每晚按時繳交檢查表。

9.禁止吸菸。

五、餐飲服務安全守則

1.破損器皿、盤碟和銀器等，使用前和使用後都要加以檢查，發現破損馬上廢棄。

2.取用冰塊時一定要使用冰鏟，不得直接以杯子挖取或用手抓冰塊。

3.從客人背後上菜時，應預先通知。

4.倒熱的液體時，應將杯子拿離桌面。

5.托盤中不得擺過多的東西。

6.托盤不得超越坐在桌前客人的頭上。

7.不得談論或展示帳單上課人所簽下的名字或房號。

六、房務安全守則

1.穿著膠底平底鞋，不得佩戴鬆的飾物。

2.使用任何腐蝕性的化學物前，必須閱讀有關資料。

3.絕對不能把漂白劑與其他化學物混合。

4.布巾車如太重，較容易發生危險，推的時候手抓住車柄，而非推兩旁。

5.刮鬍刀最好先用紙包起來或放在指定容器中後才丟棄。

6.不得為沒有房匙的客人打開任何房間。

7.在浴室工作時，滑倒摔傷時常發生，應特別小心。

8.菸灰放出後，應倒入專設之不鏽鋼菸灰筒，以防菸火未熄重燃。

9.工作車推動行進時如遇客人迎面而來，應停止讓客人先行。

10.房間保養登高時應注意踏實與攀牢。

11.住客於房內使用自行攜帶的電器時（如電鍋、熨斗），應立即告知領班處理。

七、門衛安全守則

1.要確保大門的狀況良好，通道暢通。

2.除了指導客人安全地上下車外，自身的安全也要注意。

3.確保大客車和計程車司機遵守飯店所訂定的安全規則和程序。

4.瞭解火災或當救護車、警車來時的應變程序。

5.遇包商清洗飯店外牆時，應予管制停車位，以防止物品墜下發生意外。

6.凡服裝不整齊，精神狀態顯著異常者，應拒絕其進入，並隨時與安全部門聯絡。

7.發現有人叫計程車顯得有意想迅速離開的話，應記下計程車號。

八、行李服務安全守則

1.幫助客人擺好行李，以防止絆倒的危險。
2.利用手推車可省時省力，但不可在車上堆積過多之行李。
3.在到客人房間途中，如發現任何不安全狀況，應立即報告上級處理。
4.發現可疑物品時，應立即報告上級，會同安全部門處理。
5.發現大廳大理石地板有積水時，用銅欄杆將該區圍起，以防客人滑倒。立刻報告上級，並請清潔組派人處理。
6.絕不可洩漏客人的房號。
7.任何包裹都要經由行李服務人員轉達給客人，不得讓它直接送到客人手上。

九、安全人員守則

1.維持飯店良好之公共秩序，並在指定位置與範圍內執行勤務，不得擅離職守。
2.安全人員執勤時整肅儀容、態度端莊、禮貌，隨時保持警覺。
3.熟記各地區消防設備之位置，以及熟悉操作方法，並隨時檢查其完整有效。
4.人人須具應變能力以處理非常事件及瞭解程序。
5.徹底執行勤務，務須公平、公正，切勿主觀感情用事，心存偏私。
6.進入停車場之車輛，先停車查看方准進入，駛出車輛如有載物品，一律須有放行單。

7.防止竊盜、火警意外事故之發生及緊急處理。

8.菸蒂、火種及可疑不明物品，隨時注意清除。

十、工程維護安全守則

1.穿著平底膠底鞋，不得佩戴容易鬆的飾物。

2.不得操作任何未受過操作訓練的設備。

3.操作機器時不得與同事交談。

4.一切工具在使用前要加以檢查以確保狀況良好。

5.如果所從事的工作對他人有危險性，應在四周放置「警告標示」。

6.油漬或其他易產生滑倒危險的東西應馬上清理。

7.絕不可拿壓縮空氣或電來開玩笑。

8.儲存東西不得高於離天花板一呎半處，或妨礙到滅火之撒水頭。

9.雙手濕時，站在濕的地板上或站在鋁梯上時，不可操作電器設備，修護電氣設備只能用木梯。

十一、辦公室安全守則

1.檔案櫃抽屜一次只打開一個，同時打開多個抽屜容易使櫃子失去平衡而翻倒。

2.抽屜用完後應立即關上，以免造成他人的傷害。

3.不得一邊走路，一邊閱讀。

4.延長線和電話線等固定，以免被它所絆倒。

5.使用塑膠指套以防被指割傷。

6.不得在辦公室內使用電壺燒水。

7.下班時最後離開者，要注意關妥門窗及電源總開關。

第三節　災害緊急應變處理措施

一、火災發生時之處理

(一)當火警確實發生時

首先發現之人應立即大聲告知「XX處著火」，以引起周圍人員之注意與發現，使周圍的人能協助，並迅速跑至最近之消防箱按下消防箱上方之「火警信號發信器」，以通知火災受信總機及副機之值班人員，並即刻打開消防栓箱門，取出滅火器或拉出消防水帶、水瞄，進行滅火之措施。

(二)總機室應採取的步驟

由火警受信副機盤上得知表示燈亮及警鈴響後，應採取下列步驟（應以所有之值班人員分別進行下列之通知）：

1.電話通知：火警指揮官及有關主管及負責人。
2.日間通知：火警指揮官、工程部經理、工程部、消防工程師、安全室、總經理、值班經理、火警區部門經理、財務部及其他經理。
3.夜間通知：工程部、安全室、值班經理、消防工程師、工程部經理、總經理、各部門經理、財務部、醫務人員或特約醫院。

(三)安全室於接獲火警成災之消息或電話後

1.安全室主管須立即趕往現場協助指揮救火，及一切必要之緊急措施與疏散。
2.安全人員須出動負責整個飯店之治安工作，除了必須協助引導旅客至安全方向疏散外，並應控制現場四周警戒。

3.疏散時須即刻打開不會受到煙火侵襲之安全方向之安全門及太平梯，指導客人疏散至安全地區。

(四)各單位之經、副理應指揮所屬之人員採取之步驟

1.所有各單位之消防班人員聞消防之訊號或廣播聲，則應速帶防煙面罩、消防器材，趕赴現場滅火及使用現場之消防栓、滅火器，盡其所能全力滅火搶救，控制火勢，使其不至蔓延擴大。
2.每層樓客房服務人員，由走廊及各個客房火警表示燈，查出發生事故之房間，即由消防栓箱上之火警報知器報警，並電告總機房號或地區後，並持滅火器或拉出消防栓水帶展開滅火之行動。
3.派員控制旅客用電梯口，禁止乘坐電梯逃生，並禁止使用緊急救火電梯逃生。
4.派員協助身體殘障者、老人、小孩，協助儘速疏散至安全地帶。
5.派員清除任何阻礙救火之通道。
6.廚房之人員應關閉瓦斯栓、抽煙機、鼓風機及廚房用之動力電源（非必要不要關閉電燈，以免妨礙救火之工作）。

(五)會計經理及財務出納

1.保護所有現金、帳冊及客人委託保管之貴重物品，以防被竊或燒損。
2.如須現金使用須隨時支援。

(六)總務部之救護支援行動

1.設置臨時之救護站，通知醫生及醫護人員作緊急醫療之工作。
2.盡量備妥飯店汽車不作他用（不再派車接送旅客），留作救護及其他支援之工作。

3.輕傷包紮後送至安全地點，重者急救後送醫。

(七)總機室之「消防隊通知」及「緊急廣播」

1.消防之通知應由總經理、副總經理、消防工程師、值班經理，下達命令後才可通知，並應通知服務中心人員，以便引導消防車。

2.於接獲指示後速發出廣播，說明火災之狀況，請客人不必慌張，並廣播指導旅客如何逃生及疏散之方向地點。

二、天然災害發生之處理

在地震發生強震時，各部門從業員工應採取下列所述各項相關措施。

(一)工程部

1.立即停止鍋爐之運轉，並關閉桶裝瓦斯。

2.如有正在使用火種之工作（如電焊、氣焊、瓦斯噴燈等），應立即加以熄滅。

3.立即派人在中央控制室內待命，接聽到各區域緊急狀況時，應採取必要措施，及監視電梯之運轉狀況。

4.如地震後供電不穩，而發電機之供電線路又有問題時，應即停止電梯之運轉。

5.各有關之設備即刻派員查看，有無因地震而引起之異常狀態。

6.派員檢查主油管是否有損壞及破裂漏油。

7.派員檢查通信電話之線路是否正常。

(二)餐飲部

1.廚房作業人員，應即刻關掉各器具之瓦斯閥，對地震餘震過後，檢查所有瓦斯管及器具無異狀及破裂後，再打開瓦斯。

2.如有配電設備線路斷裂損壞，應即關閉電氣開關。

3.有翻落之破碎玻璃，應即刻清除或以足夠之厚物遮蓋，以防人員割傷。

4.餐廳內在緊急狀況時，應依平時就選定之適當位置，引導客人在該位置避難。

5.從業人員應避免緊張，以免造成用餐客人之恐慌。

(三)客房部

1.如有房客發生災害，應即刻處理。

2.旅客之疏導及避難指引。

3.如有電氣線路問題發生，應即刻關掉電氣開關。

4.總水管破裂，應盡可能即時處理關掉該客房之總水閥栓。

5.應即刻掌握該層樓之從業員工、房客，以及行動不便之旅客安排逃生。

6.立刻清除安全梯之通路，供旅客逃生。

(四)其他部門

1.安全警衛人員，應即刻保持充分之警備狀態。

2.工作周圍環境內，如有引起之火災，應即刻加以撲滅。

3.有線路斷裂、水管斷裂、消防撒水頭爆裂、瓦斯管斷裂之緊急事故發生，應立即通知工程部搶修。

4.大廳之值班經理，應隨時瞭解狀況，採取必要之措施，並控制可能突發之狀況。

5.總機室注意廣播之待命，並採取應變措施並檢查通信之線路，及可能發生地震、火災之緊急應變措施。

(五)客房

應使用中、英、日語對照語言，印製注意事項，置於客房內。注意事項內容如下所述：

1.應注意翻倒或會落下之物體，盡可能用厚枕及被單覆住頭部及身體。
2.立刻關掉使用中之電氣設備，並拔去插頭。
3.馬上熄滅煙火。
4.不可驚慌，力求鎮靜，以便決定採取哪一種避難方式。
5.必要時在逃生時，應帶著濕毛巾，已備急用。
6.地震後發生火災產生濃煙時，逃生姿勢應採取蹲爬式以避免濃煙窒息。
7.逃生時，禁止使用電梯。

第四節　衛生工作

衛生工作為維護飯店服務品質之第一要務，所有員工應以清潔衛生為提供服務的首要原則。

一、環境衛生的工作原則

1.隨時注意盆景、地毯、地板、角落之清潔。
2.隨時注意桌、椅是否擺設適當及保養。
3.隨時注意玻璃器皿、陶瓷器皿之正確使用，注意脫釉或刮傷者，以確保安全衛生。
4.隨時注意所有電氣品、瓦斯是否放置妥當，以確保安全。

5.隨時注意備餐室、走道、出菜口、倉庫之整潔。
6.隨時檢查天花板、燈罩、牆壁、出風口之整潔。
7.隨時注意玻璃窗、周圍、窗簾、木框之整潔。
8.銀器、不鏽鋼器具必須定期妥善保養。
9.隨時注意桌面上餐具擺設是否正確、整潔。
10.隨時注意口布、圍裙、台布之清潔、燙平。
11.各式麵包籃、酒籃之整潔，並定期清洗保養。
12.隨時注意所有調味料瓶、罐、盅之整潔，並歸類放妥及定期清理。
13.定期保養所有銅器如各式海報架、銅柱、樓梯之邊條等。
14.隨時注意各式手推車，如點心、送餐、酒車、領貨車等，並確實清洗保養。
15.倉庫內物品須歸類放置，並製作標示，隨時保持整潔。
16.隨時注意及定期保養所有木器物品，以維長期使用。
17.隨時注意自助餐檯、蛋糕櫃、出納檯內外之整潔。
18.工作場所不准存放私人物品，如倉庫、服務櫃抽屜或小房間。
19.所有餐具應用托盤盛裝，並需附加墊布。
20.餐具之洗滌程序需嚴格確實，以維護衛生。

二、餐廳服務人員守則

1.隨時保持個人服裝儀容整潔，制服、名牌、識別證、圍裙、公司鞋需穿戴整齊。
(1)男性服務員除了公司所發之工作制服外，需穿著黑鞋、黑襪，不可蓄長髮、鬍鬚，並時常修剪指甲。
(2)女性服務員工作時需淡妝，除了手錶、戒指外不可佩戴其他飾品。如留長髮者必須將頭髮往後紮好，指甲必須時常修剪，不可留長指甲及擦指甲油。

2.不可在工作場所抽菸、嚼檳榔，食用客用食物或睡覺。

3.鋪設餐具或服務時不可觸摸到餐具內壁、杯口，以確保衛生。

4.拿取任何食品必須使用夾子，切忌用手直接抓取。

5.在工作場所不可用手摸臉、口、鼻及將手放於口袋中。

6.在工作崗位上必須確實注意儀態，不可斜靠桌角、椅背或服務台。不可雙手插腰或雙手交叉抱胸於工作場所。

7.在餐廳中不可聚集聊天、喧譁、製造噪音。

8.手部受傷者須妥善包紮好，以免汙染食品。

9.在營業場中切忌跑步、行動遲緩或突然轉身、停頓，以免相撞。

10.切忌將制服當抹布，務必確實保持制服整潔。

11.定期健康檢查及預防接種，並參加衛生講習。

三、廚房衛生守則

(一)廚房工作人員個人衛生守則

1.隨時保持儀容之整潔，頭髮、鬍鬚、指甲必須時常修剪。

2.到達工作崗位，公司所發之工作服必須穿戴整齊（如帽子、圍裙、工作鞋）。

3.隨時注意咳嗽或打噴嚏時，以手帕遮住鼻、口，以免唾液汙染食品。

4.處理生冷食品、抽菸或出入洗手間後，必須確實洗手，並以消毒劑消毒。

5.任何食品取用時必須使用夾子。

6.廚房工作人員身體不適或手部受傷者，主管應暫調其工作以免汙染食品。

7.手部受傷時，應以防水布包紮傷口。

8.調理食品時應戴「用畢即棄」手套。

9.廚房工作人員應定期接受健康檢查及預防接種，並參加衛生講習。

(二)廚房衛生管理：設備、機器、器械的衛生管理

◆冷藏（凍）庫管理

1.設置溫度指示器，確保冷藏溫度7℃以下，冷凍溫度-18℃以下。

2.庫內物品需歸類排列整齊，裝置容量增在50～60%之間，不可過滿，以利冷氣充分循環，如有必要時需加裝抽風機。

3.裝置冰箱須遠離熱源。

◆防止汙染

1.定期清洗、消毒（殘氯200PPM）確保清潔。

2.蔬果、海鮮、畜產類、原料或製成品，應分開儲藏，避免相互汙染。

3.熟食成品或生鮮食品應有適當的容器盛裝，密封或經包裝冷藏。

4.應鋪設棧板，並不得有積水。

5.食品儲存時間不可太長，確保其新鮮度。

6.冰箱或冷凍庫內不得堆放食品外之其他物品。

7.保持排水系統的暢通，遠離泥土塵埃。

8.所有廚具機器應定期檢修。

9.庫內之照明設備應充足。

(三)餐具的清洗管理

◆餐具洗滌程序

1.消除餐具上的殘留菜餚。

2.餐具分類，相似之餐具堆聚在一起，不鏽鋼之餐具應浸入藥水（SOILMASTER）0.25%之比例加水稀釋約二十分鐘；瓷器應浸入

藥水（DIPIT）0.25%之比例加水稀釋約十分鐘。

3.用水加以沖洗殘留在餐具上的油脂性汙物。

4.洗碗機的第一道清洗應用藥粉（SCORE），並應在溫度60℃～80℃，第二道用乾精加以洗濯在70℃～80℃之間，並每隔二至四小時要換水一次。

◆機器清洗

1.洗碗機在每次使用後須妥為保養，應用LIME-A-WAY徹底清洗。

2.關掉電源後，去除且清洗簾子，檢查機器是否狀況良好。

3.清理廢棄物排放管，檢查並清洗溢流處。

4.清理、清洗與漂洗管，並清理最後漂洗噴管。

5.用高壓水噴洗內部洗滌槽。

◆洗滌組

必須配合各單位定期保養餐具（含銀器類）隨時檢驗其清潔度。

(四)一般食品之儲存

1.乾物應置於通風處以避免腐蝕。

2.已煮過的或易於腐換之食物，不可置於室溫之上，應立即冷藏。

3.煮過的食物應放在淺盤內，使易於冷卻及使用。

4.妥善處理新鮮蔬菜、水果、醃肉及乳酪等。如保存太久即失去其品質及風味。

5.新鮮的果蔬應加以漂洗再使用。

6.奶油製品或調味料，肉或魚類的配料都不能保留一天以上。

7.肉類品應保持0℃～1℃之間。

8.保存乳製品及蛋類於5℃～-1℃之間。

9.果蔬應保存於5℃～10℃之間 並應裝入塑膠袋內，以防止水分失散。

10.冷凍食物之解凍應置於5℃或以下冷藏，用防水紙包好置於冷水中解凍。

(五)一般廚房之衛生應注意事項

1.砧板應分類使用，並標示用途，以避免熟食受到生鮮原料汙染。

2.砧板使用後應立即清洗並消毒，經過濾水85℃左右沖洗之後應側立，以免底部受到調理台面汙染。

3.抹布使用後要洗淨消毒，浸泡於150PPM氯水中，或煮沸五分鐘，或蒸氣十分鐘以上消毒。

4.在設施（器具容器）方面，應注意生鮮食品與調理過之食品，應有分別，且所有容器須加蓋。

5.調理食物之區域或廚房內，不可放置有毒化學物質，如殺蟲劑、滅鼠劑等。

6.管制鼠類及害蟲，如老鼠、蟑螂、蒼蠅等會傳播細菌或毒物，均應注意及避免食物被汙染。

7.所有清潔工具必須置於特定地點，歸類放好，如拖把等。

8.倉庫之整理。

9.所有物品歸類放置，並製作標示。

10.新進貨品及存貨之使用，應有先後秩序，確保物品新鮮。

11.倉庫內不可存放任何私人物品。

12.定期徹底清理倉庫以防鼠患。

13.廚刀使用後必須確實歸類放置刀架上。

14.定期徹底清理如廚房角落、工作台接縫處、冰箱底部等。

15.隨時保持廚房之抽油煙罩、濾油槽的清潔。

16.隨時保持廚房不鏽鋼架上之碗盤、餐具，必須收存整潔。

附錄10-1-1 員工服裝儀容標準

外場服務人員儀容標準（女性）

頭髮	瀏海	不可遮蓋眼睛以免防礙視線
	顏色	頭髮不可挑染
	髮飾	黑色無珠飾或亮片的髮飾 請勿露出綁髮用之橡皮筋
	長髮	髮長過肩者，一律盤起於後腦紮成髮髻，需使用黑色髮網
	中髮	髮長未及肩者應梳理整齊，兩側頭髮不可散落遮住臉頰 髮長及肩者請依長髮規定
	短髮	應將雙耳露出，兩側頭髮不可散落遮住臉頰
臉部	口紅	選用亮紅色系列，適合自己之色系
	粉底	請選擇色彩柔和，對比不強烈且近膚色之粉底
	眼影	請選擇色彩柔和適合自己的顏色，可使雙目較有精神之色系
	眼鏡	請配帶無色隱形眼鏡
耳環	大小	勿大於耳垂
	色澤	K金、白金、珍珠、白鑽
	數量	每邊只可配戴一只耳環
手	手錶	每手只可配戴樣式簡單及素色錶帶的手錶一只
	指甲	指甲長度不可超過指尖
	戒指	每手只可配戴一只結婚或訂婚戒指 戒指飾樣應無墜子
	佛珠	勿配戴佛珠
	指甲油	餐飲部：不可擦指甲油；櫃檯：可擦無色指甲油
服裝	名牌	左胸前務必配戴名牌
	衣服	穿著整齊乾淨的員工服裝
	絲襪	膚色之絲襪
	鞋子	鞋面應隨時保持乾淨黑色素面及皮製之包鞋 鞋跟應依照部門員工服裝標準

附錄10-1-2　員工服裝儀容標準

外場服務人員儀容標準（男性）

頭髮	瀏海	請梳理前額瀏海，不可遮蓋眼睛，以保持額頭清爽並避免防礙視線
	顏色	頭髮不可挑染
	短髮	頭髮必須服貼，不可蓬鬆雜亂 兩側頭髮長度必須在耳上，不可覆蓋雙耳 頭髮不可過長而碰觸一領
臉部	鬍鬚	鬍鬚必須刮乾淨
	耳	勿配戴任何耳環
手	手錶	每手只可配戴樣式簡單及素色錶帶的手錶一只
	戒指	每手只可配戴一只結婚或訂婚戒指 戒指飾樣應無墜子
	佛珠	勿配戴佛珠
	指甲	指甲長度不可長過指甲
服裝	名牌	左胸前務必配戴名牌
	衣服	穿著整齊乾淨的員工服裝
	襪子	黑色無花素面襪
	鞋	黑色，素面及皮製包鞋 鞋跟應依照部門員工服裝標準 鞋面應隨時保持乾淨

附錄10-1-3　員工服裝儀容標準

廚房工作人員儀容標準（女性）

頭髮	瀏海	不可遮蓋眼睛以免防礙視線
	顏色	頭髮不可挑染
	髮飾	黑色無珠飾或亮片的髮飾 請勿露出綁髮用之橡皮筋
	長髮	髮長過肩者，一律盤起於後腦紮成髮髻，需使用黑色髮網
	中髮	髮長未及肩者應梳理整齊，兩側頭髮不可散落遮住臉頰 髮長及肩者請依長髮規定
	短髮	應將雙耳露出，兩側頭髮不可散落遮住臉頰
	帽子	一律著公司所發廚房白色廚師帽
耳環	大小	勿大於耳垂
	色澤	K金、白金、珍珠、白鑽
	數量	每邊只可配戴一只耳環
手	手錶	不可配戴手錶
	指甲	指甲長度不可超過指尖
	戒指	不可配戴戒指
	佛珠	不可配戴佛珠
	指甲油	嚴禁擦指甲油
服裝	衣服	穿著整齊乾淨的廚房服裝及長褲
	圍裙	白色乾淨圍裙
	襪子	吸汗之棉襪
	鞋子	黑色膠底鞋

附錄10-2　勞委會指定辦理體檢項目

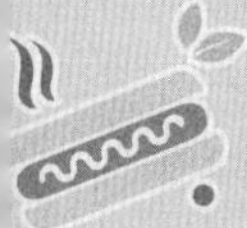

一、一般項目

檢查項目	內容	臨床意義
1.一般檢查	身高、體重、血壓、視力、聽力、色盲、醫師問診	受檢者得以傾訴個人目前身體狀況，配合現場物理檢查，醫師立即給予指導
2.尿液檢查	尿糖、尿蛋白、酸鹼值、尿潛血	尿路感染、尿糖、尿蛋白、結石或其他疾病
3.血液常規檢查	WBC白血球計數、MCV平均紅血球容積 RBC紅血球計數、MCH平均紅血球血紅素 HGB血色素、MCHC平均紅血素濃度 HCT血球容積比、PLT血小板計數	1.貧血 2.再生不良性貧血 3.急性感染
4.肝功能檢查	丙酮轉胺酵素（SGPT）	急慢性肝炎
5.腎功能檢查	肌酸酐（Crea）	尿毒、腎炎等腎臟疾病
6.血脂肪檢查	1.三酸甘油脂（T-G） 2.膽固醇（T-cho）	高血壓、糖尿病、動脈硬化、心臟疾病等
7.胸部X光檢查	Chest P-A	心臟肥大與否、肺臟呼吸道等疾病診斷

二、特殊項目

作業項目	檢查內容	備註
有機溶劑作業檢查	尿潛血、尿蛋白、紅血球RBC、血色素Hgb、血球容積比Ht、血小板Plat	
鉛作業檢查	尿潛血、尿蛋白、紅血球RBC、血色素Hgb、血球容積比Ht、血小鉛Pb	
特殊化學檢查（依作業性質而定）	尿潛血、尿蛋白、白血球WBC、紅血球RBC、血色素Hgb、血球容積比Ht、轉胺基酵素SGPT、珈瑪麩胺轉生酵素-GTP	
供膳作業檢查	尿潛血、尿蛋白、血壓、胸部X光、肺結核、梅毒、A型肝炎、傷寒、副傷寒等	
噪音作業檢查	聽力損失測定（500、1000、2000、3000、4000、6000、8000）耳道物理檢查	
粉塵作業檢查	胸部X光檢查	
高溫作業檢查	尿潛血、尿蛋白、血糖、尿素氮、肌酸酐、血色素Hgbb 血中電解質（鈉、鉀、氯）、心電圖、肺功能	

附錄10-3　餐飲衛生檢查表

檢查地點（外場）：＿＿＿＿＿＿＿＿＿＿＿＿＿＿

檢查者			
檢查者			
日期			

類別	項次	檢查項目說明	良好	不良	良好	不良	良好	不良
餐飲營業場所之衛生	1	燈光應良好						
	2	通風空調應良好						
	3	不得有蚊子、蒼蠅及蟑螂、老鼠出現						
	4	食器不得有損及缺口						
	5	應備有公筷母匙						
	6	餐桌及餐椅應完好，不得有損壞						
	7	桌椅應乾淨						
	8	檯布應乾淨不得有損壞						
	9	壁紙、紗窗布、油漆不得有損害						
	10	地面、天花板、門窗、牆壁紗窗布應乾淨						
	11	餐廳內不得置清潔器具						
	12	盆景花草樹葉清潔，並不得有枯萎						
	13	服務人員之制服、儀容應整齊						
	14	服務人員不得佩戴飾物留指甲						
	15	服務人員應有健康檢查合格						
	16	服務人員不得有外傷及患病上班者						
	17	工作及準備中不得有抓頭、挖鼻子、挖耳朵、擦拭嘴巴之行為						
	18	如廁後及工作前應洗手						
	19	如廁後及工作前勿食大蒜等造成口臭之物						
	20	服務人員於工作前或準備中勿吸菸、飲食、嚼檳榔、口香糖等						
	21	送菜或水果時應用托盤						
	22	檯布、餐巾應不含螢光反應						

直接主管：　　　　　　　　　　間接主管：

檢查地點（外場）：________________

檢查者			
檢查者			
日期			

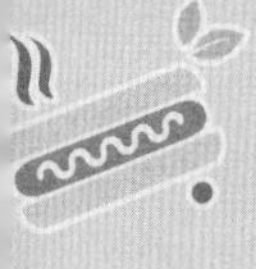

類別	項次	檢查項目說明	良好	不良	良好	不良	良好	不良
工作人員個人衛生	1	工作中不得有吸菸、嚼檳榔、口香糖及飲食物品等行為						
	2	工作中不得有抓頭、挖鼻子、挖耳朵、擦拭嘴巴之行為						
	3	工作人員不得留指甲、長髮及戴戒指，配戴腳鍊等飾物工作						
	4	工作人員應有健康檢查合格						
	5	服務人員不得有外傷、出疹、膿瘡等而仍工作者						
	6	工作人員患有感冒及其他傳染病而仍工作者						
	7	工作中雙手手指不得觸及餐具邊緣內及食物中						
	8	工作前、如廁後要洗手						
	9	工作中不可對準物品咳嗽、打噴嚏、吐痰						
	10	工作中不可隨意丟棄果皮及廢棄物						
廚房調理場所衛生	1	工作中應穿戴整齊衣褲、帽子						
	2	廚房地面、牆壁瓷磚是否有破損						
	3	牆壁地面是否乾淨						
	4	天花板是否乾淨						
	5	工作場所燈光是否有破損						
	6	廚具是否有損壞						
	7	抽油煙罩是否有清理						
	8	自動清洗油煙設備藥劑是否足夠、動作正常						
	9	處理生食與熟食之刀及砧板是否分開						
	10	刀器是否置於刀架上						
	11	砧板是否有刨平，是否有清理乾淨						
	12	食品器具容器包裝材料不得與地面接觸						
	13	私人物品不得置於調理場所						

檢查地點（外場）：＿＿＿＿＿＿＿＿＿＿＿＿＿＿

檢查者			
檢查者			
日期			

類別	項次	檢查項目說明	良好	不良	良好	不良	良好	不良
廚房調理場所衛生	14	掃把、拖把等清潔器具不得置於廚房						
	15	不得留置與使用有缺口之餐具						
	16	不得利用回鍋油						
	17	菜餚廚餘及其他廢棄物應置於密封、有蓋之垃圾桶內						
	18	工作時間外暴露之食品須加濾網罩蓋住						
	19	原料與成品應分別妥善保存防止汙染						
	20	廚房內不得飼養牲畜						
	21	抹布餐具不得使用肥皂粉清洗						
	22	廚房紗窗是否有破損						
	23	熟食品應用食器盛裝密封或包裝後冷藏						
	24	調理台、爐灶台等工作台面及內部應乾淨						
	25	抽油煙機之濾網及天花板之濾網是否清洗乾淨						
	26	廚房內不得有蟑螂等之病媒蟲出現						
	27	工作台、櫃子、爐罩、蒸籠是否有損壞						
	28	蒸籠是否乾淨						
	29	不可在調理台上工作或坐臥						
食品原料及成品之儲存衛生	1	乾燥食品及食品原料不得置於地面上，應置於砧板上						
	2	乾料倉庫應清潔、地面牆壁不得有破損、通風良好、天花板不得有破損						
	3	食品原料之有效日期不得超過						
	4	食品原料應擺設整齊，最好有庫名之命名 進貨數量及日期表						
	5	餐物櫃應清潔，內扇良好						
	6	冷凍庫及櫃應保持-18℃以下						

檢查地點（外場）：______________________

檢查者			
檢查者			
日期			

類別	項次	檢查項目說明	良好	不良	良好	不良	良好	不良
食品原料及成品之儲存衛生	7	冷藏庫及櫃應保持5℃以下						
	8	冷凍、冷藏庫及櫃內置放之物品不得重疊過多且不得堵住出風口及回風口						
	9	冷凍、冷藏設備應經常除霜						
	10	冷凍、冷藏設備內部應乾淨清潔						
	11	蔬果、水產、畜產、原料及製品應分開儲藏避免汙染						
	12	熟食品應用容器盛裝密封或經包裝放冷藏或冷凍						
	13	乾料倉庫應設有效防止病媒（昆蟲、蟑螂、老鼠等）侵入之設備						
	14	儲存物品之乾料倉庫及冷凍、冷藏庫應不得有蟑螂之病媒蟲						
	15	所有物料應依先入先出之原則儲存使用						
給排水／清洗設備及廢棄物之衛生	1	冷熱水龍頭不得有漏水之現象						
	2	排水溝是否乾淨、排水是否順暢、排水溝蓋是否清潔						
	3	各洗滌水槽曹是否乾淨、排水是否順暢、排水口是否有濾網、排水管是否脫落						
	4	濾油槽是否有清理						
	5	爐灶排水槽地底及店面排水是否有積水						
	6	洗碗機是否有漏水、漏氣現象						
	7	洗碗機是否有清潔、是否有私人物品置於洗碗機附近及物品、衣、鞋在晾乾						
	8	洗碗機之清潔濟及乾燥劑是否充足						
	9	不得使用肥皂粉、肥皂水清洗食器						
	10	洗碗機之清潔及消毒溫度是否正確						
	11	餐具消毒應良好，不得有大腸桿菌						
	12	餐具應不得有破損之食器						

檢查地點（外場）：________________

檢查者			
檢查者			
日期			

類別	項次	檢查項目說明	良好	不良	良好	不良	良好	不良
給排水／清洗設備及廢棄物之衛生	13	清洗完成之食器不得直接置於地面上						
	14	自來水之餘氯應標準（200PPM以內）						
	15	廚房地面之防滑地墊是否乾淨清潔						
	16	餐具之洗滌（殘留油脂、澱粉）應合乎規定						
其他	1	打掃用具是否清潔及整齊						
	2	製冰機之取冰杓把柄應裝於塑膠套並置於密封桶內						
	3	廚房內之自動門開關器應正常						
	4	廚房內之清潔設備應正常、滅火器應在定位						
	5	清潔及消毒之紀錄						

直接主管：　　　　　　　　　　間接主管：

附錄10-4　餐廳廚房夜間檢查表

單位：　　　　　　　　　日期：　年　月　日　　當班者下班後交回餐飲部辦公室

項目	檢查項目	是	否	檢查結果	項目	檢查項目	是	否	檢查結果
1	抽油煙機是否關閉				17	烤爐廚具是否堆放整齊			
2	抽油煙機是否清洗				18	烤爐處是否清潔			
3	爐台及爐面是否清洗				19	烤爐火是否熄滅			
4	調味料是否加蓋				20	點心廚具是否清潔			
5	排菜廚櫃是否清潔				21	洗滌槽及台是否清潔			
6	水溝（蓋）是否清洗				22	水源是否關閉			
7	廚房地板是否乾淨				23	火源是否關閉			
8	砧板是否清洗並晾乾				24	瓦斯爐火是否關閉			
9	刀具是否光量置放整齊				25	電器及插座是否關閉			
10	砧板台廚櫃是否清潔				26	冰箱及冷凍櫃是否上鎖			
11	冰箱是否擦拭乾淨				27	抹布是否清潔晾乾			
12	儲藏庫物品是否堆放整齊				28	廚房內是否有私人物品			
13	儲藏庫物品是否清潔				29	廚房各出入口是否上鎖			
14	蒸籠是否清潔				30	運送物品電梯是否清潔			
15	蒸籠台是否清潔				31	是否有人留守			
16	各個廚櫃抽屜是否置放私人物品				32	其他交待事項			

請確實執行，責任擔當　檢查者：

國際觀光旅館人力資源部門主管業務

人力資源管理部門例行業務相當繁雜，舉凡各項與員工相關的事務皆可歸屬於人力資源管理的職責之一。擔任人力資源部門主管必須要規劃與統整所有的人力資源業務，大致上可分成參與各項相關會議、會同各部門檢查、人事行政、教育訓練、員工福利等，以下將人力資源管理部門主管相關業務以列表方式，供作參考。

一、參與定期與不定期相關會議

- 每日晨會：彙報飯店人事異動狀況，報告最新勞動法令增修事項，人事業務與教育訓練工作進度以及配合與協調相關單位檢查工作進行事項。
- 每週部門主管會議：協調各部門達成公司人力資源目標並適時提出建議。
- 每月各部門檢討會議：人事主管出席，並對本月人事與教育訓練工作提出檢討。
- 勞資會議：人資主管為資方當然代表。依勞工局規定，每三個月至少開會一次。宣達公司重要政策與事項，包括工時調整、獎金發放政策、考績評核方式以及勞資協商等與勞工協調過程之會議紀錄，報備縣市政府勞工局。
- 勞工退休準備金監督委員會：人資主管為委員之一。每三個月開會一次。報告勞退舊制提撥至中信局的累計金額，勞退新制實施之情況以及說明公司退休政策。會議紀錄需報備存查。
- 勞工安全衛生會議（館內）：勞工安全衛生宣導。
- 觀光飯店同業人事主管月會：每二個月開一次，由各觀光飯店輪流主辦。
- 職工福利委員會會議：人資主管為福利會總幹事。福委會開會

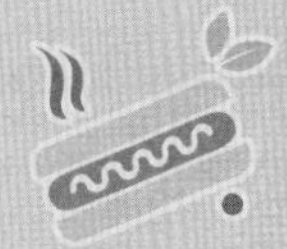

每季開會一次。

- 勞動法令宣導會議：勞動部、勞工局、勞保局、健保局不定期舉辦勞動法令宣導。
- 勞工安全衛生促進會（館外）：定期參加同業餐飲業勞工安全衛生促進會會議。
- 安全聯防會議：協區分局定期實施，由轄區內觀光旅館輪流舉辦。
- 民防會議：轄區分局每年定期實施一次。

二、會同各部門與各相關單位檢查

- 館內清潔檢查：每週由各部門主管實施全館清潔檢查，人資部彙整檢查結果後，呈請層峰批示。
- 勞動檢查：休假紀錄、勞資會議紀錄與報備文號、勞工退休準備金監督委員會紀錄與報備文號、工作規則、勞工安全衛生規則報備文號、最新勞動法令宣導、勞工申訴管道辦法與信箱、性騷擾防治與處理辦法。
- 勞工安全衛生檢查：勞工安全衛生管理員或管理師、勞工安全衛生業務主管之編制員額資格與證照、鍋爐執照、壓力容器執照、24小時需有執政人員輪值、水塔清洗紀錄、電梯保養紀錄、工安日誌紀錄、機電設備保養紀錄、職業災害統計表、儲水槽檢查、化學用品存放與檢查。
- 勞工局、勞檢處檢查：勞工局與勞檢處不定期針對勞動條件抽查。
- 安全聯防檢查：轄區分局每年度實施轄區內觀光旅館之安全及錄影監視設備與人員安全編制檢查。
- 消防局與建管處檢查：消防局針對消防逃生設備、逃生門、逃生動線以及消防逃生標誌檢查。

- 安全衛生檢查：驗收、處理過程、冷凍室、冷藏室、食品倉庫、廚房、餐廳、廁所、水塔、消毒、病媒蚊防治。菸害防治與禁菸標示；客房部與餐飲部自行查核表；員工健康檢查紀錄表。
- 環保局抽查：館內塑膠袋使用、垃圾袋、垃圾分類及廢棄物與餿水、廢水、廢氣、排煙處理、餐廳客用廁所檢查。

- 員工服裝儀容檢查：每日營業前以及隨時注意員工服裝儀容是否合乎公司規定。
- 員工健康檢查：新進人員體檢、每年度行政人員、供膳人員、高溫噪音作業人員檢查。

- 觀光旅館年度檢查：餐飲與客房硬體、飯店各部門指定之文件資料、各種必要之標示。
- 觀光旅館星級評鑑、餐飲業食品安全管制系統衛生評鑑：採申請制。
- 觀光旅館禁菸標示：含吸菸室管理。

三、人事行政

- 員工招募：利用電子媒體與網路以及平面媒體徵求人才，並與求職者進行面談。
- 員工任用：個人基本書面資料審核與工作經驗評估分析。

- 員工考核：定期實施員工考核予員工工作內容之分析，作為調薪與獎金核發之依據。
- 員工退休：依照勞基法實施前後與公司規章辦理。
- 員工獎懲：根據實際情況依照公司規定辦理。
- 員工到離職程序：各項資料與體檢表繳交、勞健保作業監督、員工離職面談。

四、教育訓練

- 新進人員訓練：新進人員講習。
- 在職培訓課程訓練：不定期舉行。
- 服務人員專業課程訓練：各部門需依照表訂課程舉行。
- 服務人員語言訓練：定期英日語訓練或教育補助。
- 員工職涯發展規劃：培養優秀基層員工俱備擔任基層幹部與中高階主管之能力。
- 消防安全講習：每年舉辦兩次，每名員工每年至少參加一次。
- 安全聯防講習、民防講習：每年舉辦一次。
- 勞工安全衛生講習：每年舉辦兩次，每名員工每年至少參加一次。
- 安全衛生管理人員講習：依實際需求派員受訓。
- 急救人員講習：依實際需求辦理。
- 廚師年度講習：領有廚師證之廚師每年需上課8小時，四年須上滿32小時。

五、員工福利

- 員工旅遊：員工旅遊連絡以及審核費用事項。
- 員工三節獎金：春節、端午與中秋核發。
- 員工聯歡晚會：籌備員工聯歡晚會事項、安排表演及摸彩活動、表揚資深與優良員工。
- 員工健康檢查：檢查項目分一般人員、供膳人員、高溫噪音作業人員檢查。
- 員工餐廳：人事主管需管理員廚及員餐之事項，達安全衛生營業之基本要求。
- 員工宿舍：男女生宿舍合約管理、水／電／瓦斯費繳交、宿舍會議、設備維護與修繕。

- 員工社團：員工社團活動安排。
- 員工勞工保險、全民健康保險：政府規定強制保險。
- 員工勞退提撥：舊制——中央信託局；新制——勞保局。政府規定強制提撥。
- 員工勞保給付等事項：根據勞保局規定辦理。
- 員工團體意外保險：避免雇主負擔職業傷害之理賠。
- 外勤人員意外保險：針對外勤人員加保意外險。

六、日常事務

- 處理日常文書公務：審核考勤異動、簽辦公文、層峰交辦規劃事項、審核來函文件。
- 勞動法令異動宣導：平日勞動法令異動公告宣導員工，並於勞資會議上作政策宣達。

- 工作規則、勞工安全事項與薪資制度修訂：根據勞動法令異動隨時檢討增訂與修訂。
- 主管值夜：部門主管以上輪流值夜，監督夜間外包清潔與消毒工作與客房之檢查。

- 主管值日：部門主管以上輪流值假日主管，協助全館假日工作順利進行。

七、其他重要事務

- 預算編制：年度人力資源與教育訓練預算編制與檢討。
- 人事成本控制：人力編制規劃以及同業產值比較檢討分析。
- 檔案管理：人事資料檔案儲存與保管。
- 證照管理：救生員換證、運動教練合格執照、安全衛生管理人員（旅館、餐廳、浴室、美容美髮）、中餐乙丙級、西餐乙丙級、烘焙乙丙級、勞工安全衛生（主管、管理師、管理員）、防火管理人、鍋爐乙丙級、壓力容器、急救人員。

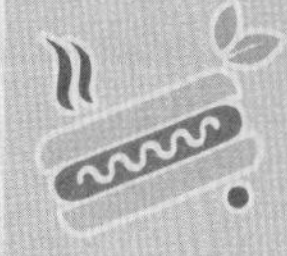

- 外籍專業人士居留證與工作證：外籍專業人士審核與體檢至職訓局與移民署辦理。
- 外包清潔與消毒：監督每日外包清潔與定期消毒工作是否確實與紀錄是否完整。
- 廢棄物處理：合約簽訂、監督平日垃圾以及每月大型廢棄物之處理。
- 餿水處理：監督每日餿水量，處理情形，以免遭環保局處罰。
- 開工與普渡：準備開工與普渡各項事宜。
- 優秀員工選拔與表揚：定期選拔與表揚優秀員工。
- 特殊假期：颱風假與選舉假之制定、修定、公告。
- 法院來函、健保局催繳函：員工債務扣薪、員工欠費催繳。
- 性騷擾防治與處理：依法須成立委員會與宣導。
- 勞資爭議處理：預防重於處理。

食品技師與技術證照人員需求

近幾年屢見的食安議題，卻嚴重影響台灣民眾的信賴指數與食品相關企業的長年聲譽，更引起主管機關與社會輿論之高度關切。因此衛生福利部近幾年研擬各類食品相關規範與管理辦法，與餐飲業息息相關，不僅要求設置專任專門職業人員——食品技師或營養師，對於持有技術證照人員比例亦有相關的規定。主要的管理辦法為「食品業者專門職業或技術證照人員設置及管理辦法」，相關辦法如下陳述：

食品業者專門職業或技術證照人員設置及管理辦法

中華民國103年2月24日部授食字第1031300273號令發布

第一條　本辦法依食品安全衛生管理法（以下簡稱本法）第十二條第二項規定訂定之。

第二條　本辦法適用於中央主管機關依本法第十二條第一項經公告類別及規模之食品業者。

第三條　本辦法所稱專門職業人員，指經考試院專門職業及技術人員高等考試及格，並領有證書者；所稱技術證照人員，指領有中央勞動主管機關所核發之技能檢定之技術士證者，或經其認可之專業認證機構所核發之具有技術士證同等效力之技能職類證書者。

第四條　經中央主管機關依本法第八條第二項公告實施食品安全管制系統之食品業者，應依其類別置專任專門職業人員至少一人，其範圍如下：

一、肉類加工業：食品技師、畜牧技師或獸醫師。

二、水產品加工業：食品技師、水產養殖技師或水產技師。

三、乳品加工業：食品技師或畜牧技師。

四、餐飲業：食品技師或營養師。

前項各款人員，應曾接受中央主管機關認可之食品安全管制系統訓練機關（構）（以下簡稱訓練機關（構））辦理之課程六十小時以上，且領有合格證書；從業期間，應每年至少八小時接受訓練機關（構）或其他機關（構）辦理與該系統有關之課程。

前項其他機關（構）辦理之課程，應經中央主管機關認可。

第五條　食品業者應依其類別置專任之技術證照人員，其範圍如下：

一、餐飲業：中餐烹調技術士、西餐烹調技術士或烹調相關之技術士。

二、烘焙業：烘焙食品技術士。

前項食品業者所聘用調理烘焙從業人員中，其技術證照人員比率如下：

一、觀光旅館之餐飲業：百分之八十五。

二、承攬機構餐飲之餐飲業：百分之七十五。

三、供應學校餐飲之餐飲業：百分之七十五。

四、承攬筵席餐廳之餐飲業：百分之七十五。

五、外燴飲食餐飲業：百分之七十五。

六、中央廚房式之餐飲業：百分之七十。

七、自助餐飲業：百分之六十。

八、一般餐館餐飲業：百分之五十。

九、前店後廠小型烘焙業：百分之三十。

依前項比率計算，小數點後未滿一人者，以一人計。

第六條　技術證照人員從業期間，每年至少八小時應接受各級主管機關或其認可之衛生講習機關（構）辦理之衛生講習。

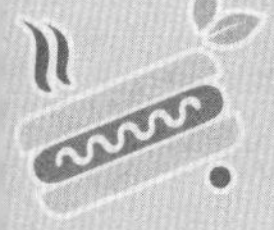

第七條　第四條專門職業人員，其職責如下：

一、食品安全管制系統之規劃及執行。

二、食品追溯或追蹤系統之規劃及執行。

三、食品衛生安全事件緊急應變措施之規劃及執行。

四、食品原材料衛生安全之管理。

五、食品品質管制之建立及驗效。

六、食品衛生安全風險之評估、管控及與機關、消費者之溝通。

七、實驗室品質保證之建立及管控。

八、食品衛生安全教育訓練之規劃及執行。

九、國內外食品相關法規之研析。

十、其他經中央主管機關指定之事項。

第八條　第五條技術證照人員，其職責如下：

一、食品之良好衛生規範準則相關規定之執行及監督。

二、其他經中央主管機關指定之事項。

第九條　食品業者依本辦法置專門職業人員或技術證照人員時，應檢具下列文件，報直轄市、縣（市）主管機關備查；異動時，亦同：

一、專門職業或技術證照人員名冊。

二、前款人員之資格證明及在職證明。

三、公司、商業或工廠登記文件。

第十條　本辦法自發布日施行。

另外則有「食品安全管制系統準則」於中華民國104年6月5日部授食字第1041302057號令訂定之。「食品良好衛生規範準則」於中華民國103年11月7日部授食字第1031301901號令發布，準則中針對中餐烹調從業人員之中餐烹調技術士證持證比率有所規定，如觀光旅館之餐廳為百分之八十持證比例。

附　件

附件一：工作分析與說明

一、連鎖餐飲事業組織架構圖

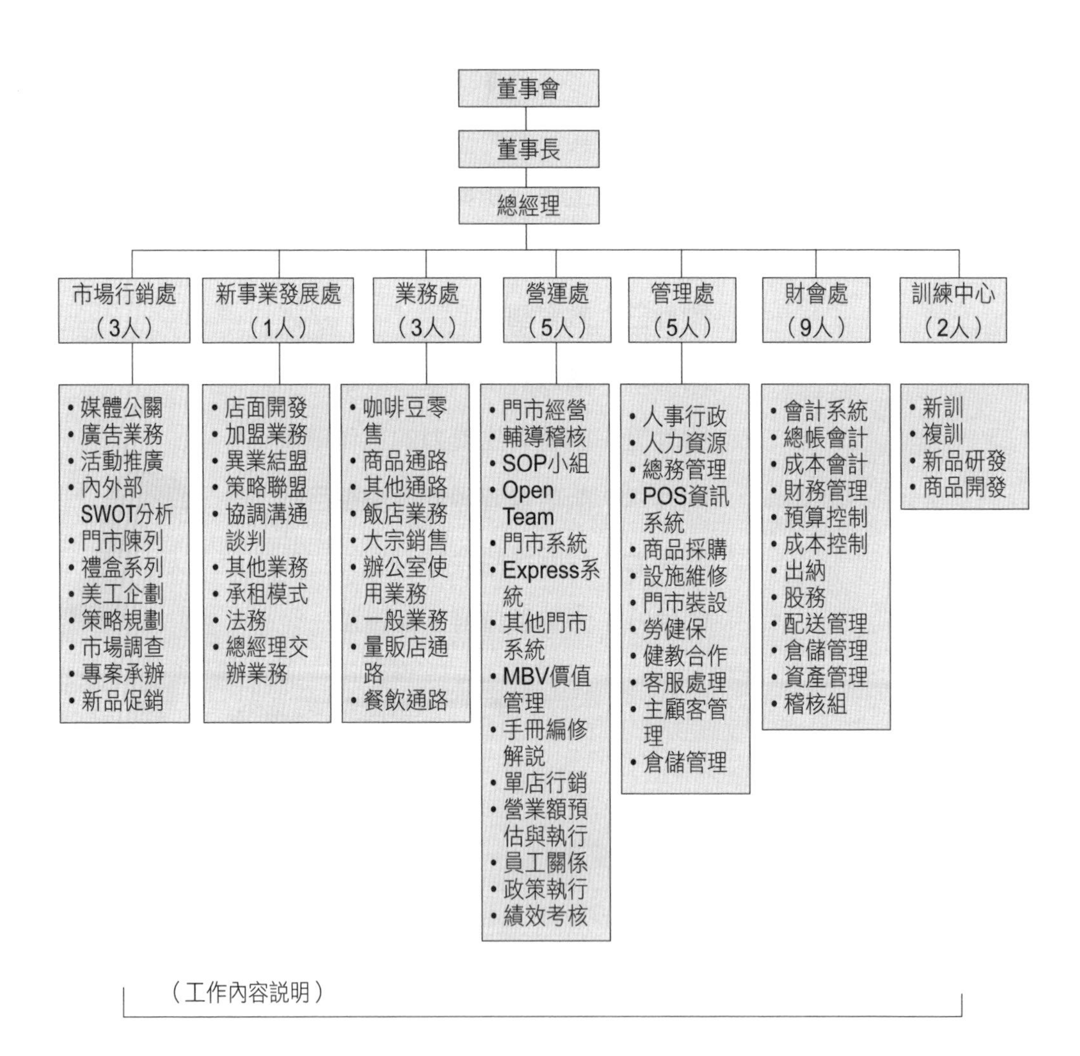

透過詳細且縝密的組織架構與工作內容說明，可以協助人力資源部門完整地工作分析設計與工作說明書與工作規範。

二、客房部組織架構圖

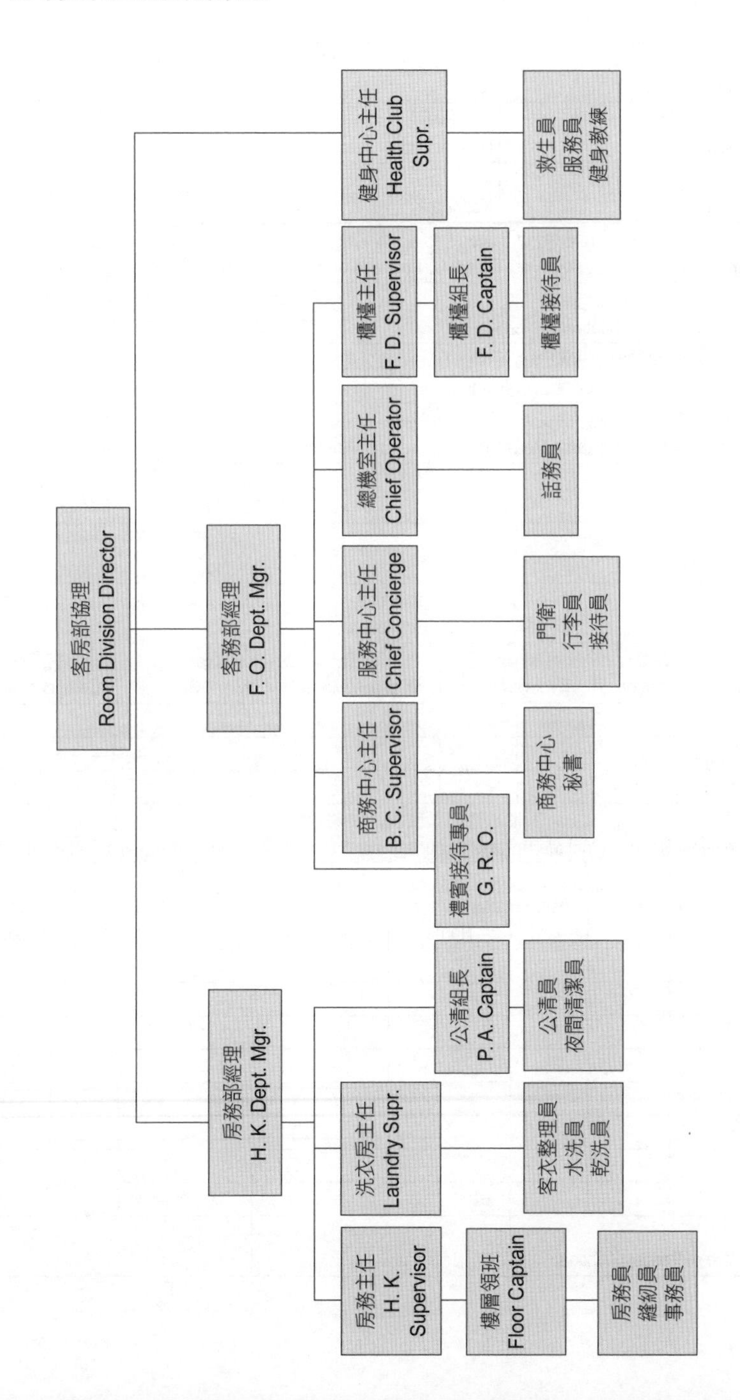
客房部協理
Room Division Director
客務部經理
F. O. Dept. Mgr.
房務部經理
H. K. Dept. Mgr.
健身中心主任
Health Club Supr.
救生員
服務員
健身教練
櫃檯主任
F. D. Supervisor
櫃檯組長
F. D. Captain
櫃檯接待員
總機室主任
Chief Operator
話務員
服務中心主任
Chief Concierge
門衛
行李員
接待員
商務中心主任
B. C. Supervisor
商務中心
秘書
禮賓接待專員
G. R. O.
公清組長
P. A. Captain
公清員
夜間清潔員
洗衣房主任
Laundry Supr.
客衣整理員
水洗員
乾洗員
房務主任
H. K.
Supervisor
樓層領班
Floor Captain
房務員
縫紉員
事務員

附件二：人力需求

姓名 Name	中文 Chinese	性別 Sex	身分證字號ID No.#/ Passport No.	請貼最近二吋照片一張
姓名 Name	英文 English	出生日期 Date of Birth		
籍貫 Native Province		國籍 Nationality		
申請何種工作 Position Applied	□全職Full Time □兼職Part Time	可工作時段 Time Preference		
希望待遇 Salary Expected	可工作地點 Location Preference	血型 Blood Type		
婚姻狀況 □未婚Single □已婚Married □離婚Divorced Marital Status □分居Separated □懷孕Pergnant		身高 公分 Height cm		
兵役問題 □尚未服役Waiting for □已服役Discharge Military Service □免役原因Exemp Reason		體重 公斤 Weight kg		
現住地址 Present Address			聯絡電話 Tel. No.	
戶籍地址 Permanent Address			聯絡電話 Tel. No.	

教育程度
Education

學校名稱 Name of	地點 Location	自From 年Year月Month		至To 年Year月Month		就讀科系 Major Subject	有無畢業 Certificate Detaine

經歷（包括現職以年月先後順序詳列）
Employment Record（Include Present Occupation and List All Past Jobs in Chronological Order）

服務機構 Name of Company	地點 Location	職位 Position	主管姓名 Supervisor's Name	自From 年Year月Month	至To 年Year月Month	薪給 Salary	離職原因 Reason for Leave

申請職位第二選擇 Second Choice of Postion Applied		

<table>
<tr><td colspan="6">職業或技術訓練
Special Vocational or Technical Training</td></tr>
<tr><td>訓練機構
Name of School</td><td>地點
Location</td><td>訓練課目
Training Course</td><td>自From
年Year月Month</td><td>至To
年Year月Month</td><td>有無畢業
Certificate Detaine</td></tr>
<tr><td></td><td></td><td></td><td></td><td></td><td></td></tr>
<tr><td></td><td></td><td></td><td></td><td></td><td></td></tr>
<tr><td></td><td></td><td></td><td></td><td></td><td></td></tr>
<tr><td>專長Skill
及&
嗜好Hobbies</td><td colspan="2"></td><td colspan="2"></td><td></td></tr>
</table>

<table>
<tr><td colspan="6">語文（請以很好、好、平平表示程度）
Languages Name and Indicate The Extente of Your Competence (Ex: Excellent, Good, Fair)</td></tr>
<tr><td colspan="2">語文名稱Language Name</td><td>聽Listen</td><td>講Speak</td><td>讀Read</td><td>寫Write</td></tr>
<tr><td></td><td></td><td></td><td></td><td></td><td></td></tr>
<tr><td></td><td></td><td></td><td></td><td></td><td></td></tr>
<tr><td></td><td></td><td></td><td></td><td></td><td></td></tr>
<tr><td colspan="6">目前是否仍Are you still □在職at Work □在學a Student
目前上班或上課時間（請詳細填寫）Detail Shift Time (Present)</td></tr>
<tr><td colspan="6">為何想換工作Why Dod You Wish to Change Your Present Job ?</td></tr>
<tr><td colspan="6">是否因涉案列有前科紀錄或交付管束（如有請說明原因）
Have You Ever Been Arrested ? State (Circumstances If Yes)</td></tr>
<tr><td colspan="6">健康狀況Health Records
1.是否近視Are You Near Sighted □否No □是Yes 度數 左Left 右Right
2.需配戴眼鏡Do You Wear □眼鏡Glasses □隱形眼鏡Contact Glasses
3.是否有下列缺陷Do You Have Any Defects in
□說話Speech □聽覺Hearing □視力Sight □四肢Limbs □其他Others
4.最近兩年來，曾否患重病，或曾動過手術，是否有其他長期或慢性疾病？
Have You Had Any Serious Illnesses or Operations Within The Last Two Years ?
Do You Have Any Chronic Diseases ?

如有者，請詳細說明If Yes, Please Give Details</td></tr>
<tr><td colspan="6">是否備有交通工具？駕照？Do You Have Any Transportation ? Lcences ?</td></tr>
</table>

家庭狀況（包括父母、岳父母、配偶、子女、兄弟、姊妹） Information Regarding Family (Including Parents Parents-in law Spouse Children Brothers Sisters)							
親屬關係 Relation	姓名 Name	年齡 Age	職業 Occupation	親屬關係 Relation	姓名 Name	年齡 Age	職業 Occupation

前來應徵之消息來源What Source Referred you ?

介紹人Introducer

姓名 Name	服務處所及職位 Company & Position	關係 Relation	住址 Address	聯絡電話 Tel. No.

請列舉所認識之非親屬（如僱主、老師、同學、朋友等）3人
List Three References (Ex. Friend Classmate Teacher)

姓名 Name	服務處所及職位 Company & Position	關係 Relation	住址 Address	聯絡電話 Tel. No.

意外通知何人？
Person to Notify in Emergency Cases

姓名 Name	關係 Relation	住址 Address	聯絡電話 Tel. No.

*鄭重說明表中所填各節均屬實在如有虛報情事本人願受解職處分
I Authorize Investigation of All Statements Contained in this Form and Understand that Any False Statements Made Herein Will be Sufficient Cause for Termination

申請人　　（簽名）　　申請日期

Applicant's Signature　　Date

*申請人自申請日期起一年內未經錄用，本表即以銷廢
This Form Will be Removed from Active File. If Applicant is not Employed Within a Year From The Date is Submited.

此頁僅供公司使用 申請人請勿填寫

Don't Write This Page, For Office Use Only

<table>
<tr><td colspan="10">考選人員意見</td></tr>
<tr><td>考試類別</td><td colspan="4">□熟練之機器工具及專業技術測驗 分
□英文打字每分鐘 字
□中文打字（輸入）每分鐘 字
□英文速記每分鐘 字</td><td colspan="5">□財務測驗______等
□ ______ 筆試成績 ______ 分
□電腦______
□智力測驗______</td></tr>
<tr><td rowspan="4">外語測驗</td><td></td><td>聽</td><td>說</td><td>讀</td><td>寫</td><td></td><td>聽</td><td>說</td><td>讀</td><td>寫</td></tr>
<tr><td>英語</td><td></td><td></td><td></td><td></td><td>德語</td><td></td><td></td><td></td><td></td></tr>
<tr><td>日語</td><td></td><td></td><td></td><td></td><td>西班牙語</td><td></td><td></td><td></td><td></td></tr>
<tr><td>法語</td><td></td><td></td><td></td><td></td><td></td><td></td><td></td><td></td><td></td></tr>
<tr><td>初試考評建議</td><td colspan="9">以學識、經驗、技能、儀表及能否勝任現職為重</td></tr>
<tr><td>複試考評建議</td><td colspan="9">以能否達到公司水準及職務需求之細節為重</td></tr>
<tr><td colspan="5">人事部簽擬</td><td colspan="5">總經理批示</td></tr>
<tr><td colspan="10">1.擬派單位及職務：
2.試用期間擬定月薪：
3.到職起新日期：
4.其他：</td></tr>
</table>

1

編制	現有	錄取	擬離	工讀	實習

2

編制	現有	錄取	擬離	工讀	實習

附件三：教育訓練

一、餐飲部訓練員實行方案

對大多數經營餐旅服務的企業而言，剛接觸外場服務工作的新進員工，由於必須馬上面對繁重的工作內容、緊迫的時間壓力及來自顧客的直接反應，經常在最初的幾週內，即因為無法承受種種衝擊，而產生離職的念頭，進而造成人才的流失！

為了協助新進人員及早適應工作環境，從容面對各種壓力的來臨，特別依據新進人員不同的背景、需求，設計妥善的訓練計畫，其中之「訓練員培訓專案」即為鼓勵大專院校畢業生能加入飯店的行列所成立，希冀透過此一專案能提升飯店服務品質並培育出優秀飯店管理人材。

其受訓流程共為期二十週（四個半月），依時間先後分為七個階段，茲陳述如下：

訓練流程	週別	實施時間	訓練內容	講師／執行人員
第一階段	1	三天半	•新進人員講習 •部門職前訓練	由訓練中心及各相關單位指派
第二階段	1～11	約十週	•單位在職訓練	單位主管指派之指導員
第三階段	11	二天半	•前十週工作心得檢討 •加強訓練	訓練中心專任講師
第四階段	12～18	約六週	•單位在職訓練	單位主管指派之指導員
第五階段	18	二天半	•工作心得總檢討 •加強訓練	訓練中心專任講師
第六階段	18～20	約二週	•單位在職訓練 （廚房見習）	單位主管指派之指導員
第七階段	20	訓練結束後，由訓練中心安排時間實施	•考核評估——筆試、口試	總管理處訓練中心 餐飲部、單位主管

相關資料詳見附件：

附件3-1：餐飲部訓練員四個月半訓練課程與流程

附件3-2：在職訓練執行表

附件3-3：餐飲部訓練員追蹤表

附件3-1　餐飲部訓練員四個月半訓練課程與流程

週別	節目	大綱
一	報到參加「新進人員訓練」（FRESHMAN TRAINING FOR F&B TRAINEE） 計：28 HRS	1.新進人員講習（勞工安全衛生、員工用膳住宿規定、公司組織、部門主管介紹、安全管理規定介紹） 2.服務禮儀、電話禮儀暨顧客滿意服務 3.餐飲部部門組織及工作職掌介紹 4.餐飲部單位組織及工作職掌介紹 5.中、西餐服務流程介紹 6.餐飲基本英文、用語 7.餐飲服務守則 8.基本餐具之認識 9.餐飲基本技能練習
一～十	分發單位實務操作（ON THE JOB TRAINING） 訓練中心定期約談各訓練員	詳如附件3-2在職訓練執行表
十一	回訓練中心參加「加強訓練」（REINFORCEMENT TRAINING FOR F&B TRAINEE） 計：20 HRS	1.中西餐飲服務技能介紹 2.待客禮儀及餐飲加強用語 3.準備工作／結帳與送客要點 4.中、西式點菜技巧 5.中、西式菜單之基本認識 6.顧客心理與服務品質之提升 7.餐飲安全衛生常識 8.酒類知識——葡萄酒的認識
十一～十七	分發單位實務操作（ON THE JOB TRAINING） 訓練中心定期約談各訓練員	詳如附件3-2在職訓練執行表

（續）附件3-1　餐飲部訓練員四個月半訓練課程與流程

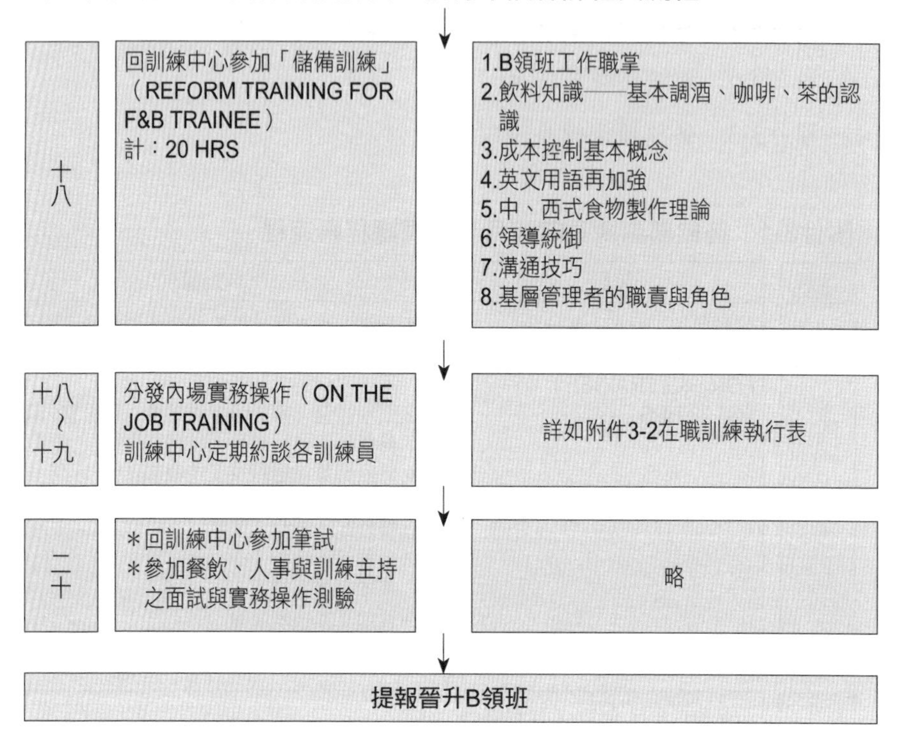

附件3-2　在職訓練執行表

餐飲部訓練員（姓名）：____________（單位）：__________ 訓練執行表（一）

週別	日期	訓練節目	訓練內容記載	打✓	指導員簽名	餐廳經理批示	備註
(一)		服務生工作環境認識	1.餐廳整體之介紹 2.如何擦拭餐俱、服務桌、托盤 3.餐廳配備放置、儲存 4.配備保養與使用時機 5.如何收拾與清理	□ □ □ □ □			
(二)		服務生基本工作	1.更換與搬運要領 2.布巾類規格之解說與清點 3.布巾之送洗，請領與清點 4.餐桌擺設之準備工作與技巧 5.自助餐檯之服務	□ □ □ □ □			
(三)		服務生基本工作	1.餐桌擺設要領與操作 2.跑菜要領與注意事節 3.菜單之解說 4.食物之介紹 5.上菜要領與注意事節	□ □ □ □ □			
(四)		服務生基本工作	1.飲料單之解說 2.飲料介紹與服務 3.酒席桌之擺設與服務（中宴） 4.小吃部之桌邊服務	□ □ □ □			
(五)		服務員基本工作	1.如何看點菜單 2.餐廳菜單之解說 3.訂席單之解說 4.西式早餐之介紹與服務（咖啡廳）	□ □ □ □			
(六)		服務員基本工作	1.酒席桌之獨立服務作業（中宴） 2.餐廳菜餚之解說 3.西式午、晚餐之介紹（西餐）	□ □ □			
(七)		服務員基本工作	1.依訂席單完成準備工作 2.西式單點之介紹 3.跑菜與上菜（西式） 4.配備之檢查	□ □ □ □			

（續）附件3-2　在職訓練執行表

週別	日期	訓練節目	訓練內容記載	打✓	指導員簽名	餐廳經理批示	備註
(八)		服務員基本工作	1.各式宴席擺設複習 2.如何開立點菜單 3.如何檢查工作區 4.如何調配工作責任 5.各種宴會型態之擺設	□ □ □ □ □			
(九)		服務員基本工作	1.服務員之桌邊服務 2.FLAMBE之操作與服務（法式餐廳） 3.跑菜、上菜、叫菜之要領與時間之控制	□ □ □			

（續）附件3-2　在職訓練執行表

餐飲部訓練員（姓名）：______________（單位）：____________ 訓練執行表（二）

週別	日期	訓練節目	訓練內容記載	打✓	指導員簽名	餐廳經理批示	備註
(十)		服務員基本工作	1.跑菜、上菜、叫菜之要領與內場之配合 2.如何向顧客介紹菜餚 3.如何開立點菜單 4.FLAMBE之操作與服務（法式餐廳）	□ □ □ □			
(十一)		B領班之工作職掌	1.領班責任區域工作要節 2.如何開立點菜單 3.如何引導服務人員服務客人	□ □ □			
(十二)			1.如何推銷飲料給顧客 2.如何注意服務上是否滿意 3.桌邊服務應注意事節	□ □ □			
(十三)			1.責任區應注意事節 2.餐廳生財器具之盤點 3.器具報廢與配備之報修	□ □ □			
(十四)			菜單之解說與菜餚口味特色及適用時機之介紹	□			
(十五)			菜單之解說與菜餚內容搭配及成本之介紹	□			
(十六)			點菜之要點與菜單酒單之推銷技巧	□			
(十七)			點菜之要點與菜單酒單之推銷技巧	□			

餐飲部訓練員（姓名）：______________（單位）：____________ 訓練執行表（三）

週別	日期	訓練節目	訓練內容記載	打✓	指導員簽名	餐廳經理批示	備註
(十八)		廚房工作見習	廚房之生產流程與分工體系之介紹	□			
(十九)			食物之製作與接單—製作—裝盤—出菜之控制過程認識	□			

＊第二十週回外場上班等候通知安排考試日期

附件3-3　餐飲部訓練員追蹤表

訓練員							
單位							
指導員							
到職日							
新進人員課程							
餐飲新進人員課程							
服務生實務操作							
考核							
11週加強訓練課程							
B領班實務操作							
考核							
17週儲備訓練課程							
廚房見習							
考核							
筆試							
面試							

二、廚務儲備幹部企劃案

(一)專案目標

為中長期培養廚務基層幹部，並期冀以具專業廚務訓練背景人員，提升現有廚務人員之整體素質即水準，及協助主廚策劃執行部分之行政作業。

(二)招募條件

1.國內外餐飲專科學校以上畢業者。
2.具一年以上相關實務工作經驗（含實習）。
3.具中華民國丙級餐飲技術士執照。
4.人員年齡限制22～30歲。
5.須由訓練中心暨各分店人事主管評估其外語能力及人格特質。
6.所預定培訓單位主廚得與其進行訪談，並提供意見，列入錄取考量標準。

人員兩年培訓結束並通過考核後，將給予三廚職務（或是個人特殊條件及學習狀況績效予以合理之調整）。

(三)培訓方式

1.兩年合約之簽訂。
2.採固定單位現場受訓制。
3.人員培訓期間每月由訓練中心訂定時間予以訪談，以瞭解實際培訓狀況並追蹤輔導其成效。
4.培訓期間須以每季考核確認其訓練成果，並於兩年結訓時予以結訓考試以確認其訓練成效。

(四)考核方式

1.平日考核

每月由其培訓單位之指導員及正（副）主廚就其學習心態與進度予以考核評量，並將其考核結果擲交訓練中心追蹤成效。

2.每季考核

培訓期間以每三個月為一訓練基數 兩年共考核八次，每次考核四小時，培訓期間所學習節目須由所培訓單位外之相關屬性單位正（副）主廚予以考核檢驗，未通過部分須評估考量其原因，並就其缺失部分再予以加強訓練。

3.結訓考核

受訓期間八次每季考核通過後，訓練中心將於廚務儲備幹部結訓後一週內排定（一日半）之結訓測驗，並由其受訓單位主廚擔任主考官予以實務及理論之監督及考核。

4.單位配置

實施初期之名額以各廚房不超過一名為標準，待實際執行此方案一年後，經整合分析評估其成效 再行決定是否增加員額。

附件四：績效評估與改善計畫

年度考績評核表OBJECTIVE

本辦法的主要目的在於使員工瞭解公司的經營方針，並經由下列事節的實現，促使員工將本飯店的工作視為一種永久性的發展事業。

Help employees understand company operation policy and look on our hotel as personal long-term career through the following objectives

1.協助員工改善目前的工作表現
Work peformance improvement

2.加強員工與主管間的意見溝通
Communication reinformation

3.預先擬定員工的事業前程計畫
Career planning and development

4.提供員工適當的教育訓練計畫
Training programmes

5.作為員工薪資及組織編制參考
Reference of salary and organization structures

6.當作公司未來事業擴展的參考
Reference of business expansion

Name： 姓名	Employee No： 員工編號
Position： 職位	
Deaprtment： 部門	Date of Hire： 到職日期
Appraisal Date From： 考核週期自	to： 至

SECTION 1：COMMENTS ON PERFORMANCE DIMENSIONS KET TO RATING
考核評比

Actor (total max. 100 merit points)		Points	Merits Rating
Job Knowledge 工作知識	Assess overall knowledge of duties and responsibilities of current job 對工作各方面的瞭解程度	10	
Quality of Work 工作品質	Assess neatness, accuracy and effective-ness of work 工作的正確、完整、簡潔	10	
Quantity of Work 工作數量	Assess acceptable volume of work under normal condition 完成工作數量	10	
Attitude 工作態度	Assess dsiposition and level of desireadn enthusiasm to work 對主管交代工作欣然接受	10	
Relability and Responsibility 責任心&信賴度	Assess eliability and responsibility toward work 對工作負責任及可信賴程度	10	
Initiative 進取心	Assess ability and willingness to orginate or develop ideas and to seek responsibility and knowledge 自動自發的進取精神	10	
Personalities 個人特質	Appearance, courtesy, loyality and leadship 良好的儀表、態度、忠誠度及領導能力以為同事表率程度	10	
Conduct and Character 操守與品格	Assess willingness to conform with organi-zational disciplines 遵守規章之操守程度	10	
Team Work 團隊精神	Assess willingness and ability to work with others 與同事間互相之合作程度	10	
Attendance Record 出勤狀況	Assess reliability with respect to attendance habits 出勤狀況良好且很少因個人事務請假	10	

Total Points__________
總分

OVERALL RATING：
總結

Specific Merit Areas for Develpoment
員工應繼續發揚之優點

____
____
____

Specific Demerit Areas for Improvement
員工應予改善之缺點

____
____
____

SECTION 2：PROMOTABILITY TRANSFER INTEREST POTENTIAL
預期晉升轉調及發展潛力機會

A. PROMOTABILITY晉升

YES

NO

POSITION	QUALIFIED NOW	When Qualified	(Month / Year)

B. Is Individual Interested in Transfer轉調意願

YES DEPARTMENT 1. ____________ 2. ____________

NO

C. POTENTIAL發展潛力

Not Promotable Prensently 目前不具晉升能力

Promotable as Indicated Above 如上所述具晉升能力

Beyond Indicated Promotability 已超出晉升能力

Hih Potential Personnel 具有高度發展潛力

SECTION 3：REPLACEMENT LIST A QUALIFIED REPLACEMENT IN YOUR DEPARTMENT

遞補

請在你的部門中預擬出一位遞補該職務之人員

NAME	PRESENT POSITION	QUALIFIED NOW	WHEN QUALIFIED (Month/Year)

SECTION 4：DEVELOPMENT AND ACTION PLANS
事業生涯規劃及計劃方針

NEEDS 需要	ACTION PLANS 行動	TIMING 時間

OVERALL SUMMARY COMMENTS綜合考評意見

EMPLOYEE'S COMMENTS員工意見

EMPLOYEE'S NAME
員工簽名

DEPARTMENT HEAD'S NAME
部門主管簽名

DATE
日期

DATE
日期

附件五：創造有生產力的工作環境

一、離職員工意見調查Exit Questionnaire

本資料僅供企業內部體質改進研究，所有內容與結論將不涉及任何個人考績與表現。請依照您個人最誠摯的對公司應改進的缺點提供意見，謝謝！

1.您目前的職位：☐主管　☐正職人員　☐計時人員　☐總公司人員 ☐工廠作業員 2.年資：__年__月　3.您的年齡：_____ 4.您的性別：☐男 ☐女

請您提供下列資訊：

1.請簡述您離職的原因：

____

____

2.如果可能，我們可以做到哪些與目前不同的事，而您就可以繼續留在公司服務？

____

____

3.如果可能，您做到哪些與目前不同的事 使您可以繼續留在公司服務？

____

____

4.在工作中，最令您感到快樂的是：

____

____

5.在工作中，最令您感到不快樂的是：

____

____

6.就您的意見，哪一件事，是令公司在未來保持一家成功公司最重要的一件事：

____

____

請就下列的敘述，表達您的看法

1＝強烈的不同意 2＝不同意 3＝沒意見 4＝認同 5＝強烈的不認同

1. 比較起我所擔負的責任，我的薪資待遇很公平 ______
2. 比較起同業的其他人，我的薪資待遇很公平 ______
3. 整體來說，公司有一套良好的員工福利制度 ______
4. 對我而言，公司一直能夠信守承諾 ______
5. 公司對管理的要求是高標準的自我要求，並總是言出必行 ______
6. 當我有好的表現時，總是會被稱讚 ______
7. 我總能收到對我工作表現有用的批評或建議 ______
8. 對公司最近與未來的發展，我都能適時的被告知 ______
9. 我總是隨時願意全心的提供我最好的服務給客人 ______
10. 公司對有能力有意願的員工，想要更進一步學習者，有適當的機會提供 ______
11. 我一直被鼓勵與公司一起成長 ______
12. 公司企業文化的環境是彼此互相尊重的 ______
13. 公司對所有員工的發展或待遇總能做到平等的原則 ______
14. 我能自在的與任何一位主管溝通而不需要恐懼 ______

15.我很驕傲曾經是公司的一份子。 ________

※如果您有其他的意見，也請不吝提供給我們作為改進的依據，謝謝！

____

____

____

____

________________________簽名　日期：　/　/

二、離職原因分析表

(一)請問你離開本公司原因「請於□打 ，可複選，選其他欄請略述原因」

1.待遇問題

□合理　□待遇低　□待遇不公平　□其他________________

2.升遷問題

□合理　□升遷機會少　□升遷不公平　□其他________________

3.管理制度問題

□合理　□不建全　□雖有規章，但未依規定辦理　□單位主管我行我素

4.工作環境問題

□尚可　□缺乏競爭對手　□經常調動　□工作氣氛　□同仁間不易相處　□辦公室不夠現代化　□人員素質差異太大　□其他________________

5.主管領導統御

□稱職　□不稱職　□其他________________

6.工作時間問題

☐可接受　☐時間太長　☐加班太多　☐其他________________

7.工作分配問題

☐合理　☐過多　☐過少　☐其他________________

8.教育訓練問題

☐尚可　☐不夠　☐沒有完善計畫　☐其他________________

9.福利措施問題

☐尚可　☐不夠　☐組織不健全，推動欠積極　☐其他________________

☐滿意　☐工作沒有保障　☐沒有述求管道　☐沒有成就感

10.工作感想

☐與應徵時所說有差異　☐沒有確定工作職掌、目標

☐其他________________

11.個人問題

☐升學　☐自行創業　☐另謀他職　☐家庭　☐健康問題　☐交通因素

☐其他________________

(二)你對本公司有何建議，請列述於下：

____

____

____

____

____

____

____

____

____

(三)員工意見調查Staff Opinion Survey

您的意見是絕對保密和不記名的：您要需要對不同節目表達您的意見，把適當的答案勾選起來，答案沒有對或錯之分，有些題目中的用詞可能不符合您的用詞習慣，但您只需要作出適合的選擇，如果不能對問題作出決定，或問題不適用於您，請選擇「無意見」作為答案。

	略為同意	同意	無意見	略為不同意	不同意
1.我有足夠的職權做好自己的工作	□	□	□	□	□
2.我上司很少在我工作表現良好時給予獎勵	□	□	□	□	□
3.管理階層聽取各個階層員工的意見	□	□	□	□	□
4.我部門通常有足夠的人手去應付部門的工作量	□	□	□	□	□
5.公司在收集員工的意見和想法方面做得並不足夠	□	□	□	□	□
6.我以能在飯店服務而感到自豪	□	□	□	□	□
7.從我們日常工作可見，飯店的確是十分重視服務品質的	□	□	□	□	□
8.我工作環境的條件能讓我發揮最高生產力	□	□	□	□	□
9.公司所提供的培訓，能夠讓我應付工作所需	□	□	□	□	□
10.我瞭解自己的工作表現是怎樣被評估的	□	□	□	□	□
11.據我所知，公司所發的薪水並不遜於其他飯店，甚至比它們更勝一籌	□	□	□	□	□
12.我通常不相信管理階層所說的話	□	□	□	□	□
13.此飯店內不同部門有太多重複的工作	□	□	□	□	□
14.在大多數情況下，員工可在飯店裡放心說出自己的想法	□	□	□	□	□

	略為同意	同意	無意見	略為不同意	不同意
15.我的部門員工士氣一般都很高昂	□	□	□	□	□
16.一般而言，員工更衣室設備令人滿意	□	□	□	□	□
17.在此公司我相信自己會有事業前景	□	□	□	□	□
18.我的上司定期向我反映我的工作表現	□	□	□	□	□
19.與公司其他從事相同或相似工作的同事相比，我覺得自己的薪水很合理	□	□	□	□	□
20.我覺得上一次員工意見調查的結果有得到明顯的處理	□	□	□	□	□
21.我部門和其他部門之間合作良好	□	□	□	□	□
22.我擔心因為未徵得上司意見而作出決定所帶來的錯誤，而受到懲罰	□	□	□	□	□
23.管理階層一般受到員工的尊重	□	□	□	□	□
24.我能夠獲得所需的設備和資源以達到我工作上的最高生產力	□	□	□	□	□
25.我希望在這一間公司有長遠的事業前景	□	□	□	□	□
26.我工作上有足夠的彈性，讓我可以按需要為顧客提供良好的服務	□	□	□	□	□
27.如果我對上司在重要事情上的決定感到不滿，我會毫無顧忌地向更高層反映	□	□	□	□	□
28.在我部門裡，員工受到鼓勵去提出創新的方法以解決工作上的問題	□	□	□	□	□
29.公司經常為了削減成本而犧牲了我們的產品及服務品質	□	□	□	□	□

	略為同意	同意	無意見	略為不同意	不同意
30.在這一間飯店，每個部門都制定能讓員工更容易為顧客服務的政策和程序	□	□	□	□	□
31.我對在影響自己工作的決定上的參與感到滿意	□	□	□	□	□
32.我上司特別偏袒部門內某些員工	□	□	□	□	□
33.公司的管理階層關注員工的福利	□	□	□	□	□
34.官僚作風嚴重的影響了我工作的效率	□	□	□	□	□
35.我有充分的機會獲得訓練，以增加我的工作能力去擔當更重要的職務	□	□	□	□	□
36.我認為自己的工作表現受到公正的評估	□	□	□	□	□
37.據我所知，公司所提供的福利制度並不遜於其他飯店，甚至比它們更勝一籌	□	□	□	□	□
38.管理階層相信這個階層員工的判斷能力	□	□	□	□	□
39.我工作表現好的時候會得到上司的讚賞	□	□	□	□	□
40.我的上司視員工為最重要的資產	□	□	□	□	□
41.我認為在這裡員工可以對傳統的工作方式提出質疑	□	□	□	□	□
42.外籍主管付出一定的努力以瞭解與他一起工作的本地員工	□	□	□	□	□
43.我認為飯店在升遷具有足夠能力的員工方面做得十分成功	□	□	□	□	□
44.在此飯店，員工的升遷取決於工作表現而不是因為得到偏袒	□	□	□	□	□

	略為同意	同意	無意見	略為不同意	不同意
45.這裡有一為上司或經理是我可以信任和傾談的對象	□	□	□	□	□
46.辦事的先後順序和工作目標經常改變，使我在執行時感到無所適從	□	□	□	□	□
47.對下屬所提出的改革建議，我的上司通常會					
a.願意聽取	□	□	□	□	□
b.迅速地作出回應	□	□	□	□	□
48.我認為管理階層會					
a.仔細研究從這次調查中發現的問題	□	□	□	□	□
b.採取行動去解決這些問題	□	□	□	□	□
c.把有關決定告知員工	□	□	□	□	□
49.我的上司					
a.對於表現好的員工，作出適當的獎勵	□	□	□	□	□
b.對表現差的員工，採取適當的紀律行動	□	□	□	□	□
50.這一間飯店的管理階層以下列方式履行對顧客提供高品質服務的承諾					
a.改變政策和程序以消除任何妨礙員工提供令顧客滿意服務的障礙	□	□	□	□	□
b.聽取員工對如何令顧客感到滿意或不滿意的意見	□	□	□	□	□
c.對於為了令顧客感到滿意而不遵守政策的員工，給予支持而非懲罰	□	□	□	□	□

	略為同意	同意	無意見	略為不同意	不同意
d.所採取的行動都會考慮顧客的想法	□	□	□	□	□
51.下面之陳述何節最可代表您目前仍在職或想離職的心境？					
a.我想要離開這個公司，一但我找到適合的新工作時	□	□	□	□	□
b.我想要離開這個公司，但就業市場景氣不佳只好繼續在此工作	□	□	□	□	□
c.我認為這是一個好公司，但有其他工作機會我可能不會留下來	□	□	□	□	□
d.我很喜歡在這公司工作，我現在不會考慮離職	□	□	□	□	□
52.目前，如果有其他公司提供我一份和現職差不多的薪水和工作，我會接受這份工作？	□	□	□	□	□

如果您選擇「是」或「不知道」請回答問題53，否則請跳至問題54作答。

53.請指出您可能離職的最關鍵的原因。請您從以下所列之重要理由中依序排出5個最重要的理由。「1」表示最重要的理由「2」表示次要的理由，依此類推。

	排列第一	排列第二	排列第三	排列第四	排列第五
a.硬體工作環境不佳	□	□	□	□	□
b.未來之升遷發展機會太少	□	□	□	□	□

c.工作壓力太大	□	□	□	□	□
d.員工設施差	□	□	□	□	□
e.我和直屬主管相處不融洽	□	□	□	□	□
f.我不喜歡所做的工作或工作性質	□	□	□	□	□
g.薪水及獎金不好	□	□	□	□	□
h.員工福利不佳	□	□	□	□	□
i.我的工作不具挑戰性	□	□	□	□	□
j.工作自主權與決定權太少	□	□	□	□	□
k.享受個人生活的時間太少	□	□	□	□	□
l.工作表現上很少被獎勵或回饋	□	□	□	□	□
m.我和同事之間相處不融洽	□	□	□	□	□

54.請註明您留在本公司的最主要原因。請您從以下所列之重要理由中依序排出5個最重要的理由。「1」代表最重要的理由，「2」代表次要的理由，依此類推

	排列第一	排列第二	排列第三	排列第四	排列第五
a.本飯店是有聲譽及非常受重視的公司	□	□	□	□	□
b.本飯店是一個很好的僱主	□	□	□	□	□
c.工作環境很舒適	□	□	□	□	□
d.具有良好升遷發展機會的公司	□	□	□	□	□
e.我和我的直屬主管相處很融洽	□	□	□	□	□
f.員工設施良好	□	□	□	□	□
g.我喜歡目前的工作或工作性質	□	□	□	□	□
h.薪水及獎金很理想	□	□	□	□	□
i.員工福利佳	□	□	□	□	□

j.我的工作具挑戰性 □ □ □ □ □
k.工作時有自主權與決定權 □ □ □ □ □
l.我有足夠的時間享受個人生活 □ □ □ □ □
m.工作表現上被獎勵或回饋 □ □ □ □ □
n.我和同事之間相處很融洽 □ □ □ □ □
55.整體來說您對於這間公司工作有多滿意 □ □ □ □ □

您的個人資料

性別：□男 □女

年齡：□20歲及以下 □21歲～30歲 □31歲~40歲 □41歲～50歲 □51歲～60歲 □61歲以上

工作部門：□餐飲部 □客房部 □總管理處 □後勤部門 □其他部門

工作職稱：□服務員 □領班 □專員 □副理 □經理 □總經理 □其他

工作年資：□超過1年未滿3年 □超過3年未滿5年 □超過5年未滿10年 □10年以上

附件六：飯店業管理制度彙編目錄

壹、總則

第一篇　公司章程

第二篇　經營哲學、理念與方針

第三篇　組織、部門職掌與權責區分

貳、業務行銷本部

第一篇　組織

第二篇　職務說明

第三篇　工作職掌

第四篇　會務篇

第一章　會務部組織

第二章　單位功能說明

第三章　職務說明

第四章　工作職掌

第五章　會籍管理作業流程、守則及相關表單

第六章　會員服務作業流程、守則及相關表單

第七章　會員接待作業流程、守則及相關表單

第八章　會員帳款催收作業流程、守則及相關表單

第九章　會員聯絡作業流程、守則及相關表單

第十章　會員招募作業

第十一章　特約加盟

第五篇　經貿投資服務篇

第一章　工作職掌

第六篇 業務行銷篇

第一章 業務行銷組織

第二章 單位職務說明

第三章 工作職掌

第四章 行銷企劃部

第一節 媒體作業管理規章

一、發言人制度

二、危機處理制度

第五章 業務部

第一節 業務行政管理作業流程

一、客戶檔案管理辦法及修改流程

二、業務書信、磁片、資料管理辦法及流程

三、業務輪值

四、職務代理人

五、晨會及收班

六、業務人員日報表及週報表

七、業務人員對外職稱及明片管理

第二節 業務銷售管理辦法及流程

一、服務式公寓（SA）銷售

二、會議室（CN）銷售

三、出租辦公室（IO）銷售

四、會議專案

五、管外公司銷售獎金

六、業務人員銷售獎金

七、餐飲宴席及美食節銷售

八、市場動態、情報收集作業

第三節　業務基本作業管理辦法

一、客戶拜訪作業要點

二、新拜訪開發作業要點

三、合約公司、特約公司管理辦法

四、簽約作業要點及流程

五、報價

六、授權

七、宴客

八、館內接待、洽談

九、業務人員協助長期遷入、遷出作業要點

十、業務追蹤回應、歸檔作業及流程

十一、客戶明片管理辦法

十二、內部資料管理辦法

十三、續約

十四、解約

十五、黑明單及通報系統

十六、客戶回饋、作業要點及流程

第六章　美工文宣製作管理規章

第一節　美工需求申請流程

第二節　收費辦法

第三節　估價章

第四節　校稿章

第五節　各式申請表格文件

參、會員聯誼本部

第一篇　會員聯誼本部組織

第二篇　部門職務說明

第三篇　部門工作職掌

第四篇　營業現場管理規章

　　第一章　健身房管理規則

　　第二章　游泳池管理規則

　　第三章　迴力球場管理規則

　　第四章　運律室管理規則

　　第五章　三溫暖區及SPA管理規則

　　第六章　餐飲部管理規章

第五篇　養生中心

　　第一章　組織

　　第二章　職務說明

　　第三章　工作職掌

　　第四章　營業現場作業流程

　　　　第一節　健身區作業流程

　　　　第二節　休閒區作業流程

　　　　第三節　SPA區及三溫暖區作業流程

　　第五章　營業前禮儀

第六篇　餐飲部

　　第一章　組織

　　第二章　部門職務說明

　　第三章　工作職掌

　　第四章　西餐作業流程

第五章　西餐廳基本服務技能明細表

第一節　如何STAND BY

第二節　如何接受預約

第三節　如何與顧客打招呼

第四節　如何使用圓拖盤

第五節　如何使用長拖盤

第六節　如何迎賓／帶位

第七節　如何幫客人拉推椅子

第八節　如何攤口布

第九節　如何陳遞菜單

第十節　如何添收餐具

第十一節　如何服務冰水

第十二節　如何服務飲料

第十三節　如何服務熱咖啡／紅茶

第十四節　如何服務啤酒

第十五節　如何服務烈酒

第十六節　如何開白酒

第十七節　如何服務白酒

第十八節　如何開紅酒

第十九節　如何服務紅酒

第二十節　如何開香檳

第二十一節　如何服務香檳

第二十二節　如何擺設自助餐餐具

第二十三節　如何接受菜單

第二十四節　如何接單擺餐具

第二十五節　如何派奶油／麵包

第七節　如何點菜／飲料酒水
第八節　如何開立點菜單
第九節　如何接單擺餐具
第十節　如何服務冰水
第十一節　如何服務飲料
第十二節　如何服務熱咖啡／紅茶
第十三節　如何服務啤酒
第十四節　如何服務烈酒
第十五節　如何開白酒
第十六節　如何服務白酒
第十七節　如何開紅酒
第十八節　如何服務紅酒
第十九節　如何開香檳
第二十節　如何服務香檳
第二十一節　如何通知出菜
第二十二節　如何傳菜
第二十三節　如何服務餐點及飲料
第二十四節　如何收拾餐具
第二十五節　如何換菸灰缸
第二十六節　如何買單
第二十七節　如何送客
第二十八節　如何收拾餐桌
第二十九節　如何擦拭餐桌
第三十節　如何清洗杯類
第三十一節　如何擦拭杯類

第八章　中餐廳作業流程

第九章　中餐廳基本服務技能明細表

第一節　如何STAND BY

第二節　如何接受預約

第三節　如何與顧客打招呼

第四節　如何使用圓拖盤

第五節　如何使用長拖盤

第六節　如何迎賓／帶位

第七節　如何幫客人拉推椅子

第八節　如何攤口布

第九節　如何陳遞菜單

第十節　如何添收餐具

第十一節　如何泡茶——大茶桶

第十二節　如何泡茶——磁茶壺

第十三節　如何泡茶——蓋碗茶

第十四節　如何服務茶——磁茶壺

第十五節　如何服務茶——蓋碗茶

第十六節　如何服務飲料

第十七節　如何服務啤酒

第十八節　如何服務國產烈酒

第十九節　如何點菜

第二十節　如何開立菜單

第二十一節　如何通知出菜

第二十二節　如何傳菜——小吃

第二十三節　如何傳菜——VIP廂房

第二十四節　如何上菜

第二十五節　如何上湯

第十五章　營業前會議注意事節
第十六章　開店／打烊流程
第十七章　營業現清潔／維修／保養計畫
第十八章　儀容、清潔、化妝要領
第十九章　臨時工訓練與管理
第二十章　工讀生管理辦法

肆、客戶服務本部

第一篇　客戶服務本部組織
第二篇　各單位功能說明
第三篇　部門工作職掌
第四篇　管理規章
　第一章　各單位上、下班時間
　第二章　各單位制服更換時間
　第三章　各單位儀容注意事節
第五篇　櫃檯部
　第一章　櫃檯部組織
　第二章　各單位職務說明
　第三章　工作職掌
　第四章　各單位作業流程
　第五章　櫃檯人員標準服務明細
　　第一節　房間狀況控制表
　　第二節　如何處理房間指定分配排房
　　第三節　如何辦理住宿手續
　　第四節　電腦輸入程序
　　第五節　如何處保留預定房間

第六節　住宿登記所需表單資料準備工作
第七節　房間狀況比較表
第八節　如何更改價錢及房間
第九節　如何核對房價
第十節　如何處理公務房間入住手續
第十一節　如何處理免費房間入住手續
第十二節　如何接受訂房
第十三節　如何取消或更改訂房
第十四節　如何製作客房卡匙及檢查
第十五節　如何安排VIP或VRG房間及查房動作
第十六節　如何處理住客生日及流程
第十七節　如何帶客人參觀客房及流程
第十八節　VIP客人接待及獻花等準備工作及流程
第十九節　VIP客人退房處理及流程
第二十節　如何計算目前可銷售之房間數
第二十一節　如何處理N/S及CXL的訂房
第二十二節　如何傳進房客的留言及如何替房客留言
第二十三節　如何處理客人包裹、信件、快遞之郵寄及收費
第二十四節　如何回答客人詢問
第二十五節　如何替客人辦理結帳手續
第二十六節　如何收取客人預付訂金手續
第二十七節　如何結每班次之總帳
第二十八節　如何換算每日外匯匯率以結客人私帳

第二十九節　如何處理信用卡黑卡問題
第三十節　如何處理客人信用卡額度超過
第三十一節　如何操作EDC機器
第三十二節　如何辨別偽鈔
第三十三節　如何入雜節費用
第三十四節　大夜班工作報表列印節目
第三十五節　辦公室管理規則

第六章　商務中心標準服務明細

第一節　如何迎接客人
第二節　如何替客人發Outgoing Fax以及計費
第三節　如何替客人遞送Incoming Fax
第四節　如何替客人發E-Mail以及計費
第五節　如何替客人遞送E-Mail
第六節　如何替客人確認機位以及訂機位
第七節　如何替客人安排會議室以及計費
第八節　如何協助I/O的客戶有關設備問題解決
第九節　如何協助客人有關設備出租以及計費
第十節　如何管理電腦光碟片及商務圖書館的圖書
第十一節　每日報紙排列，辦公室之清潔及檢查
第十二節　如何協助客人尋找臨時秘書以及計費
第十三節　如何提供秘書的服務及商務服務
第十四節　如何協助會議室客人會議前的準備工作
第十五節　如何接受會議室預約及收費
第十六節　辦公室管理規則

第十七節　如何操作會議室各機器

第七章　預約中心服務明細

第一節　如何接受預約SA房間及I/O

第二節　如何接受預約會議室

第三節　如何接受預訂餐廳訂席

第四節　如何保留SA房間及I/O

第五節　如何保留會議室及餐廳訂席

第六節　如何更改訂SA房間及I/O訂位

第七節　如何更改會議室及餐廳訂席

第八節　如何取消SA房間及I/O訂房

第九節　如何取消會議室及餐廳訂位

第十節　如何列印訂房月報表及年報表

第十一節　如何確認訂SA房間及I/O

第十二節　如何確認訂會議室及餐廳訂位

第十二節　如何準備每日之預訂到達旅客名單及工作

第十三節　如何收受訂金及處理程序

第十四節　訂房Fax & E-Mail之處理及範文

第十五節　如何處理團體訂房

第十六節　訂房標準縮寫用詞

第十七節　保證訂房等之標準作業程序

第十八節　如何處理客人訂車接機之要求

第八章　服務中心標準服務明細

第一節　如何處理F.I.T.客人遷入

第二節　如何協助F.I.T.客人遷出

第三節　如何處理團體客人遷入

第四節 如何處理團體客人遷出

第五節 如何遞送客人信件、包裹、花、果、留言、Incoming Fax及E-mail

第六節 如何協助客人訂小車

第七節 如何安排客人行李寄存、發放

第八節 如何替客人換房

第九節 如何替客人代領行李

第十節 如何處理留交物品

第十一節 如何代客將機票至航空公司背書及貼票

第十二節 如何替客人下行李

第十三節 如何招呼客人上計程車

第十四節 如何歡迎客人

第十五節 如何回答客人詢問

第十六節 辦公室規則

第九章 總機標準作業明細

第一節 如何操作總機台

第二節 如何回答及接聽外線電話、內線電話及館內House Phone

第三節 如何處理客人的晨喚服務

第四節 如何處理房客留言及轉達

第五節 如何撥國際直撥電話

第六節 各節計費的瞭解

第七節 如何操作電腦

第八節 如何入電話帳

第九節 如何掛接人工國際電話

第十節　如何幫餐廳客人及健身中心的客人掛國內及國際長途電話及計費
第十一節　如何處理客人抱怨
第十二節　各節緊急狀況連絡程序與處理
第十三節　辦公室管理規章
第十章　客戶服務專員標準作業明細
第一節　如何接待V.I.P.關係企業長官、會員
第二節　如何處理客人的抱怨
第三節　如何處理延遲退房
第四節　如何替V.I.P.辦理結帳手續
第五節　如何處理客滿外送事件
第六節　大廳巡視
第七節　如何處理客人生病及受傷
第八節　如何處理員工意外事件
第九節　如何處理客人死亡事件
第十節　如何處理火災、地震等緊急狀況
第十一節　Comparison報表如何核正
第十二節　如何回答客人各節問題
第十三節　如何查V.I.P.房間及查房動作的設定
第十四節　如何接受關係企業長官、會員及外客來電訂房、訂宴、訂會議室
第十一章　各節表單格式
第十二章　客人抱怨的處理
第十三章　各單位接班前會議注意事節
第十四章　營業現場機器維修／保養
第六篇　房務部

第一章　房務部組織
第二章　單位功能說明
第三章　職務說明
第四章　工作職掌說明
第五章　作業流程圖
第六章　管理規章
第七章　客房清潔作業
第八章　各式表單表格
第九章　鑰匙管理系統
第十章　外包夜間清潔工作規劃
第十一章　客人衣物送洗規劃
第十二章　管衣室作業規劃
第十三章　機器維修知識篇
第十四章　清潔作業知識篇
第十五章　客房餐具出租規則
第十六章　員工制服換法規定

伍、行政管理本部

第一篇　行政管理本部組織
第二篇　職務說明
第三篇　部門工作職掌
第四篇　人力資源部
第一章　工作執掌
第二章　人事管理規則
第三章　會館職階職稱級距表
第四章　會館薪資管理辦法

第五章　單位績效評估與同仁績效記點實施辦法

第六章　建教合作與臨時工管理辦法

第七章　會館同仁服務守則

第八章　電話禮儀

第五篇　總務

第一章　單位功能說明

第二章　單位職務說明

第三章　工作職掌

第四章　作業流程

第五章　會館文書管理辦法

第六章　停車場及車輛管理辦法

第七章　安全警衛管理辦法

第八章　鑰匙（刷卡系統及機械鎖）管理辦法

第九章　制服管理辦法

第十章　更衣櫃管理辦法

第十一章　名片管理辦法

第十二章　員工餐廳管理辦法

第十三章　內部會議室使用管理辦法

第十四章　影印機及傳真機使用管理辦法

第十五章　公布欄管理辦法

第六篇　採購

第一章　單位功能說明

第二章　採購部工作執掌

第三章　採購部職務說明

第四章　作業流程

第五章　採購管理辦法

第七篇　資訊部

第一章　資訊部職務說明

第二章　資訊部工作執掌

第三章　電子計算機處理部門之功能及職責劃分

第四章　系統開發及程式修改控制

第五章　編制電腦文書之控制

第六章　程式資料處理及存取控制

第七章　資料輸出、入之控制

第八章　資料處理之控制

第九章　檔案及設備之安全控制

第八篇　工程部

第一章　工程部組織

第二章　工程部職務說明

第三章　工程部工作執掌

第四章　工程部報修程序辦法實施

第五章　各章重大設備功能及操作維修說明（包括電器、空調、鍋爐）

第六章　各章巡檢記錄報表、製作及實施時間

第七章　工務相關竣工圖、施工圖規劃整理及存檔

第八章　訂定工程合約書管理辦法

第九章　建立各章公共檢查證明文件資料及相關文件

第十章　各章燃料費、電費、水費、瓦斯費統計及製表

第十一章　每日工作日誌填寫要章說明

第十二章　每月各單位報修單整理及成本計算說明

第十三章　增加新建工程設備申請表製作

第十四章　重大災害（包括防震、防災、防颱）等處理過

程擬定

第十五章　材料倉庫管理辦法制定

第十六章　工具使用管理辦法制定

第十七章　成立消防救護小組編制、呈報消防隊

第十八章　實施消防訓練之計畫、認識基本消防設施，並做實地演練及上課講習

第十九章　建立木作、油漆、壁紙等裝潢材料規格之樣品

第二十章　設置勞工安全衛生管理室、定期宣導安全工作守則

第二十一章　擬定實施外包工程之章目內容、以維護機器之效率

第二十二章　規劃在職訓練章目及參加有關設備工程之訓練課程

第二十三章　訂定各單位電氣使用管理辦法及時間表，以配合章約能源

第二十四章　規劃園藝景觀、保養內容，並設計要點實施

六、財務篇

第一篇　財務部組織

第二篇　財務部職務說明

第三篇　財務部作業流程

第四篇　財務部工作職掌

第五篇　會計課

第一章　會計職務說明

第二章　會計工作執掌

第三章　收款作業

第四章　銷貨折讓作業
第五章　信用調查
第六章　差異分析
第七章　付款作業
第八章　與合約不符作業
第九章　預算作業
第十章　股東權益作業
第十一章　股務作業
第十二章　公司債作業
第十三章　一般費用報支作業
第十四章　稅捐及規責
第十五章　原始憑證、記帳憑證作業
第十六章　會計帳務處理
第十七章　財務報表查核
第十八章　績效評估
第十九章　會計資料保管
第二十章　發票作業
第二十一章　收入稽核作業
第二十二章　折舊費用提列

第六篇　財務課

第一章　財務職務說明
第二章　財務工作執掌
第三章　短期借款
第四章　中長期借款
第五章　出納現金收支
第六章　零用金作業

第七章　大廳出納作業

第八章　餐廳出納作業

第九章　俱樂部收入管理

第十章　停車場收入管理

第十一章　短期投資

第十二章　長期投資

第七篇　成本控制

第一章　成本控制職務說明

第二章　成本控制工作執掌

第三章　驗收作業

第四章　驗收決算作業

第五章　固定資產取得

第六章　固定資產盤點

第七章　固定資產處理

第八章　倉庫存貨保管

第九章　存貨成本計算

第十章　存貨盤點作業

第十一章　營業器具管理

第八篇　內部稽核

第九篇　安全及防護

附件七：相關法規介紹

一、勞動基準法

公布日期：民國73年07月30日

修正日期：民國105年11月16日

第一章　總則

第1條　為規定勞動條件最低標準，保障勞工權益，加強勞雇關係，促進社會與經濟發展，特制定本法；本法未規定者，適用其他法律之規定。

雇主與勞工所訂勞動條件，不得低於本法所定之最低標準。

第2條　本法用辭定義如左：

一、勞工：謂受雇主僱用從事工作獲致工資者。

二、雇主：謂僱用勞工之事業主、事業經營之負責人或代表事業主處理有關勞工事務之人。

三、工資：謂勞工因工作而獲得之報酬；包括工資、薪金及按計時、計日、計月、計件以現金或實物等方式給付之獎金、津貼及其他任何名義之經常性給與均屬之。

四、平均工資：謂計算事由發生之當日前六個月內所得工資總額除以該期間之總日數所得之金額。工作未滿六個月者，謂工作期間所得工資總額除以工作期間之總日數所得之金額。工資按工作日數、時數或論件計算者，其依上述方式計算之平均工資，如少於該期內工資總額除以實際工作日數所得金額百分之六十者，以百分之六十計。

五、事業單位：謂適用本法各業僱用勞工從事工作之機構。

六、勞動契約：謂約定勞雇關係之契約。

第3條　本法於左列各業適用之：

一、農、林、漁、牧業。

二、礦業及土石採取業。

三、製造業。

四、營造業。

五、水電、煤氣業。

六、運輸、倉儲及通信業。

七、大眾傳播業。

八、其他經中央主管機關指定之事業。

依前項第八款指定時，得就事業之部分工作場所或工作者指定適用。

本法適用於一切勞雇關係。但因經營型態、管理制度及工作特性等因素適用本法確有窒礙難行者，並經中央主管機關指定公告之行業或工作者，不適用之。

前項因窒礙難行而不適用本法者，不得逾第一項第一款至第七款以外勞工總數五分之一。

第4條　本法所稱主管機關：在中央為勞動部；在直轄市為直轄市政府；在縣（市）為縣（市）政府。

第5條　雇主不得以強暴、脅迫、拘禁或其他非法之方法，強制勞工從事勞動。

第6條　任何人不得介入他人之勞動契約，抽取不法利益。

第7條　雇主應置備勞工名卡，登記勞工之姓名、性別、出生年月日、本籍、教育程度、住址、身分證統一號碼、到職年月日、工資、勞工保險投保日期、獎懲、傷病及其他必要事項。

前項勞工名卡，應保管至勞工離職後五年。

第8條 雇主對於僱用之勞工，應預防職業上災害，建立適當之工作環境及福利設施。其有關安全衛生及福利事項，依有關法律之規定。

第二章 勞動契約

第9條 勞動契約，分為定期契約及不定期契約。臨時性、短期性、季節性及特定性工作得為定期契約；有繼續性工作應為不定期契約。

定期契約屆滿後，有左列情形之一者，視為不定期契約：

一、勞工繼續工作而雇主不即表示反對意思者。

二、雖經另訂新約，惟其前後勞動契約之工作期間超過九十日，前後契約間斷期間未超過三十日者。

前項規定於特定性或季節性之定期工作不適用之。

第9-1條 未符合下列規定者，雇主不得與勞工為離職後競業禁止之約定：

一、雇主有應受保護之正當營業利益。

二、勞工擔任之職位或職務，能接觸或使用雇主之營業秘密。

三、競業禁止之期間、區域、職業活動之範圍及就業對象，未逾合理範疇。

四、雇主對勞工因不從事競業行為所受損失有合理補償。

前項第四款所定合理補償，不包括勞工於工作期間所受領之給付。

違反第一項各款規定之一者，其約定無效。

離職後競業禁止之期間，最長不得逾二年。逾二年者，縮短為二年。

第10條 定期契約屆滿後或不定期契約因故停止履行後，未滿三個月而訂定新約或繼續履行原約時，勞工前後工作年資，應合併計算。

第10-1條　雇主調動勞工工作，不得違反勞動契約之約定，並應符合下列原則：

一、基於企業經營上所必須，且不得有不當動機及目的。但法律另有規定者，從其規定。

二、對勞工之工資及其他勞動條件，未作不利之變更。

三、調動後工作為勞工體能及技術可勝任。

四、調動工作地點過遠，雇主應予以必要之協助。

五、考量勞工及其家庭之生活利益。

第11條　非有左列情事之一者，雇主不得預告勞工終止勞動契約：

一、歇業或轉讓時。

二、虧損或業務緊縮時。

三、不可抗力暫停工作在一個月以上時。

四、業務性質變更，有減少勞工之必要，又無適當工作可供安置時。

五、勞工對於所擔任之工作確不能勝任時。

第12條　勞工有左列情形之一者，雇主得不經預告終止契約：

一、於訂立勞動契約時為虛偽意思表示，使雇主誤信而有受損害之虞者。

二、對於雇主、雇主家屬、雇主代理人或其他共同工作之勞工，實施暴行或有重大侮辱之行為者。

三、受有期徒刑以上刑之宣告確定，而未諭知緩刑或未准易科罰金者。

四、違反勞動契約或工作規則，情節重大者。

五、故意損耗機器、工具、原料、產品，或其他雇主所有物品，或故意洩漏雇主技術上、營業上之秘密，致雇主受有損害者。

六、無正當理由繼續曠工三日，或一個月內曠工達六日者。

雇主依前項第一款、第二款及第四款至第六款規定終止契約者，應自知悉其情形之日起，三十日內為之。

第13條 勞工在第五十條規定之停止工作期間或第五十九條規定之醫療期間，雇主不得終止契約。但雇主因天災、事變或其他不可抗力致事業不能繼續，經報主管機關核定者，不在此限。

第14條 有左列情形之一者，勞工得不經預告終止契約：

一、雇主於訂立勞動契約時為虛偽之意思表示，使勞工誤信而有受損害之虞者。

二、雇主、雇主家屬、雇主代理人對於勞工，實施暴行或有重大侮辱之行為者。

三、契約所訂之工作，對於勞工健康有危害之虞，經通知雇主改善而無效果者。

四、雇主、雇主代理人或其他勞工患有惡性傳染病，有傳染之虞者。

五、雇主不依勞動契約給付工作報酬，或對於按件計酬之勞工不供給充分之工作者。

六、雇主違反勞動契約或勞工法令，致有損害勞工權益之虞者。

勞工依前項第一款、第六款規定終止契約者，應自知悉其情形之日起，三十日內為之。

有第一項第二款或第四款情形，雇主已將該代理人解僱或已將患有惡性傳染病者送醫或解僱，勞工不得終止契約。

第十七條規定於本條終止契約準用之。

第15條 特定性定期契約期限逾三年者，於屆滿三年後，勞工得終止契約。但應於三十日前預告雇主。

不定期契約，勞工終止契約時，應準用第十六條第一項規定期間預告雇主。

第15-1條　未符合下列規定之一，雇主不得與勞工為最低服務年限之約定：

一、雇主為勞工進行專業技術培訓，並提供該項培訓費用者。

二、雇主為使勞工遵守最低服務年限之約定，提供其合理補償者。

前項最低服務年限之約定，應就下列事項綜合考量，不得逾合理範圍：

一、雇主為勞工進行專業技術培訓之期間及成本。

二、從事相同或類似職務之勞工，其人力替補可能性。

三、雇主提供勞工補償之額度及範圍。

四、其他影響最低服務年限合理性之事項。

違反前二項規定者，其約定無效。

勞動契約因不可歸責於勞工之事由而於最低服務年限屆滿前終止者，勞工不負違反最低服務年限約定或返還訓練費用之責任。

第16條　雇主依第十一條或第十三條但書規定終止勞動契約者，其預告期間依左列各款之規定：

一、繼續工作三個月以上一年未滿者，於十日前預告之。

二、繼續工作一年以上三年未滿者，於二十日前預告之。

三、繼續工作三年以上者，於三十日前預告之。

勞工於接到前項預告後，為另謀工作得於工作時間請假外出。其請假時數，每星期不得超過二日之工作時間，請假期間之工資照給。

雇主未依第一項規定期間預告而終止契約者，應給付預告期間之工資。

第17條　雇主依前條終止勞動契約者，應依下列規定發給勞工資遣費：

一、在同一雇主之事業單位繼續工作，每滿一年發給相當於一個月平均工資之資遣費。

二、依前款計算之剩餘月數，或工作未滿一年者，以比例計給之。未滿一個月者以一個月計。 前項所定資遣費，雇主應於終止勞動契約三十日內發給。

第18條　有左列情形之一者，勞工不得向雇主請求加發預告期間工資及資遣費：

一、依第十二條或第十五條規定終止勞動契約者。

二、定期勞動契約期滿離職者。

第19條　勞動契約終止時，勞工如請求發給服務證明書，雇主或其代理人不得拒絕。

第20條　事業單位改組或轉讓時，除新舊雇主商定留用之勞工外，其餘勞工應依第十六條規定期間預告終止契約，並應依第十七條規定發給勞工資遣費。其留用勞工之工作年資，應由新雇主繼續予以承認。

第三章　工資

第21條　工資由勞雇雙方議定之。但不得低於基本工資。

前項基本工資，由中央主管機關設基本工資審議委員會擬訂後，報請行政院核定之。

前項基本工資審議委員會之組織及其審議程序等事項，由中央主管機關另以辦法定之。

第22條　工資之給付，應以法定通用貨幣為之。但基於習慣或業務性質，得於勞動契約內訂明一部以實物給付之。工資之一部以實物給付時，其實物之作價應公平合理，並適合勞工及其家屬之需要。

工資應全額直接給付勞工。但法令另有規定或勞雇雙方另有約定者，不在此限。

第23條　工資之給付，除當事人有特別約定或按月預付者外，每月至少定期發給二次；按件計酬者亦同。

雇主應置備勞工工資清冊，將發放工資、工資計算項目、工資總額等事項記入。工資清冊應保存五年。

第24條　雇主延長勞工工作時間者，其延長工作時間之工資依左列標準加給之：

一、延長工作時間在二小時以內者，按平日每小時工資額加給三分之一以上。

二、再延長工作時間在二小時以內者，按平日每小時工資額加給三分之二以上。

三、依第三十二條第三項規定，延長工作時間者，按平日每小時工資額加倍發給之。

第25條　雇主對勞工不得因性別而有差別之待遇。工作相同、效率相同者，給付同等之工資。

第26條　雇主不得預扣勞工工資作為違約金或賠償費用。

第27條　雇主不按期給付工資者，主管機關得限期令其給付。

第28條　雇主有歇業、清算或宣告破產之情事時，勞工之下列債權受償順序與第一順位抵押權、質權或留置權所擔保之債權相同，按其債權比例受清償；未獲清償部分，有最優先受清償之權：

一、本於勞動契約所積欠之工資未滿六個月部分。

二、雇主未依本法給付之退休金。

三、雇主未依本法或勞工退休金條例給付之資遣費。

雇主應按其當月僱用勞工投保薪資總額及規定之費率，繳納一定數額之積欠工資墊償基金，作為墊償下列各款之用：

一、前項第一款積欠之工資數額。

二、前項第二款與第三款積欠之退休金及資遣費，其合計數額以六個月平均工資為限。

積欠工資墊償基金，累積至一定金額後，應降低費率或暫停收繳。

第二項費率，由中央主管機關於萬分之十五範圍內擬訂，報請行政院核定之。

雇主積欠之工資、退休金及資遣費，經勞工請求未獲清償者，由積欠工資墊償基金依第二項規定墊償之；雇主應於規定期限內，將墊款償還積欠工資墊償基金。

積欠工資墊償基金，由中央主管機關設管理委員會管理之。基金之收繳有關業務，得由中央主管機關，委託勞工保險機構辦理之。基金墊償程序、收繳與管理辦法、第三項之一定金額及管理委員會組織規程，由中央主管機關定之。

第29條 事業單位於營業年度終了結算，如有盈餘，除繳納稅捐、彌補虧損及提列股息、公積金外，對於全年工作並無過失之勞工，應給與獎金或分配紅利。

第四章 工作時間、休息、休假

第30條 勞工正常工作時間，每日不得超過八小時，每週不得超過四十小時。 前項正常工作時間，雇主經工會同意，如事業單位無工會者，經勞資會議同意後，得將其二週內二日之正常工作時數，分配於其他工作日。其分配於其他工作日之時數，每日不得超過二小時。但每週工作總時數不得超過四十八小時。

第一項正常工作時間，雇主經工會同意，如事業單位無工會者，經勞資會議同意後，得將八週內之正常工作時數加以分配。但每日正常工作時間不得超過八小時，每週工作總時數不得超過四十八小時。

前二項規定，僅適用於經中央主管機關指定之行業。

雇主應置備勞工出勤紀錄，並保存五年。

前項出勤紀錄，應逐日記載勞工出勤情形至分鐘為止。勞工向雇主申請其出勤紀錄副本或影本時，雇主不得拒絕。

雇主不得以第一項正常工作時間之修正，作為減少勞工工資之事由。

第一項至第三項及第三十條之一之正常工作時間，雇主得視勞工照顧家庭成員需要，允許勞工於不變更每日正常工作時數下，在一小時範圍內，彈性調整工作開始及終止之時間。

第30-1條　中央主管機關指定之行業，雇主經工會同意，如事業單位無工會者，經勞資會議同意後，其工作時間得依下列原則變更：

一、四週內正常工作時數分配於其他工作日之時數，每日不得超過二小時，不受前條第二項至第四項規定之限制。

二、當日正常工時達十小時者，其延長之工作時間不得超過二小時。

三、二週內至少有二日之休息，作為例假，不受第三十六條之限制。

四、女性勞工，除妊娠或哺乳期間者外，於夜間工作，不受第四十九條第一項之限制。但雇主應提供必要之安全衛生設施。

依民國八十五年十二月二十七日修正施行前第三條規定適用本法之行業，除第一項第一款之農、林、漁、牧業外，均不適用前項規定。

第31條 在坑道或隧道內工作之勞工，以入坑口時起至出坑口時止為工作時間。

第32條 雇主有使勞工在正常工作時間以外工作之必要者，雇主經工會同意，如事業單位無工會者，經勞資會議同意後，得將工作時間延長之。

前項雇主延長勞工之工作時間連同正常工作時間，一日不得超過十二小時。延長之工作時間，一個月不得超過四十六小時。

因天災、事變或突發事件，雇主有使勞工在正常工作時間以外工作之必要者，得將工作時間延長之。但應於延長開始後二十四小時內通知工會；無工會組織者，應報當地主管機關備查。延長之工作時間，雇主應於事後補給勞工以適當之休息。

在坑內工作之勞工，其工作時間不得延長。但以監視為主之工作，或有前項所定之情形者，不在此限。

第33條 第三條所列事業，除製造業及礦業外，因公眾之生活便利或其他特殊原因，有調整第三十條、第三十二條所定之正常工作時間及延長工作時間之必要者，得由當地主管機關會商目的事業主管機關及工會，就必要之限度內以命令調整之。

第34條 勞工工作採晝夜輪班制者，其工作班次，每週更換一次。但經勞工同意者不在此限。

依前項更換班次時，應給予適當之休息時間。

第35條 勞工繼續工作四小時，至少應有三十分鐘之休息。但實行輪班制或其工作有連續性或緊急性者，雇主得在工作時間內，另行調配其休息時間。

第36條 勞工每七日中至少應有一日之休息，作為例假。

第37條 紀念日、勞動節日及其他由中央主管機關規定應放假之日，均應休假。

第38條　勞工在同一雇主或事業單位，繼續工作滿一定期間者，每年應依左列規定給予特別休假：

一、一年以上三年未滿者七日。

二、三年以上五年未滿者十日。

三、五年以上十年未滿者十四日。

四、十年以上者，每一年加給一日，加至三十日為止。

第39條　第三十六條所定之例假、第三十七條所定之休假及第三十八條所定之特別休假，工資應由雇主照給。雇主經徵得勞工同意於休假日工作者，工資應加倍發給。因季節性關係有趕工必要，經勞工或工會同意照常工作者，亦同。

第40條　因天災、事變或突發事件，雇主認有繼續工作之必要時，得停止第三十六條至第三十八條所定勞工之假期。但停止假期之工資，應加倍發給，並應於事後補假休息。

前項停止勞工假期，應於事後二十四小時內，詳述理由，報請當地主管機關核備。

第41條　公用事業之勞工，當地主管機關認有必要時，得停止第三十八條所定之特別休假。假期內之工資應由雇主加倍發給。

第42條　勞工因健康或其他正當理由，不能接受正常工作時間以外之工作者，雇主不得強制其工作。

第43條　勞工因婚、喪、疾病或其他正當事由得請假；請假應給之假期及事假以外期間內工資給付之最低標準，由中央主管機關定之。

第五章　童工、女工

第44條　十五歲以上未滿十六歲之受僱從事工作者，為童工。

童工及十六歲以上未滿十八歲之人，不得從事危險性或有害性之工作。

第45條 雇主不得僱用未滿十五歲之人從事工作。但國民中學畢業或經主管機關認定其工作性質及環境無礙其身心健康而許可者，不在此限。

前項受僱之人，準用童工保護之規定。

第一項工作性質及環境無礙其身心健康之認定基準、審查程序及其他應遵行事項之辦法，由中央主管機關依勞工年齡、工作性質及受國民義務教育之時間等因素定之。

未滿十五歲之人透過他人取得工作為第三人提供勞務，或直接為他人提供勞務取得報酬未具勞僱關係者，準用前項及童工保護之規定。

第46條 未滿十八歲之人受僱從事工作者，雇主應置備其法定代理人同意書及其年齡證明文件。

第47條 童工每日之工作時間不得超過八小時，每週之工作時間不得超過四十小時，例假日不得工作。

第48條 童工不得於午後八時至翌晨六時之時間內工作。

第49條 雇主不得使女工於午後十時至翌晨六時之時間內工作。但雇主經工會同意，如事業單位無工會者，經勞資會議同意後，且符合下列各款規定者，不在此限：

一、提供必要之安全衛生設施。

二、無大眾運輸工具可資運用時，提供交通工具或安排女工宿舍。

前項第一款所稱必要之安全衛生設施，其標準由中央主管機關定之。但雇主與勞工約定之安全衛生設施優於本法者，從其約定。

女工因健康或其他正當理由，不能於午後十時至翌晨六時之時間內工作者，雇主不得強制其工作。

第一項規定，於因天災、事變或突發事件，雇主必須使女工於午後十時至翌晨六時之時間內工作時，不適用之。

第一項但書及前項規定，於妊娠或哺乳期間之女工，不適用之。

第50條　女工分娩前後，應停止工作，給予產假八星期；妊娠三個月以上流產者，應停止工作，給予產假四星期。

前項女工受僱工作在六個月以上者，停止工作期間工資照給；未滿六個月者減半發給。

第51條　女工在妊娠期間，如有較為輕易之工作，得申請改調，雇主不得拒絕，並不得減少其工資。

第52條　子女未滿一歲須女工親自哺乳者，於第三十五條規定之休息時間外，雇主應每日另給哺乳時間二次，每次以三十分鐘為度。 前項哺乳時間，視為工作時間。

第六章　退休

第53條　勞工有下列情形之一，得自請退休：

一、工作十五年以上年滿五十五歲者。

二、工作二十五年以上者。

三、工作十年以上年滿六十歲者。

第54條　勞工非有下列情形之一，雇主不得強制其退休：

一、年滿六十五歲者。

二、心神喪失或身體殘廢不堪勝任工作者。

前項第一款所規定之年齡，對於擔任具有危險、堅強體力等特殊性質之工作者，得由事業單位報請中央主管機關予以調整。但不得少於五十五歲。

第55條　勞工退休金之給與標準如下：

一、按其工作年資，每滿一年給與兩個基數。但超過十五年之工作年資，每滿一年給與一個基數，最高總數以四十五個基數為限。未滿半年者以半年計；滿半年者以一年計。

二、依第五十四條第一項第二款規定，強制退休之勞工，其心神喪失或身體殘廢係因執行職務所致者，依前款規定加給百分之二十。

前項第一款退休金基數之標準，係指核准退休時一個月平均工資。

第一項所定退休金，雇主應於勞工退休之日起三十日內給付，如無法一次發給時，得報經主管機關核定後，分期給付。本法施行前，事業單位原定退休標準優於本法者，從其規定。

第56條　雇主應依勞工每月薪資總額百分之二至百分之十五範圍內，按月提撥勞工退休準備金，專戶存儲，並不得作為讓與、扣押、抵銷或擔保之標的；其提撥之比率、程序及管理等事項之辦法，由中央主管機關擬訂，報請行政院核定之。

雇主應於每年年度終了前，估算前項勞工退休準備金專戶餘額，該餘額不足給付次一年度內預估成就第五十三條或第五十四條第一項第一款退休條件之勞工，依前條計算之退休金數額者，雇主應於次年度三月底前一次提撥其差額，並送事業單位勞工退休準備金監督委員會審議。

第一項雇主按月提撥之勞工退休準備金匯集為勞工退休基金，由中央主管機關設勞工退休基金監理委員會管理之；其組織、會議及其他相關事項，由中央主管機關定之。

前項基金之收支、保管及運用，由中央主管機關會同財政部委託金融機構辦理。最低收益不得低於當地銀行二年定期存款利率之收益；如有虧損，由國庫補足之。基金之收支、保管及運用辦法，由中央主管機關擬訂，報請行政院核定之。

雇主所提撥勞工退休準備金，應由勞工與雇主共同組織勞工退休準備金監督委員會監督之。委員會中勞工代表人數不得少於三分之二；其組織準則，由中央主管機關定之。

雇主按月提撥之勞工退休準備金比率之擬訂或調整，應經事業單位勞工退休準備金監督委員會審議通過，並報請當地主管機關核定。

金融機構辦理核貸業務，需查核該事業單位勞工退休準備金提撥狀況之必要資料時，得請當地主管機關提供。

金融機構依前項取得之資料，應負保密義務，並確實辦理資料安全稽核作業。

前二項有關勞工退休準備金必要資料之內容、範圍、申請程序及其他應遵行事項之辦法，由中央主管機關會商金融監督管理委員會定之。

第57條　勞工工作年資以服務同一事業者為限。但受同一雇主調動之工作年資，及依第二十條規定應由新雇主繼續予以承認之年資，應予併計。

第58條　勞工請領退休金之權利，自退休之次月起，因五年間不行使而消滅。

勞工請領退休金之權利，不得讓與、抵銷、扣押或供擔保。

勞工依本法規定請領勞工退休金者，得檢具證明文件，於金融機構開立專戶，專供存入勞工退休金之用。

前項專戶內之存款，不得作為抵銷、扣押、供擔保或強制執行之標的。

第七章 職業災害補償

第59條 勞工因遭遇職業災害而致死亡、殘廢、傷害或疾病時，雇主應依左列規定予以補償。但如同一事故，依勞工保險條例或其他法令規定，已由雇主支付費用補償者，雇主得予以抵充之：

一、勞工受傷或罹患職業病時，雇主應補償其必需之醫療費用。職業病之種類及其醫療範圍，依勞工保險條例有關之規定。

二、勞工在醫療中不能工作時，雇主應按其原領工資數額予以補償。但醫療期間屆滿二年仍未能痊癒，經指定之醫院診斷，審定為喪失原有工作能力，且不合第三款之殘廢給付標準者，雇主得一次給付四十個月之平均工資後，免除此項工資補償責任。

三、勞工經治療終止後，經指定之醫院診斷，審定其身體遺存殘廢者，雇主應按其平均工資及其殘廢程度，一次給予殘廢補償。殘廢補償標準，依勞工保險條例有關之規定。

四、勞工遭遇職業傷害或罹患職業病而死亡時，雇主除給與五個月平均工資之喪葬費外，並應一次給與其遺屬四十個月平均工資之死亡補償。

其遺屬受領死亡補償之順位如左：

(一)配偶及子女。

(二)父母。

(三)祖父母。

(四)孫子女。

(五)兄弟姐妹。

第60條 雇主依前條規定給付之補償金額，得抵充就同一事故所生損害之

賠償金額。

第61條　第五十九條之受領補償權，自得受領之日起，因二年間不行使而消滅。

受領補償之權利，不因勞工之離職而受影響，且不得讓與、抵銷、扣押或擔保。

第62條　事業單位以其事業招人承攬，如有再承攬時，承攬人或中間承攬人，就各該承攬部分所使用之勞工，均應與最後承攬人，連帶負本章所定雇主應負職業災害補償之責任。

事業單位或承攬人或中間承攬人，為前項之災害補償時，就其所補償之部分，得向最後承攬人求償。

第63條　承攬人或再承攬人工作場所，在原事業單位工作場所範圍內，或為原事業單位提供者，原事業單位應督促承攬人或再承攬人，對其所僱用勞工之勞動條件應符合有關法令之規定。

事業單位違背勞工安全衛生法有關對於承攬人、再承攬人應負責任之規定，致承攬人或再承攬人所僱用之勞工發生職業災害時，應與該承攬人、再承攬人負連帶補償責任。

第八章　技術生

第64條　雇主不得招收未滿十五歲之人為技術生。但國民中學畢業者，不在此限。

稱技術生者，指依中央主管機關規定之技術生訓練職類中以學習技能為目的，依本章之規定而接受雇主訓練之人。

本章規定，於事業單位之養成工、見習生、建教合作班之學生及其他與技術生性質相類之人，準用之。

第65條　雇主招收技術生時，須與技術生簽訂書面訓練契約一式三份，訂明訓練項目、訓練期限、膳宿負擔、生活津貼、相關教學、勞工保險、結業證明、契約生效與解除之條件及其他有關雙方權利、義務事項，由當事人分執，並送主管機關備案。

前項技術生如為未成年人，其訓練契約，應得法定代理人之允許。

第66條 雇主不得向技術生收取有關訓練費用。

第67條 技術生訓練期滿，雇主得留用之，並應與同等工作之勞工享受同等之待遇。雇主如於技術生訓練契約內訂明留用期間，應不得超過其訓練期間。

第68條 技術生人數，不得超過勞工人數四分之一。勞工人數不滿四人者，以四人計。

第69條 本法第四章工作時間、休息、休假，第五章童工、女工，第七章災害補償及其他勞工保險等有關規定，於技術生準用之。

技術生災害補償所採薪資計算之標準，不得低於基本工資。

第九章 工作規則

第70條 雇主僱用勞工人數在三十人以上者，應依其事業性質，就左列事項訂立工作規則，報請主管機關核備後並公開揭示之：

一、工作時間、休息、休假、國定紀念日、特別休假及繼續性工作之輪班方法。

二、工資之標準、計算方法及發放日期。

三、延長工作時間。

四、津貼及獎金。

五、應遵守之紀律。

六、考勤、請假、獎懲及升遷。

七、受僱、解僱、資遣、離職及退休。

八、災害傷病補償及撫卹。

九、福利措施。

十、勞雇雙方應遵守勞工安全衛生規定。

十一、勞雇雙方溝通意見加強合作之方法。

十二、其他。

第71條 工作規則，違反法令之強制或禁止規定或其他有關該事業適用之團體協約規定者，無效。

第十章 監督與檢查

第72條 中央主管機關，為貫徹本法及其他勞工法令之執行，設勞工檢查機構或授權直轄市主管機關專設檢查機構辦理之；直轄市、縣（市）主管機關於必要時，亦得派員實施檢查。

前項勞工檢查機構之組織，由中央主管機關定之。

第73條 檢查員執行職務，應出示檢查證，各事業單位不得拒絕。事業單位拒絕檢查時，檢查員得會同當地主管機關或警察機關強制檢查之。

檢查員執行職務，得就本法規定事項，要求事業單位提出必要之報告、紀錄、帳冊及有關文件或書面說明。如需抽取物料、樣品或資料時，應事先通知雇主或其代理人並掣給收據。

第74條 勞工發現事業單位違反本法及其他勞工法令規定時，得向雇主、主管機關或檢查機構申訴。

雇主不得因勞工為前項申訴而予解僱、調職或其他不利之處分。

第十一章 罰則

第75條 違反第五條規定者，處五年以下有期徒刑、拘役或科或併科新臺幣七十五萬元以下罰金。

第76條　違反第六條規定者，處三年以下有期徒刑、拘役或科或併科新臺幣四十五萬元以下罰金。

第77條　違反第四十二條、第四十四條第二項、第四十五條第一項、第四十七條、第四十八條、第四十九條第三項或第六十四條第一項規定者，處六個月以下有期徒刑、拘役或科或併科新臺幣三十萬元以下罰金。

第78條　未依第十七條、第五十五條規定之標準或期限給付者，處新臺幣三十萬元以上一百五十萬元以下罰鍰，並限期令其給付，屆期未給付者，應按次處罰。

違反第十三條、第二十六條、第五十條、第五十一條或第五十六條第二項規定者，處新臺幣九萬元以上四十五萬元以下罰鍰。

第79條　有下列各款規定行為之一者，處新臺幣二萬元以上三十萬元以下罰鍰：

一、違反第七條、第九條第一項、第十六條、第十九條、第二十一條第一項、第二十二條至第二十五條、第二十八條第二項、第三十條第一項至第三項、第六項、第七項、第三十二條、第三十四條至第四十一條、第四十六條、第四十九條第一項、第五十六條第一項、第五十九條、第六十五條第一項、第六十六條至第六十八條、第七十條或第七十四條第二項規定。

二、違反主管機關依第二十七條限期給付工資或第三十三條調整工作時間之命令。

三、違反中央主管機關依第四十三條所定假期或事假以外期間內工資給付之最低標準。

違反第三十條第五項或第四十九條第五項規定者，處新臺幣九萬元以上四十五萬元以下罰鍰。

第79-1條　違反第四十五條第二項、第四項、第六十四條第三項及第六十九條第一項準用規定之處罰，適用本法罰則章規定。

第80條　拒絕、規避或阻撓勞工檢查員依法執行職務者，處新臺幣三萬元以上十五萬元以下罰鍰。

第80-1條　違反本法經主管機關處以罰鍰者，主管機關應公布其事業單位或事業主之名稱、負責人姓名，並限期令其改善；屆期未改善者，應按次處罰。

主管機關裁處罰鍰，得審酌與違反行為有關之勞工人數、累計違法次數或未依法給付之金額，為量罰輕重之標準。

第81條　法人之代表人、法人或自然人之代理人、受僱人或其他從業人員，因執行業務違反本法規定，除依本章規定處罰行為人外，對該法人或自然人並應處以各該條所定之罰金或罰鍰。但法人之代表人或自然人對於違反之發生，已盡力為防止行為者，不在此限。

法人之代表人或自然人教唆或縱容為違反之行為者，以行為人論。

第82條　本法所定之罰鍰，經主管機關催繳，仍不繳納時，得移送法院強制執行。

第十二章　附則

第83條　為協調勞資關係，促進勞資合作，提高工作效率，事業單位應舉辦勞資會議。其辦法由中央主管機關會同經濟部訂定，並報行政院核定。

第84條　公務員兼具勞工身分者，其有關任（派）免、薪資、獎懲、退休、撫卹及保險（含職業災害）等事項，應適用公務員法令之規定。但其他所定勞動條件優於本法規定者，從其規定。

第84-1條　經中央主管機關核定公告之下列工作者，得由勞雇雙方另行約定，工作時間、例假、休假、女性夜間工作，並報請當地主管機關核備，不受第三十條、第三十二條、第三十六條、第三十七條、第四十九條規定之限制。

一、監督、管理人員或責任制專業人員。

二、監視性或間歇性之工作。

三、其他性質特殊之工作。

前項約定應以書面為之，並應參考本法所定之基準且不得損及勞工之健康及福祉。

第84-2條　勞工工作年資自受僱之日起算，適用本法前之工作年資，其資遣費及退休金給與標準，依其當時應適用之法令規定計算；當時無法令可資適用者，依各該事業單位自訂之規定或勞雇雙方之協商計算之。適用本法後之工作年資，其資遣費及退休金給與標準，依第十七條及第五十五條規定計算。

第85條　本法施行細則，由中央主管機關擬定，報請行政院核定。

第86條　本法自公布日施行。但中華民國八十九年六月二十八日修正公布之第三十條第一項及第二項規定，自九十年一月一日施行。

本法中華民國一百零四年一月二十日修正之條文，除第二十八條第一項自公布後八個月施行外，自公布日施行。

本法中華民國一百零四年五月十五日修正之條文，自一百零五年一月一日施行。

二、其他與勞基法相關之法規

兩性工作平等法

於民國九十年三月八日起開始實施，主要是在使婦女於職場的工作更能獲得保障主要的條文如下說明：

兩性工作平等法相關假期、福利措施及薪資計算一覽表

假別	內容	薪資計算
生理假	每月得請一日生理假（亦可不請），依勞基法勞工請假規則中病假計算。	薪資合併其他傷病假，如一年內未超過三十日，折半發給。
產假	1.分娩前後可請產假八週。 2.懷孕三個月以上流產，可請產假四週。 3.懷孕二個月以上未滿三個月流產，可請產假一週。 4.未滿二個月流產，可請產假五日。	依勞基法規定，勞工受僱工作在六個月以上者，停止工作時間工資照給，未滿六個月者減半發給。
陪產假	配偶分娩時，先生可請陪產假二日。	依本法規定工資照給。
育嬰留職停薪	任職滿一年，每一子女滿三歲前，可申請育嬰留職停薪，最長二年。（男性、女性勞工皆適用）	薪資停發，工作年資亦不累積計算。停薪期間的津貼發放，將由勞委會和內政部共同研商訂定。
育嬰工時	為哺育未滿三歲子女，員工可向雇主要求每天減少工時一小時，或調整工作時間。	減少工時部分，則不予發放薪資。
哺乳時間	子女未滿一歲者，可有每日兩次，每次三十分鐘哺乳時間。	視為工作時間，不予扣薪。
家庭照顧假	全年七日為限。（男性、女性勞工皆適用）	並入勞基法事假計算，不給工資。合併其他事假一年不得超過十四日。
托兒所設置	二百五十人以上公司，應設置托兒所或托兒措施。	主管機關得給予雇主經費補助。

勞工保險法、規範部分時間工作之相關法規，如後述說明。

三、勞工權益手冊

(一)前言

部分工時勞工在歐美國家占有相當大的比率，依據國際勞工公約規定，部分工時工作勞工在母性保護、僱傭之終止、有給休假及特別休假、病假等方面也可享受與可類比全時勞工相等之條件，但有關金錢給付應按工作時數或收入之比例訂定。

一般而言，部分工時工作型態的僱用關係，對雇主而言，可以增加人力使用彈性，對企業之工時管理有所助益，對勞工而言，部分工時能有效分配時間與精神，達到工作與生活兼顧的目的。

近年台灣隨著產業型態變遷，勞資關係走向多元化，部分工時的工作型態將成為趨勢，尤其是女性勞動者，為了兼顧工作與家庭，從事部分工時之情況比較普遍。

部分工時的相關權益包括勞動條件、職工福利、勞工保險、職場上的安全衛生保護及職業訓練等，本手冊乃依現行法令簡介部分工時勞工之勞動權益，期盼勞資雙方能藉此認識部分工作時間的工作型態，以活絡就業市場並促進工作時間彈性化。至於本手冊所引用或涉及之法令如有變更，則應以修正後之法令為準。

(二)何謂部分時間工作

部分時間工作勞工：謂其工作時間，較該事業單位內之全時勞工工作時間（通常為法定工作時間或企業所定之工作時間），有相當程度縮短之勞工，其縮短之時數，由勞資雙方協商訂定。

說明：

1.部分時間工作制係指事業單位內部勞工從事工作之時間較法定、團體協約約定或事業單位內已設定之一般正常工作時數為短之制度。其型態計有縮短每日、每週、每月和每年之工時；等量、不等量；規律和不規律分配；僵硬或彈性的工時規定，亦可綜合各種型態加以運用。

2.茲以較普遍之部分時間工作型態說明如下：

(1)在正常的工時內，每日有固定的工作開始及終止之時間。例如事業單位中有所謂的「主婦班」型態，其每日工作時間較一般勞工少，即屬於此種規律性之部分時間工作。

(2)延長每日營運時間之班別安排，例如事業單位中有所謂的「小夜班」，即屬於此種型態。

(3)結合部分工時與彈性工時制度，僅規定每週工作某一特定時數。

(4)在一天或一週的工作量尖峰時段中，工作某一固定時間。

(5)分攤工作的安排，如兩人一職制。

(三)勞動條件保護——僱用

1.僱用部分時間工作勞工時，勞雇雙方之勞動契約應以書面訂定為宜。

說明：

勞動契約係就勞資雙方之權利義務有關事項加以約定，可以口頭或書面為之，但部分時間工作之內容較一般全時工作者更趨個別化與複雜化，為避免勞資雙方僅以口頭約定易造成爭議，宜就工資之給付內涵、例假日及國定假日之休息、休假以書面明確訂定。

2.原為全時工作之勞工，雇主於調整其職務成為部分時間工作之勞工

時，應明確告知勞工其權益上之差異，並應徵得勞工之書面同意。

說明：

勞工工作時間由全時變更為部分工時時，其部分勞動條件（如工資之變動、工時分配、退休金資遣費等）與勞工權益有所變更，雇主應詳細告知兩者之差異，並取得勞工書面之同意，以避免將來之爭議。

(四)勞動條件保護——工資、休假及請假

凡勞動基準法適用範圍者，有關工資、例假、休假、請假、產假等事項，自應依該法辦理，非該法之適用範圍者，雖無強制規定，仍可參照辦理。

1.工資

工資（含例假日工資）由勞雇雙方議定，但不得低於按工作時間比例計算之基本工資。

說明：

(1)依勞動基準第二十一條規定：工資由勞資雙方議定之。但不得低於基本工資。復依同法施行細則第十三條規定，勞工工作時間每日少於八小時者，其基本工資得按工作時間比例計算之。

(2)勞動基準法第三十九條規定，例假、休假及特別休假，工資應由雇主照給。即使是部分工時者，假日工資仍應照給。至於假日工資之計算方式，應於勞動契約中明定。

(3)勞工每日工作時間超過約定之工時而未達八小時部分之工資，由勞雇雙方議定之；超過八小時部分之工資，依勞動基準法第二十四條規定辦理。

說明：

部分時間工作者，其每日工作時間超過八小時部分之工資，應依勞動基準法第二十四條規定辦理，至於未達八小時部分可由勞雇雙方

議定之。

2.例假、休假、請假及產假

(1)勞工每七日中至少應有一日之休息，作為例假。

說明：

勞動基準法第三十六條規定：勞工每七日中至少應有一日之休息，作為例假。

(2)紀念日、勞動節日及其他由中央主管機關規定應放假之日，均應休假。但得由勞雇雙方協商調整休假日期。

說明：

勞動基準法第三十七條規定：紀念日、勞動節日及其他由中央主管機關規定應放假之日、均應休假。復依同法第三十九條規定，雇主經徵得勞工同意，勞工得於休假日工作，但工資應加倍發給。勞雇雙方如協商調整休假日期，亦無不可。

(3)特別休假依勞動基準法第三十八條規定辦理，其休假日期及休假之每日時數由勞雇雙方議定之。

說明：

- 依勞動基準法施行細則第二十四條規定：特別休假日期應由勞雇雙方協商排定之。
- 部分時間工作的型態甚多，每日的工作時數也不一定相同，有關其休假之每日時數由勞雇雙方議定之。

(4)婚、喪、事、病假，依勞工請假規則辦理，其請假之每日時數由勞雇雙方議定之。

說明：

部分時間工作者，其婚、喪、事、病假，仍應依勞工請假規則辦理，但因其每日工作時數不一定相同，有關其請假之每日時數由勞雇雙方議定之。

(5)產假依勞動基準法第五十條規定辦理。

說明：

產假旨在保護母性身體之健康，部分工時之女性勞工亦應享有此權利，因此仍應依勞動基準法第五十條規定，給予產假八星期，以利母體調養恢復體力。

(五)勞動條件保護——資遣及退休

1.部分時間工作者退休要件依勞動基準法第五十三條及第五十四條規定辦理。

說明：

(1)勞工如有工作十五年以上年滿五十五歲者或工作二十五年以上者，得自請退休。

(2)勞工非有年滿六十歲者、心神喪失或身體殘廢不堪勝任工作者，雇主不得強制其退休。

2.解僱預告期間，依勞動基準法第十六條規定辦理。勞工接到解僱預告後，為另謀工作得請假外出。其請假時數，每星期不得超過二日之工作時間，請假日期由勞雇雙方議定之。

說明：

解僱部分工時勞工時，應依勞動基準法第十六條規定辦理預告。勞工於接到該預告後，可以請假外出另謀工作，但每週以二日之工作時間為限，至於請假之日期，則由勞資雙方協商決定。

3.資遣費與退休金，依勞動基準法之給付標準計給。

說明：

部分工時勞工工作年資及退休金、資遣費之計算，依現行勞動基準法第二條、第十七條、第五十五條及第八十四條之二規定辦理，其計算方式與全時工作者之計算並無不同。

4.勞工由部分工時工作轉換為全時勞工時，其資遣及退休之工作年資應自受僱日起算，其平均工資之計算則依其部分時間工作年資及全時工作年資分別計算。

說明：

勞工如原為每日工作四小時，其後因業務需要改為每日八小時，於計發退休金或資遣費時，其工作年資應自受僱日起算，屬於每日工作四小時以內之工作年資，按退休或資遣時之平均工資半數計算；屬於每日工作超過四小時之工作年資，按退休或資遣時之平均工資全數計算。惟事業單位所訂標準優於上開規定者，可從其規定。

(六)勞動條件保護——職災補償

部分時間工作勞工因職業災害而致死亡、殘廢、傷害或疾病時，依勞動基準法第五十九條規定予以補償。

說明：

部分工時勞工於遭遇職業災害時，應依勞動基準法第五十九條規定辦理，不因其為部分工時勞工而有不同。

(七)勞動條件保護——工作規則

僱用勞工人數在三十人以上並經常僱用部分時間工作勞工之事業單位，於訂定工作規則時，應依相關法令訂定適用於部分時間工作勞工之條款。

說明：

勞動基準法第七十條規定，凡僱用勞工人數三十人以上者，應依其事業性質，訂立工作規則；如經常僱用部分時間工作勞工，工作規則中應依相關法令訂定適用於部分時間工作勞工之條款。

(八)職工福利

部分時間工作勞工之福利，除依規定於個人薪津內有扣繳職工福利金之義務外，並享有公平合理的福利待遇之權利。

說明：

1.事業單位在已成立職工福利委員會組織之運作下，對於部分時間工作之勞工，應每月在個人薪津內扣繳百分之○．五做為職工福利金。

2.事業單位應以公平合理為原則，由各該單位職工福利委員會依其企業特性及需求自行訂定辦法實施。

(九)勞工保險

1.凡受僱於僱用員工五人以上事業單位之部分時間工作勞工，如經雇主輪派定時到工者，應依勞工保險條例第六條之規定由雇主辦理加保。

說明：

目前國內勞力短缺，部分工時之型態甚多，為使該等潛在人力投入就業市場調節人力供需，加強運用人力資源，以促進經濟發展，並利雇主僱用部分工時人員，其經雇主輪派定時到工，由雇主監督指揮從事所交付之工作而獲取報酬者，自應認定其為受僱勞工，應予納入勞工保險範圍，以保障其工作安全。

2.受僱於僱用員工未滿五人之事業單位之部分時間工作勞工，如經雇主輪派定時到工者，得自願加保，惟該單位如已為所屬員工申報加保者，其僱用之部分時間工作勞工，亦應辦理加保。

說明：

依勞工保險條例第八條規定，受僱於僱用員工未滿五人之事業單位員工屬自願加保範圍，其所僱用部分工時員工準依上開規定辦理。又如該單位已為所屬員工辦理加保者，所僱用之部分時間工作勞工，亦應一併辦理加保。

3.勞工如從事兩種工作，應擇一參加勞工保險。

說明：

勞工如從事兩種工作，且其工作單位均屬強制投保單位，應由其選擇工作時間較長或工作所得較高或職業災害危險性較大之單位辦理參加勞工保險；如其工作單位一為自願投保單位，一為強制投保單位，則應由強制投保單位辦理加保。

4.部分時間工作勞工之投保薪資，應依勞工保險投保薪資分級表備註欄二之規定辦理。

說明：

依勞工保險投保薪資分級表備註欄一、二規定，部分工時勞保被保險人之薪資報酬未達基本工資者，其勞保月投保薪資分11,100元、12,540元、13,500元、15,840元、16,500元、17,280元、17,880元、19,047元及20,008元，薪資超過20,008元而未達基本工資者，應依第一級（21,009元）申報。

(十)安全衛生

1.事業單位僱用部分時間工作勞工，其工作場所安全衛生設施標準應與全時工作之勞工相同。

2.事業單位僱用部分時間工作勞工，應事前考慮勞工體能健康，適當分配其工作，並針對工作特性辦理從事工作及預防災變所必要之安全衛生教育訓練。

說明：

(1)事業單位工作場所安全衛生設施之良莠與否，對於防止職業災害，保障勞工安全與健康影響甚鉅，故部分時間工作勞工工作場所安全衛生設施標準應與全時工作勞工相同，依勞工安全衛生法規標準設置。

(2)為防止勞工發生職業災害，雇主對勞工應施以從事工作及預防災變所必要之安全衛生教育、訓練，以保障全體勞工之安全與健康，此項教育訓練自應包含所僱用部分時間工作勞工。

(3)事業單位僱用勞工時，應施行體格檢查，以瞭解勞工體能健康狀況作為應否僱用及分配適當工作之依據；部分時間工作勞工既為雇主所僱用，有關規定自應適用。

(十一)職業訓練

為促進國民就業以提昇國民勞動參與率，協助國民創造其生命歷程中職業自我發展與成就之目標，並藉以增加家計收入，提高家庭生活品質，本會職業訓練局特訂定「推動部分工時就業職前訓練實施計畫」。

說明：

1.主辦單位及執行單位：該計畫之主辦單位為本會職業訓練局；執行單位為七所公立就業服務中心、本會職業訓練局（泰山、北區、桃園、中區、台南、南區等）六職訓中心、台北市政府勞工局職訓中心、高雄市政府勞工局就業訓練中心。

2.申請單位：擬進用部分工時就業之事業機構或廠商。

3.訓練方式：

(1)就場（廠）辦理職前訓練專班。

(2)各公立就業服務中心或職業訓練中心配合辦理職前訓練專班。

4.訓練人數：每班訓練人數以十人至四十人為原則，惟就業機會確實低於十人，且無其他類似之情形能合併辦理者，得依其實際人數辦理。

5.訓練期限：訓練時間以四～三十小時為原則，辦理課程可安排於白天、晚上或星期假日辦理。

6.申請：用人廠商就場（廠）職前訓練專班——由用人單位之事業機構或廠商，提供擬進用人員之人數，待遇、福利及工作內容等連同所需之職前訓練人員需求表及職前訓練需求計畫（格式請洽所在地就服中心），逕向所在地就服中心提出申請。

7.經費：各項職前訓練專班所需經費由各地區就業服務中心或職業訓練中心，依實際辦理需求，掣據向本會職業訓練局專案請款補助。

四、保險相關法規

計有勞工保險法與全民健康保險法，社會保險的目的同時是在保障勞工與雇主的權益，每月依薪資級數之不同，勞工與雇主皆須繳納一定金額之保險費，而有各項之補助可予以申請：如職業傷病補助給付、生育補助給付、退休金給付等。

(一)相關網站

相關條文與資料皆可透政府網站查詢詳細之資料，如下述說明。

1.中央健康保險署

http://www.nhi.gov.tw

(1)健保法令下載

(2)全民健康保險法

(3)全民健康保險法施行細則

2.勞工保險局

http://www.bli.gov.tw

在勞保業務的章節內的法令規章之分類有主要法令、就業保險、職災保護、工資墊償、其他法規，皆有相關之法規與施行細則須瞭解。

(1)勞保業務—法令規章—主要法令

- 勞工保險條列
- 勞工保險條例施行細則

(2)勞保業務—法令規章—其他法規

兩性工作平等法及施行細則

(3)勞保業務—法令規章—就業保險

就業保險法及施行細則

(4)勞保業務—法令規章—職災保護

職業災害勞工保護法及施行細則

(5)勞保業務—法令規章—工資墊償

- 勞動基準法及施行細則
- 勞工請假規則
- 積欠工資墊償基金提繳及墊償管理辦法
- 勞動基準法有關積欠工資墊償制度之規定

3.行政院勞工委員會

Http://www.cla.gov.tw

(1)勞動法規及解釋

(2)勞動檢查法及施行細則

(二)職業災害醫療給付

1.何謂職業災害醫療給付？

勞工保險職業災害保險分傷病、醫療、殘廢及死亡四種給付。勞工保險被保險人遭遇職業傷害或罹患職業病需門診或住院時，持投保單位填發之「勞工保險職業傷病門診就診單」或「勞工保險職業傷病住院申請書」前往全民健康保險醫事服務機構申請診療，免繳納全民健康保險法規定應自行部分負擔之醫療費用，被保險人之保險醫療費用全部由勞保局支付，此即為職業災害醫療給付。

2.如何取得勞工保險職業傷病醫療書單？

勞工保險職業傷病門診就診單及住院申請書由勞工保險局於每年年底前寄達各投保單位以備次年使用，不敷使用時，投保單位可填具「勞工保險職業傷病醫療書單申請表」郵寄或逕至勞工保險局或其所屬各辦事處申領。

3.遭遇職業傷害或罹患職業病，應如何就診？

勞工保險被保險人罹患職業傷病需門診或住院時，應持由投保單位填發之「勞工保險職業傷病門診就診單」或「勞工保險職業傷病住院申請書」，連同全民健康保險卡及國民身分證或其他足以證明身分之證件向全民健康保險醫事服務機構申請診療，免繳納全民健康保險法規定應自行部分負擔之保險醫療費用。

4.投保單位未依規定發給職業傷病門、住診醫療書單時如何處理？

被保險人得逕向勞工保險局或其所屬各辦事處請領，經查明屬實後發給。

勞保職業病患者未持勞工保險職業傷病門診就診單至職業病診療醫師或地區教學醫院以上之醫院專科醫師處門診時，得由醫師開具勞工保險職業病門診單。

(1)依照行政院勞工委員會核定之「職業病診療醫師領取及開具勞工保險職業病門診單作業要點」規定，勞保職業病患者至經行政院衛生署認定具有診療職業病資格之醫師處門診時，如未持「勞工保險職業傷病門診就診單」，得由該醫師開具「勞工保險職業病門診單」，免繳納部分負擔醫療費用。又依行政院勞工委員會函示，地區教學醫院以上之醫院專科醫師，得比照開具「勞工保險職業病門診單」。

(2)被保險人所患疾病是否屬職業病，應依「勞工保險職業病種類表」或「增列勞工保險職業病種類」認定。

5.就診時未帶相關證件，如何處理？

被保險人因尚未領得職業傷病門診就診單或住院申請書或全民健康保險卡，或因緊急傷病就醫，致未能繳交或繳驗該等證件時，應檢具身分證明文件，聲明具有勞保身分就醫，並先自付醫療費用後，於七日內（不含例假日）補送證件，全民健康保險醫事服務機構將會退還所收取之保險醫療費用。

6.先以健保身分就醫，可否申請退費？

(1)被保險人因職業傷病至全民健康保險醫事服務機構就診，因不可歸責於被保險人之事由，致未能於就醫之日起七日內補送勞工保險職業傷病門診就診單或住院申請書，而先以健保身分就醫者，可於門診治療當日或出院之日起六個月內，填具醫療費用核退申請書件（請見第9點），向勞工保險局申請核退醫療費用。

(2)如有特殊原因未於規定期限內辦理者，得於門診治療當日或出院之日起二年內補齊證件申請核退醫療費用。

(3)被保險人本人或投保單位欠繳勞保費經暫行拒絕給付期間自墊醫療費用，得於欠費繳清之日起六個月內申請核退醫療費用。

7.因緊急職業傷病至非全民健康保險醫事服務機構就診時，如何辦理自墊醫療費用之退費？

勞工保險被保險人遭遇職業傷害或罹患職業病，因情況緊急不克前往全民健康保險特約醫院、診所就醫，必須於附近非全民健康保險特約醫療機構急救者，可於急、門診治療當日或出院之日起六個月內，填具醫療費用核退申請書件（請見第9點），向勞工保險局申請核退自墊醫療費用。

8.在國外遭遇職業傷病並就診，回國後如何申請退費？支付標準為何？

(1)被保險人於勞工保險條例施行區域外遭遇職業傷病，必須於當地門診或住院診療者，得於門診治療當日或出院之日起六個月內，檢具醫療費用核退申請書件（請見第9點），由其所屬投保單位向勞工保險局申請核退醫療費用。

(2)遠洋漁船船員得自出海作業返國之日起六個月內，檢具醫療費用核退申請書件（請見第9點），向勞工保險局申請核退醫療費用。

(3)前項門診或住院診療費用，勞工保險局核實給付，但申請費用高於其急診、門診治療當日或出院之日起前三個月全民健康保險給付特約醫學中心門診每人次、住院每人日平均費用標準者，其超過部分不予給付。另計算核退醫療費用時，有關外幣兌換匯率基準日，以申請日之該外幣平均兌換率計之。

9.申請核退醫療費用時，應檢具下列書件：

(1)醫療費用核退申請書。

(2)勞工保險職業傷病門診就診單或住院申請書。

(3)醫療費用收據正本及費用明細，其收據正本及費用明細如有遺失或供其他用途者，應檢具原醫療機構加蓋印信負責證明與原本相符之影本，並註明無法提出原本之原因。

(4)診斷書或證明文件，如為外文文件，應檢附中文翻譯。

(5)被保險人於勞工保險條例施行區域外遭遇職業傷病就診，應出具當次出入境證明文件影本或服務機關出具之證明。

(6)遠洋漁船船員應出具身分證明文件及當次出海作業起返日期證明文件。

(7)因上、下班或公出途中發生事故，申請核退醫療費用者，請另填具「上下班、公出途中發生事故而致傷害證明書」。

10.注意事項

(1)投保單位因欠繳保險費及滯納金，經勞工保險局核定暫行拒絕給付者，自暫行拒絕給付之日起，不得填發被保險人職業傷病門診就診單或住院申請書，但被保險人應繳部分之保險費已扣繳或繳納於投保單位者，不在此限。

(2)投保單位填具之門診就診單或住院申請書，不合保險給付、醫療給付住院診療之規定，或虛偽不實或交非被保險人使用者，其診療費用應由投保單位負責償付。

(3)被保險人奉雇主命令參加強制性之健康檢查，途中發生事故，得依規定請領職業災害保險給付。（行政院勞工委員會八十六年九月十八日函示）

五、其他相關法令

身心障礙者保護法

身心障礙者權益保護法原名為殘障福利法，立法於民國69年；於民國86年修正公布名稱及全文75條，命名為身心障礙者保護法；並於民國96年更名為身心障礙者權益保護法。

僅針對總則與就業權益相關法規，如下說明：

第一章　總則

第1條

為維護身心障礙者之權益，保障其平等參與社會、政治、經濟、文化等之機會，促進其自立及發展，特制定本法。

第四章　就業權益

第33條

各級勞工主管機關應參考身心障礙者之就業意願，由職業重建個案管理員評估其能力與需求，訂定適切之個別化職業重建服務計畫，並結合相關資源，提供職業重建服務，必要時得委託民間團體辦理。

前項所定職業重建服務，包括職業重建個案管理服務、職業輔導評量、職業訓練、就業服務、職務再設計、創業輔導及其他職業重建服務。

前項所定各項職業重建服務，得由身心障礙者本人或其監護人向各級勞工主管機關提出申請。

第34條

各級勞工主管機關對於具有就業意願及就業能力，而不足以獨立在競爭性就業市場工作之身心障礙者，應依其工作能力，提供個別化就業安置、訓練及其他工各級勞工主管機關對於具有就業意願，而就業能力不足，無法進入競爭性就業市場，需長期就業支持之身心障礙者，應依其職業輔導評量結果，提供庇護性就業服務。

第35條

直轄市、縣（市）勞工主管機關為提供第三十三條第二項之職業訓練、就業服務及前條之庇護性就業服務，應推動設立下列機構：

一、職業訓練機構。

二、就業服務機構。

三、庇護工場。

前項各款機構得單獨或綜合設立。機構設立因業務必要使用所需基地為公有，得經該公有基地管理機關同意後，無償使用。

第一項之私立職業訓練機構、就業服務機構、庇護工場，應向當地直轄市、縣（市）勞工主管機關申請設立許可，經發給許可證後，始得提供服務。

未經許可，不得提供第一項之服務。但依法設立之機構、團體或學校接受政府委託辦理者，不在此限。

第一項機構之設立許可、設施與專業人員配置、資格、遴用、培訓及經費補助之相關準則，由中央勞工主管機關定之。

第36條

各級勞工主管機關應協調各目的事業主管機關及結合相關資源，提供庇護工場下列輔導項目：

一、經營及財務管理。

二、市場資訊、產品推廣及生產技術之改善與諮詢。

三、員工在職訓練。

四、其他必要之協助。

第37條

各級勞工主管機關應分別訂定計畫，自行或結合民間資源辦理第三十三條第二項職業輔導評量、職務再設計及創業輔導。

前項服務之實施方式、專業人員資格及經費補助之相關準則，由中央勞工主管機關定之。

第38條

各級政府機關、公立學校及公營事業機構員工總人數在三十四人以上者，進用具有就業能力之身心障礙者人數，不得低於員工總人數百分之三。

私立學校、團體及民營事業機構員工總人數在六十七人以上者，進用具有就業能力之身心障礙者人數，不得低於員工總人數百分之一，且不得少於一人。

前二項各級政府機關、公、私立學校、團體及公、民營事業機構為進用身心障礙者義務機關（構）；其員工總人數及進用身心障礙者人數之計算方式，以各義務機關（構）每月一日參加勞保、公保人數為準；第一項義務機關（構）員工員額經核定為員額凍結或列為出缺不補者，不計入員工總人數。

前項身心障礙員工之月領薪資未達勞動基準法按月計酬之基本工資數額者，不計入進用身心障礙者人數及員工總人數。但從事部分工時工作，其月領薪資達勞動基準法按月計酬之基本工資數額二分之一以上者，進用二人得以一人計入身心障礙者人數及員工總人數。

辦理庇護性就業服務之單位進用庇護性就業之身心障礙者，不計入進用身心障礙者人數及員工總人數。

依第一項、第二項規定進用重度以上身心障礙者，每進用一人以二人核計。

警政、消防、關務、國防、海巡、法務及航空站等單位定額進用總人數之計算範圍，得於本法施行細則另定之。

依前項規定不列入定額進用總人數計算範圍之單位，其職務應經職務分析，並於三年內完成。

前項職務分析之標準及程序，由中央勞工主管機關另定之。

第38-1條

事業機構依公司法成立關係企業之進用身心障礙者人數達員工總人數百分之二十以上者，得與該事業機構合併計算前條之定額進用人數。

事業機構依前項規定投資關係企業達一定金額或僱用一定人數之身心障礙者應予獎勵與輔導。

前項投資額、僱用身心障礙者人數、獎勵與輔導及第一項合併計算適用條件等辦法，由中央各目的事業主管機關會同中央勞工主管機關定之。

第39條

各級政府機關、公立學校及公營事業機構為進用身心障礙者，應洽請考試院依法舉行身心障礙人員特種考試，並取消各項公務人員考試對身心障礙人員體位之不合理限制。

第40條

進用身心障礙者之機關（構），對其所進用之身心障礙者，應本同工同酬之原則，不得為任何歧視待遇，其所核發之正常工作時間薪資，不得低於基本工資。

庇護性就業之身心障礙者，得依其產能核薪；其薪資，由進用單位與庇護性就業者議定，並報直轄市、縣（市）勞工主管機關核備。

第41條

經職業輔導評量符合庇護性就業之身心障礙者，由辦理庇護性就業服務之單位提供工作，並由雙方簽訂書面契約。

接受庇護性就業之身心障礙者，經第三十四條之職業輔導評量單位評量確認不適於庇護性就業時，庇護性就業服務單位應依其實際需求提供轉銜服務，並得不發給資遣費。

第42條

身心障礙者於支持性就業、庇護性就業時，雇主應依法為其辦理參加勞工保險、全民健康保險及其他社會保險，並依相關勞動法規確保其權益。

庇護性就業者之職業災害補償所採薪資計算之標準，不得低於基本工資。

庇護工場給付庇護性就業者之職業災害補償後，得向直轄市、縣（市）勞工主管機關申請補助；其補助之資格條件、期間、金額、比率及方式之辦法，由中央勞工主管機關定之。

第43條

為促進身心障礙者就業，直轄市、縣（市）勞工主管機關應設身心障礙者就業基金；其收支、保管及運用辦法，由直轄市、縣（市）勞工主管機關定之。

進用身心障礙者人數未達第三十八條第一項、第二項標準之機關（構），應定期向所在地直轄市、縣（市）勞工主管機關之身心障礙者就業基金繳納差額補助費；其金額，依差額人數乘以每月基本工資計算。

直轄市、縣（市）勞工主管機關之身心障礙者就業基金，每年應就收取前一年度差額補助費百分之三十撥交中央勞工主管機關之就業安定基金統籌分配；其提撥及分配方式，由中央勞工主管機關定之。

第44條

前條身心障礙者就業基金之用途如下：

一、補助進用身心障礙者達一定標準以上之機關（構），因進用身心障礙者必須購置、改裝、修繕器材、設備及其他為協助進用必要之費用。

二、核發超額進用身心障礙者之私立機構獎勵金。

三、其他為辦理促進身心障礙者就業權益相關事項。

前項第二款核發之獎勵金，其金額最高按超額進用人數乘以每月基本工資二分之一計算。

第45條

各級勞工主管機關對於進用身心障礙者工作績優之機關（構），應予獎勵。

前項獎勵辦法，由中央勞工主管機關定之。

第46條

非視覺功能障礙者，不得從事按摩業。

各級勞工主管機關為協助視覺功能障礙者從事按摩及理療按摩工作，應自行或結合民間資源，輔導提升其專業技能、經營管理能力，並補助其營運所需相關費用。

前項輔導及補助對象、方式及其他應遵行事項之辦法，由中央勞工主管機關定之。

醫療機構得僱用視覺功能障礙者於特定場所從事非醫療按摩工作。

醫療機構、車站、民用航空站、公園營運者及政府機關（構），不得提供場所供非視覺功能障礙者從事按摩或理療按摩工作。其提供場地供視覺功能障礙者從事按摩或理療按摩工作者應予優惠。

第一項規定於中華民國一百年十月三十一日失其效力。

第46-1條

政府機關（構）及公營事業自行或委託辦理諮詢性電話服務工作，電話值機人數在十人以上者，除其他法規另有規定外，應進用視覺功能障礙者達電話值機人數十分之一以上。但因工作性質特殊或進用確有困難，報經電話值機所在地直轄市、縣（市）勞工主管機關同意者，不在此限。

於前項但書所定情形，電話值機所在地直轄市、縣（市）勞工主管機關與自行或委託辦理諮詢性電話服務工作之機關相同者，應報經中央勞工主管機關同意。

第47條

為因應身心障礙者提前老化，中央勞工主管機關應建立身心障礙勞工提早退休之機制，以保障其退出職場後之生活品質。

附件八：大量解僱勞工保護法

公布日期：民國92年02月07日

修改日期：民國104年07月01日

第1條　為保障勞工工作權及調和雇主經營權，避免因事業單位大量解僱勞工，致勞工權益受損害或有受損害之虞，並維護社會安定，特制定本法；本法未規定者，適用其他法律之規定。

第2條　本法所稱大量解僱勞工，指事業單位有勞動基準法第十一條所定各款情形之一、或因併購、改組而解僱勞工，且有下列情形之一：

一、同一事業單位之同一廠場僱用勞工人數未滿三十人者，於六十日內解僱勞工逾十人。

二、同一事業單位之同一廠場僱用勞工人數在三十人以上未滿二百人者，於六十日內解僱勞工逾所僱用勞工人數三分之一或單日逾二十人。

三、同一事業單位之同一廠場僱用勞工人數在二百人以上未滿五百人者，於六十日內解僱勞工逾所僱用勞工人數四分之一或單日逾五十人。

四、同一事業單位之同一廠場僱用勞工人數在五百人以上者，於六十日內解僱勞工逾所僱用勞工人數五分之一或單日逾八十人。

五、同一事業單位於六十日內解僱勞工逾二百人或單日逾一百人。

前項各款僱用及解僱勞工人數之計算，不包含就業服務法第四十六條所定之定期契約勞工。

第3條 本法所稱主管機關：在中央為勞動部；在直轄市為直轄市政府；在縣（市）為縣（市）政府。

同一事業單位大量解僱勞工事件，跨越直轄市、縣（市）行政區域時，直轄市或縣（市）主管機關應報請中央主管機關處理，或由中央主管機關指定直轄市或縣（市）主管機關處理。

第4條 事業單位大量解僱勞工時，應於符合第二條規定情形之日起六十日前，將解僱計畫書通知主管機關及相關單位或人員，並公告揭示。但因天災、事變或突發事件，不受六十日之限制。

依前項規定通知相關單位或人員之順序如下：

一、事業單位內涉及大量解僱部門勞工所屬之工會。

二、事業單位勞資會議之勞方代表。

三、事業單位內涉及大量解僱部門之勞工。但不包含就業服務法第四十六條所定之定期契約勞工。

事業單位依第一項規定提出之解僱計畫書內容，應記載下列事項：

一、解僱理由。

二、解僱部門。

三、解僱日期。

四、解僱人數。

五、解僱對象之選定標準。

六、資遣費計算方式及輔導轉業方案等。

第5條 事業單位依前條規定提出解僱計畫書之日起十日內，勞雇雙方應即本於勞資自治精神進行協商。

勞雇雙方拒絕協商或無法達成協議時，主管機關應於十日內召集勞雇雙方組成協商委員會，就解僱計畫書內容進行協商，並適時提出替代方案。

第6條　協商委員會置委員五人至十一人，由主管機關指派代表一人及勞雇雙方同數代表組成之，並由主管機關所指派之代表為主席。資方代表由雇主指派之；勞方代表，有工會組織者，由工會推派；無工會組織而有勞資會議者，由勞資會議之勞方代表推選之；無工會組織且無勞資會議者，由事業單位通知第四條第二項第三款規定之事業單位內涉及大量解僱部門之勞工推選之。

勞雇雙方無法依前項規定於十日期限內指派、推派或推選協商代表者，主管機關得依職權於期限屆滿之次日起五日內代為指定之。

協商委員會應由主席至少每二週召開一次。

第7條　協商委員會協商達成之協議，其效力及於個別勞工。

協商委員會協議成立時，應作成協議書，並由協商委員簽名或蓋章。

主管機關得於協議成立之日起七日內，將協議書送請管轄法院審核。

前項協議書，法院應儘速審核，發還主管機關；不予核定者，應敘明理由。

經法院核定之協議書，以給付金錢或其他代替物或有價證券之一定數量為標的者，其協議書得為執行名義。

第8條　主管機關於協商委員會成立後，應指派就業服務人員協助勞資雙方，提供就業服務與職業訓練之相關諮詢。

雇主不得拒絕前項就業服務人員進駐，並應排定時間供勞工接受就業服務人員個別協助。

第9條　事業單位大量解僱勞工後再僱用工作性質相近之勞工時，除法令另有規定外，應優先僱用經其大量解僱之勞工。

前項規定，於事業單位歇業後，有重行復工或其主要股東重新組織營業性質相同之公司，而有招募員工之事實時，亦同。

前項主要股東係指佔原事業單位一半以上股權之股東持有新公司百分之五十以上股權。

政府應訂定辦法，獎勵雇主優先僱用第一項、第二項被解僱之勞工。

第10條　經預告解僱之勞工於協商期間就任他職，原雇主仍應依法發給資遣費或退休金。但依本法規定協商之結果條件較優者，從其規定。

協商期間，雇主不得任意將經預告解僱勞工調職或解僱。

第11條　僱用勞工三十人以上之事業單位，有下列情形之一者，由相關單位或人員向主管機關通報：

一、僱用勞工人數在二百人以下者，積欠勞工工資達二個月；僱用勞工人數逾二百人者，積欠勞工工資達一個月。

二、積欠勞工保險保險費、工資墊償基金、全民健康保險保險費或未依法提繳勞工退休金達二個月，且金額分別在新臺幣二十萬元以上。

三、全部或主要之營業部分停工。

四、決議併購。

五、最近二年曾發生重大勞資爭議。

前項規定所稱相關單位或人員如下：

一、第一款、第三款、第四款及第五款為工會或該事業單位之勞工；第四款為事業單位。

二、第二款為勞動部勞工保險局、衛生福利部中央健康保險署。

主管機關應於接獲前項通報後七日內查訪事業單位，並得限期令其提出說明或提供財務報表及相關資料。

主管機關依前項規定派員查訪時，得視需要由會計師、律師或其他專業人員協助辦理。

主管機關承辦人員及協助辦理人員，對於事業單位提供之財務報表及相關資料，應保守秘密。

第12條　事業單位於大量解僱勞工時，積欠勞工退休金、資遣費或工資，有下列情形之一，經主管機關限期令其清償；屆期未清償者，中央主管機關得函請入出國管理機關禁止其代表人及實際負責人出國：

一、僱用勞工人數在十人以上未滿三十人者，積欠全體被解僱勞工之總金額達新臺幣三百萬元。

二、僱用勞工人數在三十人以上未滿一百人者，積欠全體被解僱勞工之總金額達新臺幣五百萬元。

三、僱用勞工人數在一百人以上未滿二百人者，積欠全體被解僱勞工之總金額達新臺幣一千萬元。

四、僱用勞工人數在二百人以上者，積欠全體被解僱勞工之總金額達新臺幣二千萬元。

事業單位歇業而勞工依勞動基準法第十四條第一項第五款或第六款規定終止勞動契約，其僱用勞工人數、勞工終止契約人數及積欠勞工退休金、資遣費或工資總金額符合第二條及前項各款規定時，經主管機關限期令其清償，屆期未清償者，中央主管機關得函請入出國管理機關禁止其代表人及實際負責人出國。

前二項規定處理程序及其他應遵行事項之辦法，由中央主管機關定之。

第13條　事業單位大量解僱勞工時，不得以種族、語言、階級、思想、宗教、黨派、籍貫、性別、容貌、身心障礙、年齡及擔任工會職務為由解僱勞工。

違反前項規定或勞動基準法第十一條規定者，其勞動契約之終止不生效力。

主管機關發現事業單位違反第一項規定時，應即限期令事業單位回復被解僱勞工之職務，逾期仍不回復者，主管機關應協助被解僱勞工進行訴訟。

第14條　中央主管機關應編列專款預算，作為因違法大量解僱勞工所需訴訟及必要生活費用。其補助對象、標準、申請程序等應遵行事項之辦法，由中央主管機關定之。

第15條　為掌握勞動市場變動趨勢，中央主管機關應設置評估委員會，就事業單位大量解僱勞工原因進行資訊蒐集與評估，以作為產業及就業政策制訂之依據。

前項評估委員會之組織及應遵行事項之辦法，由中央主管機關定之。

第16條　依第十二條規定禁止出國者，有下列情形之一時，中央主管機關應函請入出國管理機關廢止禁止其出國之處分：

一、已清償依第十二條規定禁止出國時之全部積欠金額。

二、提供依第十二條規定禁止出國時之全部積欠金額之相當擔保。但以勞工得向法院聲請強制執行者為限。

三、已依法解散清算，且無賸餘財產可資清償。

四、全部積欠金額已依破產程序分配完結。

第17條　事業單位違反第四條第一項規定，未於期限前將解僱計畫書通知主管機關及相關單位或人員，並公告揭示者，處新臺幣十萬元以上五十萬元以下罰鍰，並限期令其通知或公告揭示；屆期未通知或公告揭示者，按日連續處罰至通知或公告揭示為止。

第18條 事業單位有下列情形之一者，處新臺幣十萬元以上五十萬元以下罰鍰：

一、未依第五條第二項規定，就解僱計畫書內容進行協商。

二、違反第六條第一項規定，拒絕指派協商代表或未通知事業單位內涉及大量解僱部門之勞工推選勞方代表。

三、違反第八條第二項規定，拒絕就業服務人員進駐。

四、違反第十條第二項規定，在協商期間任意將經預告解僱勞工調職或解僱。

第19條 事業單位違反第十一條第三項規定拒絕提出說明或未提供財務報表及相關資料者，處新臺幣三萬元以上十五萬元以下罰鍰；並限期令其提供，屆期未提供者，按次連續處罰至提供為止。

第20條 依本法所處之罰鍰，經限期繳納，屆期不繳納者，依法移送強制執行。

第21條 本法自公布日後三個月施行。

本法修正條文自公布日施行。

參考文獻

丁志遠（2015）。《人力資源管理》（第二版）。新北市：揚智文化。

中華經濟研究院（1993）。《旅館業未來二十年人力市場需求之研究》。交通部觀光局。

方世榮譯（2001）。Gary Dessler著。《現代人力資源管理》。台北市：華泰。

王瑤芬、陳素萍（2010）。〈國際觀光旅館餐飲部中階主管工作職能之研究〉。《餐旅暨家政學刊》，第七卷，第四期，頁299-323。

台灣趨勢研究（2016）。〈TTR台灣趨勢研究報告：餐飲業發展趨勢〉。http://www.twtrend.com/share_cont.php?id=51

交通部觀光局（1992）。《國際觀光旅館營運分析報告》。交通部觀光局。

交通部觀光局（1999）。《旅館餐飲實務》。交通部觀光局。

行政院主計總處（2016）。〈104年事業人力僱用狀況調查結果綜合分析〉。http://www.dgbas.gov.tw/lp.asp?ctNode=3316&CtUnit=947&BaseDSD=7&mp=1

何佩芸、黃培文譯（2011）。《餐旅人力資源管理》。台中市：鼎茂。

李芳齡譯（2001）。Dave Ulrich著。《人力資源最佳實務》（*Human Resource Champions*）。台北：商周出版社。

李漢雄（2000）。《人力資源策略管理》。新北市：揚智文化。

沈松茂（1995）。《餐旅旅館人力資源管理》。台北市：中國餐飲學會。

林玥秀、劉元安、孫瑜華、李一民、林聯聰（2003）。《餐館與與旅館管理》。台北市：品度。

林財丁、陳子良（2006）。《人力資源管理》（第二版）。台中市：滄海。

林欽榮（2002）。《人力資源管理》。新北市：揚智文化。

林溢琳（1999）。《中西式速食業店長工作滿意度研究》。東海大學食品科學系，未出版碩士論文。

高月庭、戴秀芳、蔡孟原、曾兆君（2015）。《104雇主品牌研究——住宿餐飲業的徵才與留才》。104資訊科技集團。

高秋英（1999）。《餐飲管理——理論與實務》。新北市：揚智文化。

高秋英、林玥秀（2013）。《餐飲管理——創新之路》。新北市：華立。

陳堯帝（2001）。《餐飲管理》。新北市：揚智文化。

鈕先鉞（2009）。《旅館營運管理與實務》。新北市：揚智文化。

黃同圳譯（2014）。Lloyd Byars著。《人力資源管理：全球思維本土觀點》。台北市：巨擘。

黃良振（1996）。《觀光旅館業人力資源管理》。台北市：中國文化大學出版部。

黃良振（2008）。《觀光旅館業（餐旅服務業）人力資源管理》（第六版）。台北市：桂魯。

黃英忠、蔡正飛、黃毓華、陳錦輝（2003）。〈網際網路招募廣告內容之訴求——求職者觀點〉。《人力資源管理學報》。第三卷，第一期，頁43-61。

溫金豐（2009）。《組織理論與管理》（第二版）。台北市：華泰文化。

經濟部（2000）。《餐飲業經營管理實務》。經濟部商業司。

劉秀娟、湯志安譯（1998）。Lawrence S. Kleiman著。《人力資源管理——取得競爭優勢之利器》。新北市：揚智文化。

劉桂芬（2000）。《旅館人力資源管理》。新北市：揚智文化。

劉桂芬（2013）。《旅館人力資源管理》（第三版）。新北市：揚智文化。

謝明城（1991）。《餐旅經營管理》。台北市：眾文圖書。

謝明城、吳健祥（1997）。《旅館管理學》。台北市：眾文圖書。

顧景昇（2004）。《旅館管理》。新北市：揚智。

顧萱萱、郭建志譯（2002）。Leon G. Schiffman和Leslie L. Kunuk著。《消費者行為》。台北市：學富文化。

觀光局（2016）。〈觀光統計〉。http://admin.taiwan.net.tw/statistics/market.aspx?no=315。

Arthur W. S. Jr. & Geirge W. B. (1992). *Management Human Resources*. South-Western Publishing Co.

D'Annunzio-Green, N., Maxwell, G. A., & Watson, S. (2003). Human resource issues in international hospitality, travel and tourism: a snapshot. *International Journal of Contemporary Hospitality Management, 12*(3), 215-216.

Gatewood, R. D., & Field, H. S. (2001). *Human Resource Selection* (5th ed.). New York: Harcout, Inc.

Griffin, R. W., & McMahan, G. C. (1994). Motivation through job design. In J. Greenberg (Ed.), *Organizational Behavior: The State of the Science*. Hillsdale, NJ:

Lawrence Erlbaum Associates.

Hochschild, A. R. (1979). Emotion work, feeling rules and social structure. *American Journal of Sociology, 85*, 551-575.

Hochschild, A. R. (1983). *The Managed Heart*. Berkeley, California: University of California Press.

Kalpan, R. E. (1993). 360-degree feedback plus: Boosting the power of coworker ratings for executives. *Human Resource Management, 32*, 299-314.

Kaplan, R. S. & Norton, D. P. (1992). The Balanced Scorecard: Measures that Drive Performance. *Harvard Business Review* (January-February), 71-79.

Kaplan, R. S. and Norton, D. P. (1996a). *The Balanced Scorecard: Translating Strategy into Action*. Boston: HBS Press.

Kaplan, R. S. and Norton, D. P. (1996b). Using the Balanced Scorecard as a Strategic Management System. *Harvard Business Review* (January-February), 75-85.

Mayer, K. J. (2002). Human resource practices and service quality in theme parks. *International Journal of Contemporary Hospitality Management, 14*(4), 169-175.

Tornow, W. W. (1993). Editor's note: Introduction to special issue on 360-Degree feedback. *Human Resource Management, 32*(2&3), 211-223.

United Nation World Tourism Organization, UNWTO (2016). Tourism Highlights 2015 edition, from http://www.unwto.org.

Watson, S. (2008). Where are we now? A review of management development issues in the hospitality and tourism sector-Implications for talent management. *International Journal of Contemporary Hospitality Management, 20*(7), 758-780.

World Travel & Tourism Council, WTTC (2016b). Travel & Tourism Economic Impact 2016 Taiwan. Retrieved from http://www.wttc.org/research/economic-research/economic-impact-analysis/country-reports/

World Travel & Tourism Council, WTTC. (2016a). Travel & Tourism Economic Impact 2016. Retrieved from http://www.wttc.org/research/economic-research/economic-impact-analysis/

餐飲旅館系列

餐旅人力資源管理

作　　者／蕭漢良
出 版 者／揚智文化事業股份有限公司
發 行 人／葉忠賢
總 編 輯／閻富萍
特約執編／鄭美珠
地　　址／新北市深坑區北深路三段 258 號 8 樓
電　　話／(02)8662-6826
傳　　真／(02)2664-7633
網　　址／http://www.ycrc.com.tw
E-mail／service@ycrc.com.tw
ISBN／978-986-298-248-8
初版一刷／2004 年 6 月
二版一刷／2017 年 1 月
二版二刷／2020 年 6 月
定　　價／新台幣 480 元

國家圖書館出版品預行編目資料

餐旅人力資源管理 / 蕭漢良著. -- 二版. --
新北市 : 揚智文化, 2017.01
面； 公分. -- (餐飲旅館系列)

ISBN 978-986-298-248-8（平裝）

1.餐旅管理 2.人力資源管理

483.8 105024765

Notes

Notes